허세 없는 기본 문제집

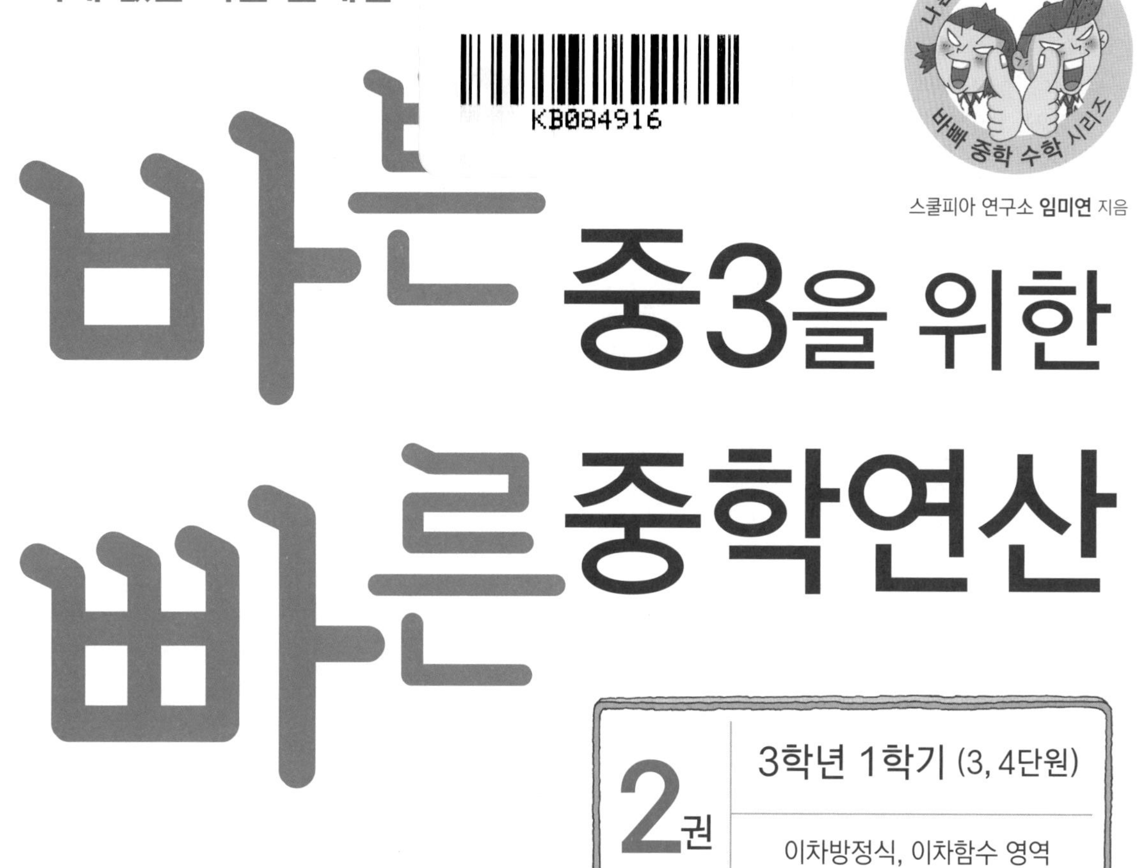

바쁜 중3을 위한 빠른 중학연산

스쿨피아 연구소 **임미연** 지음

2권

3학년 1학기 (3, 4단원)

이차방정식, 이차함수 영역

이지스에듀

스쿨피아 연구소의 대표 저자 소개

임미연 선생님은 대치동 학원가의 소문난 명강사로, 10년이 넘게 중고등학생에게 수학을 지도하고 있다. 명강사로 이름을 날리기 전에는 동아출판사와 디딤돌에서 중고등 참고서와 교과서를 기획, 개발했다. 이론과 현장을 모두 아우르는 저자로, 학생들이 어려워하는 부분을 잘 알고 학생에 맞는 수준별 맞춤형 수업을 하는 것으로도 유명하다. 그동안의 경험을 집대성해, 〈바빠 중학연산〉 시리즈와 〈바빠 중학도형〉시리즈, 〈바빠 중학수학 총정리〉, 〈바빠 중학도형 총정리〉를 집필하였다.

대표 도서

《바쁜 중1을 위한 빠른 중학연산 ①》 — 소인수분해, 정수와 유리수 영역
《바쁜 중1을 위한 빠른 중학연산 ②》 — 일차방정식, 그래프와 비례 영역
《바쁜 중1을 위한 빠른 중학도형》 — 기본 도형과 작도, 평면도형, 입체도형, 통계
《바쁜 중2를 위한 빠른 중학연산 ①》 — 수와 식의 계산, 부등식 영역
《바쁜 중2를 위한 빠른 중학연산 ②》 — 연립방정식, 함수 영역
《바쁜 중2를 위한 빠른 중학도형》 — 도형의 성질, 도형의 닮음과 피타고라스 정리, 확률
《바쁜 중3을 위한 빠른 중학연산 ①》 — 제곱근과 실수, 다항식의 곱셈, 인수분해 영역
《바쁜 중3을 위한 빠른 중학연산 ②》 — 이차방정식, 이차함수 영역
《바쁜 중3을 위한 빠른 중학도형》 — 삼각비, 원의 성질, 통계

'바빠 중학 수학' 시리즈

바쁜 중3을 위한 빠른 중학연산 2권 – 이차방정식, 이차함수 영역

개정판 1쇄 발행 2019년 11월 5일
개정판 7쇄 발행 2024년 6월 20일
(2016년 10월에 출간된 초판을 새 교과과정에 맞춰 개정했습니다.)
지은이 스쿨피아 연구소 임미연
발행인 이지연
펴낸곳 이지스퍼블리싱(주)
출판사 등록번호 제313-2010-123호
주소 서울시 마포구 잔다리로 109 이지스 빌딩 5층(우편번호 04003)
대표전화 02-325-1722 팩스 02-326-1723
이지스퍼블리싱 홈페이지 www.easyspub.com 이지스에듀 카페 www.easysedu.co.kr
바빠 아지트 블로그 blog.naver.com/easyspub 인스타그램 @easys_edu
페이스북 www.facebook.com/easyspub2014 이메일 service@easyspub.co.kr

기획 및 책임 편집 박지연, 조은미, 정지연, 김현주, 이지혜 교정 교열 정미란, 서은아 일러스트 김학수
문제풀이 서포터즈 이지우 표지 및 내지 디자인 이유경, 트인글터 전산편집 아이에스 인쇄 보광문화사
영업 및 문의 이주동, 김요한(support@easyspub.co.kr) 마케팅 박정현, 한송이, 이나리 독자 지원 오경신, 박애림

ISBN 979-11-6303-113-0 54410
ISBN 979-11-87370-62-8(세트)
가격 12,000원

• **이지스에듀**는 이지스퍼블리싱의 교육 브랜드입니다.

추천의 글

"전국의 명강사들이 추천합니다!"

기본부터 튼튼히 다지는 중학 수학 입문서!
'바쁜 중3을 위한 빠른 중학연산'

<바빠 중학연산>은 쉽게 해결할 수 있는 연산 문제부터 배치하여 아이들에게 성취감을 줍니다. 또한 명강사에게만 들을 수 있는 꿀팁이 책 안에 담겨 있어서, 수학에 자신이 없는 학생도 혼자 충분히 풀 수 있겠어요. 수학을 어려워하는 친구들에게 자신감을 느끼게 해 줄 교재가 출간되어 기쁩니다.

송낙천 원장(강남, 서초 최상위에듀학원/최상위 수학 저자)

새 교육과정이 반영된 <바빠 중학연산>은 1학기 내용을 두 권으로 분할했다는 점에서 시중 교재들과 차별화되어 있습니다. 학교 진도별 단원 또는 부족한 영역이 있는 교재만 선택하여 학습할 수 있어요. 특히 영역별 문항 수가 충분히 구성되어 학생이 어떤 부분을 잘하고, 어떤 부분이 취약한지 한 눈에 파악할 수 있는 교재입니다.

이소영 원장(인천 아이샘영수학원)

중학 수학은 초등보다 추상화, 일반화의 정도가 높습니다. 따라서 원리를 깊이 이해하고, 심화 문제까지 해결할 문제 해결력을 길러야 합니다. 그러려면 기초 문제를 충분히 훈련해야 합니다. 기본기가 없으면 심화 문제를 풀 때 힘이 분산되어서 성과가 낮기 때문이지요. 이 책은 중학 수학의 기본기를 완벽하게 숙달시키기에 적합합니다.

이현수 특목입시센터장(분당 수학의아침)

연산 과정을 제대로 밟지 않은 학생은 학년이 올라갈수록 어려움을 겪습니다. 어려운 문제를 풀 수 있다 하더라도, 계산 속도가 느리거나 연산 실수로 문제를 틀리면 아무 소용이 없지요. 이 책은 영역별로 연산 문제를 해결할 수 있어, 바쁜 중학생들에게 큰 도움이 될 것입니다.

송근호 원장(용인 송근호수학학원)

처음부터 너무 어려운 문제를 접하면 아이들의 뇌는 움츠러들 대로 움츠러들어, 공부 의욕을 잃게 됩니다. <바빠 중학연산>은 중학생이라면 충분히 해결할 수 있는 문제들이 체계적으로 잘 배치되어 있네요. 이 책으로 공부한다면 아이들이 수학에 움츠러들지 않고, 성취감을 느끼게 될 것 같아 '강추' 합니다!

김재헌 본부장(일산 명문학원)

특목·자사고에서 요구하는 심화 수학 능력도 빠르고 정확한 연산 실력이 뒷받침되어야 합니다. <바빠 중학연산>은 명강사의 비법을 책 속에 담아 개념을 이해하기 쉽고, 연산 속도와 정확성을 높일 수 있도록 문제가 잘 구성되어 있습니다. 이 책을 통해 심화 수학의 기초가 되는 연산 실력을 완벽하게 쌓을 수 있을 것입니다.

김종명 원장(분당 GTG사고력수학 본원)

연산을 어려워하는 학생일수록 수학을 싫어하게 되고 결국 수학을 포기하는 경우도 많죠. <바빠 중학연산>은 '앗! 실수' 코너를 통해 학생들이 자주 틀리는 실수 포인트를 짚어 주고, 실수 유형의 문제를 직접 풀도록 설계한 점이 돋보이네요. 이 책으로 훈련한다면 연산 실수를 확 줄일 수 있을 것입니다.

이혜선 원장(인천 에스엠에듀학원)

대부분의 문제집은 훈련할 문제 수가 많이 부족합니다. <바빠 중학연산>은 영역별 최다 문제가 수록되어, 아이들이 문제를 풀면서 스스로 개념을 잡을 수 있겠네요. 예비중학생부터 중학생까지, 자습용이나 학원 선생님들이 숙제로 내주기에 최적화된 교재입니다.

김승태 원장(부산 JBM수학학원/수학자가 들려주는 수학 이야기 저자)

중3 수학은 고등 수학의 기초!

어떻게 공부해야 효율적일까?

자기 학년의 수학 먼저 튼튼히 다지고 넘어가자!

수학은 계통성이 강한 과목으로, 중학 수학부터 고등 수학 과정까지 많은 단원이 연결되어 있습니다. 중학 수학 1학기 과정은 1, 2, 3학년 모두 대수 영역으로, 중1부터 중3까지 내용이 연계됩니다. 특히 중3 과정의 제곱근과 실수, 인수분해, 이차방정식, 이차함수는 고등 수학 대수 영역의 기본이 되는 중요한 단원입니다. 이 책은 중3 과정에서 알아야 할 가장 기본적인 문제에 충실한 책입니다.

그럼 중3 수학을 효율적으로 공부하려면 무엇부터 해야 할까요?
① 쉬운 문제부터 차근차근 푸는 게 낫다.
② 어려운 문제를 많이 접하는 게 낫다.

힌트를 드릴게요. 공부 전문가들은 이렇게 이야기합니다. "학습하기 어려우면 오래 기억하는 데 도움이 된다. 그러나 학습자가 배경 지식이 없다면 그 어려움은 바람직하지 못하게 된다." 배경 지식이 없어서 수학 문제가 너무 어렵다면, 두뇌는 피로감을 이기지 못해 공부를 포기하게 됩니다. 그러니까 수학을 잘하는 학생이라면 ②번이 정답이겠지만, 보통의 학생이라면 ①번이 정답입니다.

연산과 기본 문제로 수학의 기초 체력을 쌓자!

연산은 수학의 기초 체력이라 할 수 있습니다. 중학교 때 다진 기초 실력 위에 고등학교 수학을 쌓아야 하는데, 연산이 힘들다면 고등학교에서도 수학 성적을 올리기 어렵습니다. 또한 기본 문제집부터 시작하는 것이 어려운 문제집을 여러 권 푸는 것보다 오히려 더 빠른 길입니다. 개념 이해와 연산으로 기본을 먼저 다져야, 어려운 문제까지 풀어낼 근력을 키울 수 있습니다!

〈바빠 중학연산〉은 수학의 기초 체력이 되는 연산과 기본 문제를 풀 수 있는 책으로, 현재 시중에 나온 책 중 선생님 없이 **혼자 풀 수 있도록 설계된 독보적인 책입니다.**

이 책은 허세 없는
기본 문제 모음 훈련서입니다.

명강사의 바빠 꿀팁! 얼굴을 맞대고 듣는 것 같다.

기존의 책들은 한 권의 책에 지식을 모아 놓기만 할 뿐, 그것을 공부할 방법은 알려주지 않았습니다. 그래서 선생님께 의존하는 경우가 많았죠. 그러나 이 책은 선생님이 얼굴을 맞대고 알려주시는 것처럼 세세한 공부 팁까지 책 속에 담았습니다.
각 단계의 개념마다 친절한 설명과 함께 **명강사의 노하우가 담긴 '바빠 꿀팁'**을 수록, 혼자 공부해도 개념을 쉽게 이해할 수 있습니다.

1학기를 두 권으로 구성, 유형별 최다 문제 수록!

개념을 이해했다면 이제 개념이 익숙해질 때까지 문제를 충분히 풀어 봐야 합니다. 《바쁜 중3을 위한 빠른 중학연산》은 충분한 연산 훈련을 위해, **기본 문제부터 학교 시험 유형까지** 영역별로 최다 문제를 수록했습니다. 그래서 3학년 1학기 수학을 두 권으로 나누어 구성했습니다. 이 책의 문제를 풀다 보면 머릿속에 유형별 문제풀이 회로가 저절로 그려질 것입니다.

아는 건 틀리지 말자! 중3 학생 70%가 틀리는 문제, '앗! 실수' 코너로 해결!

수학을 잘하는 친구도 연산 실수로 점수가 깎이는 경우가 많습니다. 이 책에서는 기초 연산 실수로 본인 실력보다 낮은 점수를 받지 않도록 특별한 장치를 마련했습니다.
모든 개념 페이지에 있는 **'앗! 실수'** 코너를 통해, 중3 학생의 70%가 자주 틀리는 실수 포인트를 정리했습니다. 또한 '앗! 실수' 유형의 문제를 직접 풀며 확인하도록 설계해, 연산 실수를 획기적으로 줄이는 데 도움을 줍니다.

또한, 매 단계의 마지막에는 **'거저먹는 시험 문제'**를 넣어, 이 책에서 연습한 것만으로도 풀 수 있는 중학교 내신 문제를 제시했습니다. 이 책에 나온 문제만 다 풀어도 맞을 수 있는 학교 시험 문제는 많습니다.

중학생이라면, 스스로 개념을 정리하고
문제 해결 방법을 터득해야 할 때!

'바빠 중학연산'이 바쁜 여러분을 도와드리겠습니다.
이 책으로 중학 수학의 기초를 튼튼하게 다져 보세요!

'바빠 중학연산' 구성과 특징

1단계 | 개념을 먼저 이해하자! — 단계마다 친절한 핵심 개념 설명이 있어요!

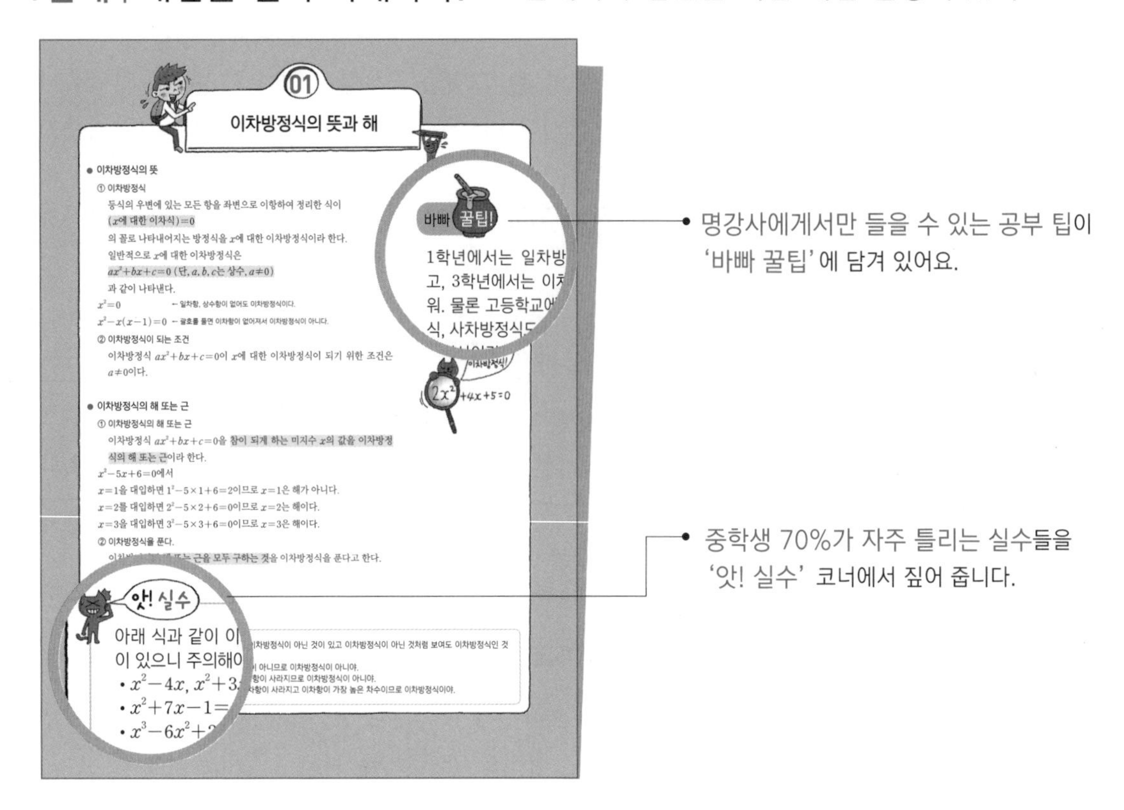

- 명강사에게서만 들을 수 있는 공부 팁이 '바빠 꿀팁'에 담겨 있어요.
- 중학생 70%가 자주 틀리는 실수들을 '앗! 실수' 코너에서 짚어 줍니다.

2단계 | 체계적인 연산 훈련! — 쉬운 문제부터 유형별로 풀다 보면 개념이 잡혀요.

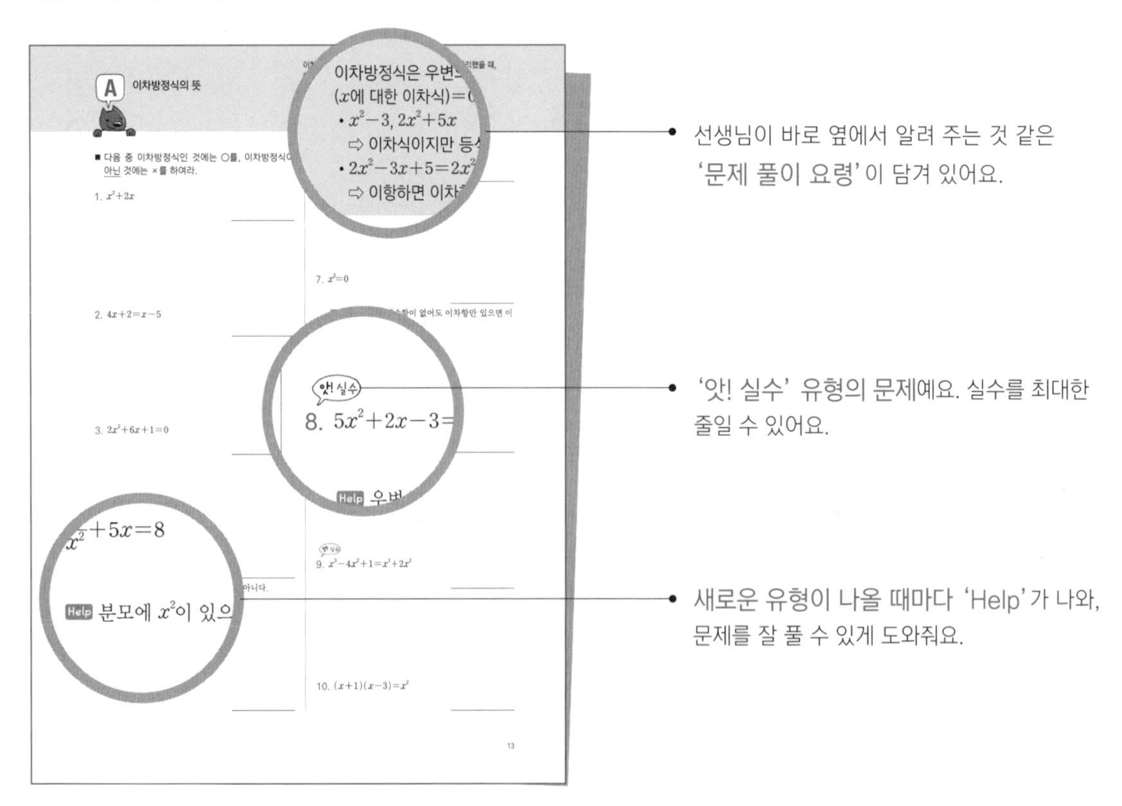

- 선생님이 바로 옆에서 알려 주는 것 같은 '문제 풀이 요령'이 담겨 있어요.
- '앗! 실수' 유형의 문제예요. 실수를 최대한 줄일 수 있어요.
- 새로운 유형이 나올 때마다 'Help'가 나와, 문제를 잘 풀 수 있게 도와줘요.

3단계 | 시험에 자주 나오는 문제로 마무리! — 이 책만 다 풀어도 학교 시험 문제없어요!

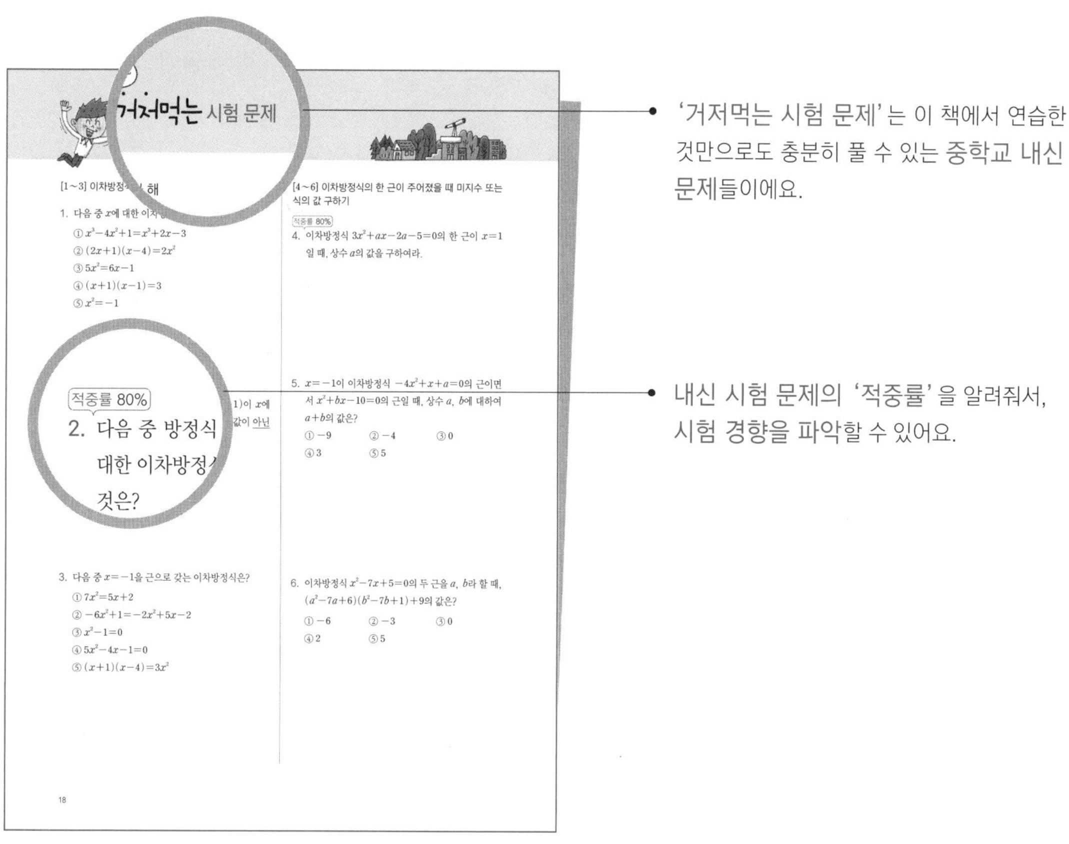

거저먹는 시험 문제

[1~3] 이차방정식 ... 해

1. 다음 중 x에 대한 이차...

① $x^3-4x^2+1=x^3+2x-3$
② $(2x+1)(x-4)=2x^2$
③ $5x^2=6x-1$
④ $(x+1)(x-1)=3$
⑤ $x^2=-1$

적중률 80%
2. 다음 중 방정식 ...1)이 x에 대한 이차방정식 ...값이 아닌 것은?

3. 다음 중 $x=-1$을 근으로 갖는 이차방정식은?

① $7x^2=5x+2$
② $-6x^2+1=-2x^2+5x-2$
③ $x^2-1=0$
④ $5x^2-4x-1=0$
⑤ $(x+1)(x-4)=3x^2$

[4~6] 이차방정식의 한 근이 주어졌을 때 미지수 또는 식의 값 구하기

적중률 80%
4. 이차방정식 $3x^2+ax-2a-5=0$의 한 근이 $x=1$일 때, 상수 a의 값을 구하여라.

5. $x=-1$이 이차방정식 $-4x^2+x+a=0$의 근이면서 $x^2+bx-10=0$의 근일 때, 상수 a, b에 대하여 $a+b$의 값은?

① -9 ② -4 ③ 0
④ 3 ⑤ 5

6. 이차방정식 $x^2-7x+5=0$의 두 근을 a, b라 할 때, $(a^2-7a+6)(b^2-7b+1)+9$의 값은?

① -6 ② -3 ③ 0
④ 2 ⑤ 5

18

• '거저먹는 시험 문제'는 이 책에서 연습한 것만으로도 충분히 풀 수 있는 중학교 내신 문제들이에요.

• 내신 시험 문제의 '적중률'을 알려줘서, 시험 경향을 파악할 수 있어요.

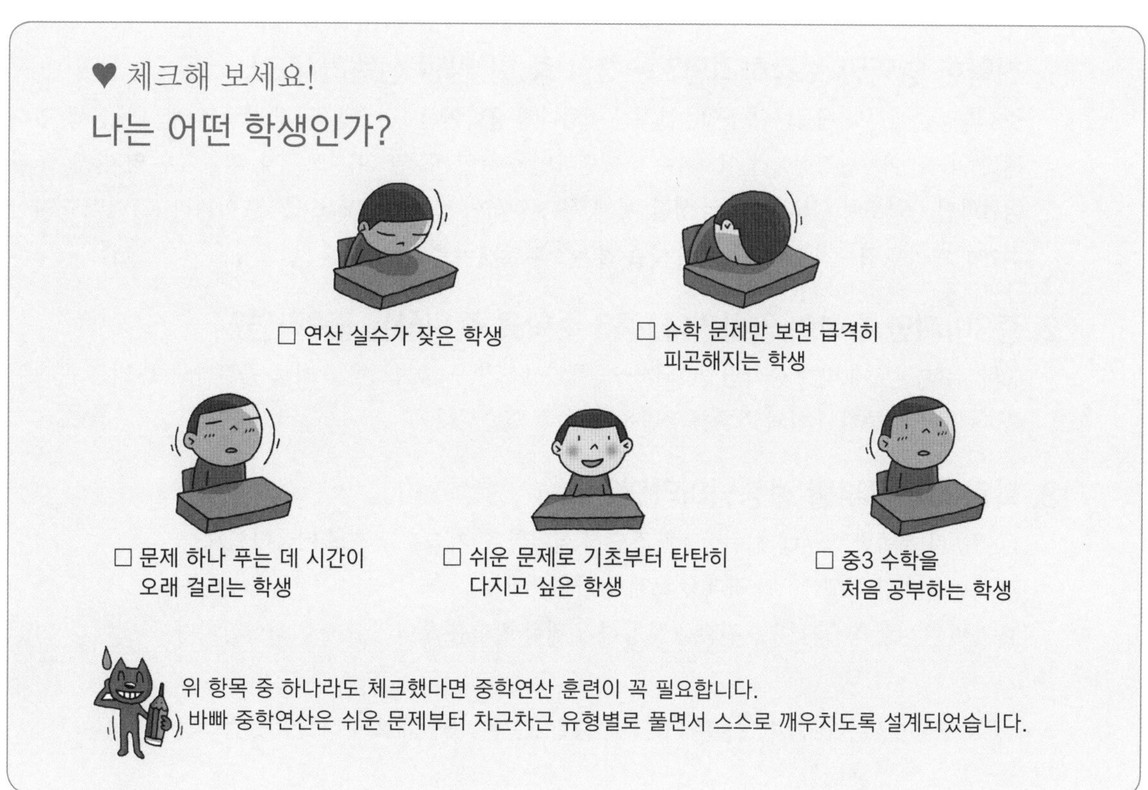

《바쁜 중3을 위한 빠른 중학 수학》을 효과적으로 보는 방법

〈바빠 중학 수학〉은 1학기 과정이 〈바빠 중학연산〉 두 권으로, 2학기 과정이 〈바빠 중학도형〉 한 권으로 구성되어 있습니다.

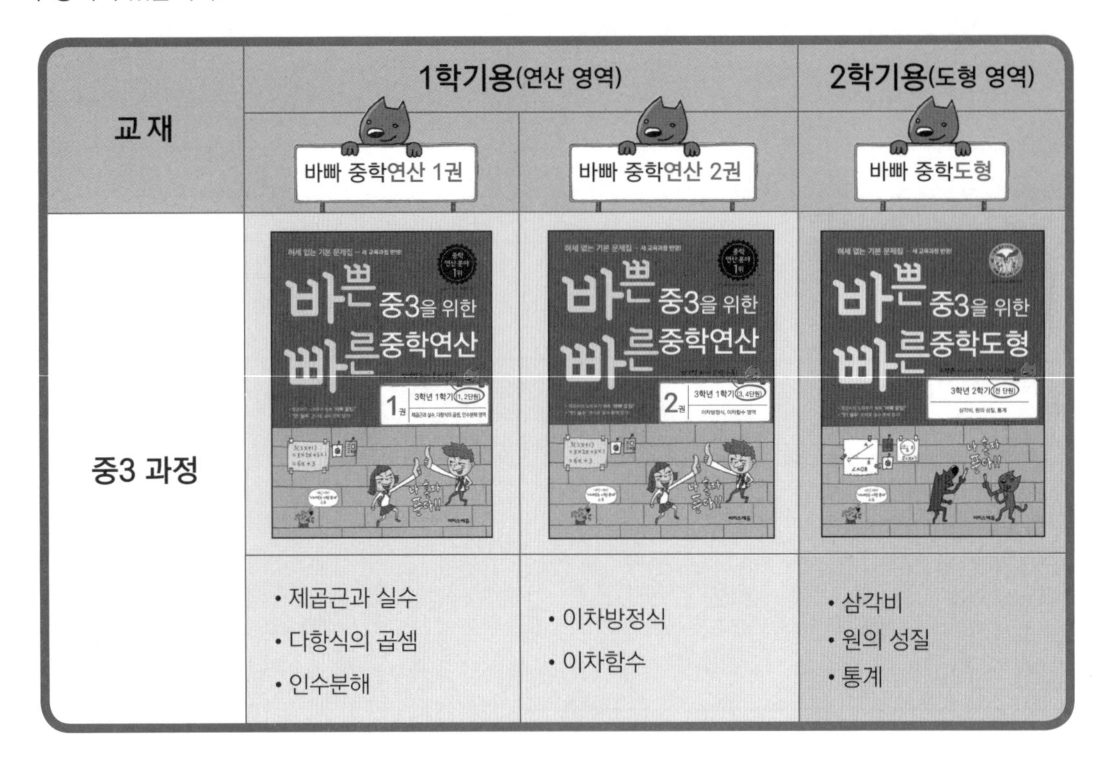

교재	1학기용(연산 영역)		2학기용(도형 영역)
	바빠 중학연산 1권	바빠 중학연산 2권	바빠 중학도형
중3 과정	바쁜 중3을 위한 빠른중학연산 1권	바쁜 중3을 위한 빠른중학연산 2권	바쁜 중3을 위한 빠른중학도형
	• 제곱근과 실수 • 다항식의 곱셈 • 인수분해	• 이차방정식 • 이차함수	• 삼각비 • 원의 성질 • 통계

1. 취약한 영역만 보강하려면? — 3권 중 한 권만 선택하세요!

중3 과정 중에서도 제곱근이나 인수분해가 어렵다면 중학연산 1권 〈제곱근과 실수, 다항식의 곱셈, 인수분해 영역〉을, 이차방정식이나 이차함수가 어렵다면 중학연산 2권 〈이차방정식, 이차함수 영역〉을, 도형이 어렵다면 중학도형 〈삼각비, 원의 성질, 통계〉를 선택하여 정리해 보세요. 중3뿐 아니라 고1이라도 자신이 취약한 영역을 집중적으로 공부하여 학습 결손을 빠르게 보충하세요.

2. 중3이지만 수학이 약하거나, 중3 수학을 준비하는 중2라면?

중학 수학 진도에 맞게 중학연산 1권 → 중학연산 2권 → 중학도형 순서로 공부하세요. 기본 문제부터 풀 수 있어서, 중학 수학의 기초를 탄탄히 다질 수 있습니다.

3. 학원이나 공부방 선생님이라면?

1) 기초가 부족한 학생에게는 개념을 간단히 설명한 후 자습용 교재로 이용하세요.

2) 개념을 익힌 학생에게는 과제용 교재로 이용하세요.

3) 가벼운 선행 학습과 학습 결손을 보강하기 위한 방학용 초단기 교재로 적합합니다.

바빠 중학연산 1권은 26단계, 2권은 20단계, 중학도형은 16단계로 구성되어 있습니다.

바쁜 중3을 위한 빠른 중학연산 2권

— 이차방정식, 이차함수 영역

유튜브
'대치동 임쌤 수학'을
검색하세요!

저자 직강
개념 강의 보기

나만의 공부 계획을 세워 보자

나의 권장 진도 ______ 일

나는 어떤 학생인가?	권장 진도
V 중학 3학년이지만, 수학이 어렵고 자신감이 부족하다. V 한 문제 푸는 데 시간이 오래 걸린다. V 중학 2학년 또는 1학년이지만, 도전하고 싶다.	20일 진도 권장
V 어려운 문제도 잘 푸는데, 연산 실수로 점수가 깎이곤 한다. V 수학을 잘하는 편이지만, 속도와 정확성을 높여 기본기를 완벽하게 쌓고 싶다.	14일 진도 권장

권장 진도표

날짜	□ 1일차	□ 2일차	□ 3일차	□ 4일차	□ 5일차	□ 6일차	□ 7일차
14일 진도	1~2과	3~4과	5과	6과	7과	8~9과	10~11과
20일 진도	1과	2과	3과	4과	5과	6과	7과

날짜	□ 8일차	□ 9일차	□ 10일차	□ 11일차	□ 12일차	□ 13일차	□ 14일차
14일 진도	12~13과	14~15과	16과	17과	18과	19과	20과 끝!
20일 진도	8과	9과	10과	11과	12과	13과	14과

날짜	□ 15일차	□ 16일차	□ 17일차	□ 18일차	□ 19일차	□ 20일차
20일 진도	15과	16과	17과	18과	19과	20과 끝!

첫째 마당

이차방정식

첫째 마당에서는 이차방정식을 풀 수 있는 여러 가지 방법을 배우는데, 가장 쉬운 방법은 1권에서 배운 인수분해를 이용하여 근을 구하는 거야. 또 제곱근을 이용하여 근을 구하는 방법과 모든 이차방정식을 풀 수 있는 근의 공식을 배우게 되는데, 고등 수학에서도 유용하게 쓰이는 공식이니 잘 익혀 두자! 이차방정식마다 가장 간단한 방법을 찾아 근을 구하면, 시간도 단축되고 복잡한 계산을 하지 않아도 돼. 여러 가지 방법을 적절하게 이용할 수 있도록 공부해 보자.

공부할 내용!	14일 진도	20일 진도	스스로 계획을 세워 봐!
01. 이차방정식의 뜻과 해	1일차	1일차	____월 ____일
02. 인수분해를 이용한 이차방정식의 풀이		2일차	____월 ____일
03. 인수분해를 이용한 이차방정식의 풀이의 응용	2일차	3일차	____월 ____일
04. 이차방정식의 중근		4일차	____월 ____일
05. 제곱근을 이용한 이차방정식의 풀이	3일차	5일차	____월 ____일
06. 이차방정식의 근의 공식	4일차	6일차	____월 ____일
07. 복잡한 이차방정식의 풀이	5일차	7일차	____월 ____일
08. 이차방정식의 근의 개수	6일차	8일차	____월 ____일
09. 두 근이 주어질 때 이차방정식 구하기		9일차	____월 ____일
10. 실생활에서 이차방정식 활용하기	7일차	10일차	____월 ____일
11. 도형에서 이차방정식 활용하기		11일차	____월 ____일

01 이차방정식의 뜻과 해

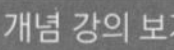

- 이차방정식의 뜻

① 이차방정식

등식의 우변에 있는 모든 항을 좌변으로 이항하여 정리한 식이

(x에 대한 이차식)$=0$

의 꼴로 나타내어지는 방정식을 x에 대한 이차방정식이라 한다.

일반적으로 x에 대한 이차방정식은

$ax^2+bx+c=0$ (단, a, b, c는 상수, $a\neq 0$)

과 같이 나타낸다.

$x^2=0$ ← 일차항, 상수항이 없어도 이차방정식이다.

$x^2-x(x-1)=0$ ← 괄호를 풀면 이차항이 없어져서 이차방정식이 아니다.

② 이차방정식이 되는 조건

이차방정식 $ax^2+bx+c=0$이 x에 대한 이차방정식이 되기 위한 조건은 $a\neq 0$이다.

1학년에서는 일차방정식을 배웠고, 3학년에서는 이차방정식을 배워. 물론 고등학교에서는 삼차방정식, 사차방정식도 배우게 되지. 방정식의 해를 구하는 것은 몇 차 방정식이 되어도 방정식을 만족하는 x의 값을 구하는 거야. 이때 방정식을 만족하는 해를 모두 구해야만 옳은 답이야.

- 이차방정식의 해 또는 근

① 이차방정식의 해 또는 근

이차방정식 $ax^2+bx+c=0$을 참이 되게 하는 미지수 x의 값을 이차방정식의 해 또는 근이라 한다.

$x^2-5x+6=0$에서

$x=1$을 대입하면 $1^2-5\times1+6=2$이므로 $x=1$은 해가 아니다.

$x=2$를 대입하면 $2^2-5\times2+6=0$이므로 $x=2$는 해이다.

$x=3$을 대입하면 $3^2-5\times3+6=0$이므로 $x=3$은 해이다.

② 이차방정식을 푼다.

이차방정식의 해 또는 근을 모두 구하는 것을 이차방정식을 푼다고 한다.

아래 식과 같이 이차방정식인 것처럼 보여도 이차방정식이 아닌 것이 있고 이차방정식이 아닌 것처럼 보여도 이차방정식인 것이 있으니 주의해야 해.

- x^2-4x, x^2+3x+6 ⇨ 이차식이지만 등식이 아니므로 이차방정식이 아니야.
- $x^2+7x-1=x^2-2x+5$ ⇨ 이항하면 이차항이 사라지므로 이차방정식이 아니야.
- $x^3-6x^2+2=x^3-2x+5$ ⇨ 이항하면 삼차항이 사라지고 이차항이 가장 높은 차수이므로 이차방정식이야.

이차방정식의 뜻

이차방정식은 우변의 모든 항을 좌변으로 이항하여 정리했을 때, (x에 대한 이차식)$=0$의 꼴로 변형되는 방정식이야.

• x^2-3, $2x^2+5x$
⇨ 이차식이지만 등식이 아니므로 이차방정식이 아니야.

• $2x^2-3x+5=2x^2-7x+1$
⇨ 이항하면 이차항이 사라지므로 이차방정식이 아니야.

■ 다음 중 이차방정식인 것에는 ○를, 이차방정식이 아닌 것에는 ×를 하여라.

1. x^2+2x ________

2. $4x+2=x-5$ ________

3. $2x^2+6x+1=0$ ________

4. $\frac{1}{x^2}+5x=8$ ________

Help 분모에 x^2이 있으면 이차방정식이 아니다.

5. $3x^2=x+9$ ________

6. $3x(x-1)-4x^2=0$ ________

7. $x^2=0$ ________

Help 일차항이나 상수항이 없어도 이차항만 있으면 이차방정식이다.

앗! 실수

8. $5x^2+2x-3=5x^2-4x+1$ ________

Help 우변의 $5x^2$을 이항한다.

앗! 실수

9. $x^3-4x^2+1=x^3+2x^2$ ________

10. $(x+1)(x-3)=x^2$ ________

이차방정식이 되는 조건

이차방정식의 우변의 모든 항을 좌변으로 이항하여 정리한 후 이차항의 계수가 0이 되지 않도록 상수의 조건을 구하면 돼.
$ax^2+3x-7=0$이면 $a\neq0$이어야 이차방정식이 되는 거야.
아하! 그렇구나~

■ 다음 방정식이 이차방정식이 되기 위한 상수 a의 조건을 구하여라.

1. $ax^2=0$

______

2. $ax^2+bx=0$

______

3. $ax^2+bx+c=0$

______

앗! 실수

4. $(1-a)x^2+x+2=0$

______

Help 이차항의 계수인 $1-a\neq0$이 되어야 한다.

5. $(a+5)x^2+bx+9=0$

______

6. $ax^2+2x-3=-x^2-7x+2$

______

Help 우변의 $-x^2$항을 이항하면 이차항의 계수가 $a+1$이 된다.

7. $3x^2-10x+2=ax^2$

______

8. $ax^2+2x=-2x(x-3)$

______

9. $(4x+3)(ax-1)=-3+8x^2$

______

10. $(ax-1)(7x-2)=x^2+2$

______

이차방정식의 해

$x=p$가 이차방정식 $ax^2+bx+c=0$의 해일 때
$x=p$를 $ax^2+bx+c=0$에 대입하면 등식이 성립해.
따라서 $ap^2+bp+c=0$이야.
잊지 말자. 꼬~옥!

■ 다음 [ ] 안의 수가 주어진 이차방정식의 해이면 ○를, 해가 아니면 ×를 하여라.

1. $x^2-1=0$ $[1]$ ________

Help x에 1을 대입하여 등식이 성립하는지 확인한다.

2. $2x^2+x+1=0$ $[-1]$ ________

3. $x^2-2x+1=0$ $[2]$ ________

4. $x^2+4x+3=0$ $[-3]$ ________

5. $3x^2-2x-1=0$ $[1]$ ________

6. $(x-4)(2x-1)=0$ $[4]$ ________

7. $(x+5)(3x-2)=0$ $[3]$ ________

8. $(x-3)^2=2$ $[5]$ ________

9. $x(x+2)=-2x$ $[-4]$ ________

10. $4x^2-9=0$ $\left[\frac{3}{2}\right]$ ________

이차방정식의 한 근이 주어질 때 미지수의 값 구하기

이차방정식에 주어진 한 근을 대입하여 미지수의 값을 구하면 돼.
이차방정식 $x^2-2ax+5a=0$의 한 근이 $x=2$일 때, 상수 a의 값을 구해 보자.
$x=2$를 대입하면 $2^2-4a+5a=0 \quad \therefore a=-4$

■ 다음 이차방정식의 한 근이 주어질 때, 상수 a의 값을 구하여라.

1. $x^2+ax+1=0$의 한 근이 $x=1$

______

Help x에 1을 대입하여 a의 값을 구한다.

2. $2x^2-ax+4=0$의 한 근이 $x=-2$

______

3. $ax^2+x-3=0$의 한 근이 $x=-1$

______

4. $-5x^2+2x+a=0$의 한 근이 $x=2$

______

■ 다음 이차방정식의 근이 주어질 때, 상수 a, b의 값을 각각 구하여라.

5. $3x^2+ax-8=0$의 한 근이 $x=2$,
$-2x^2+7x+b=0$의 한 근이 $x=-1$

______

6. $ax^2+3x+4=0$의 한 근이 $x=4$,
$7x^2+bx-2=0$의 한 근이 $x=-1$

______

7. $x=-3$이 두 이차방정식 $-x^2+ax+3=0$,
$bx^2-2x+3=0$의 근

______

8. $x=-2$가 두 이차방정식 $ax^2-4x+4=0$,
$2x^2-x+b=0$의 근

______

이차방정식의 한 근이 문자로 주어질 때 식의 값 구하기

이차방정식 $x^2-4x+1=0$의 한 근을 $x=a$라 할 때, a^2-4a-7의 값을 구해 보자.
한 근이 $x=a$이므로 $a^2-4a+1=0$, $a^2-4a=-1$
$\therefore a^2-4a-7=-1-7=-8$
아하! 그렇구나~

■ $x=a$가 다음 이차방정식의 한 근일 때, 다음을 구하여라.

1. $x^2+x-2=0$일 때, a^2+a-5의 값

Help $x=a$이므로 대입하면 $a^2+a=2$

2. $x^2-4x-5=0$일 때, a^2-4a-6의 값

3. $x^2-6x+7=0$일 때, $a^2-6a+10$의 값

4. $-3x^2+x+1=0$일 때, $-3a^2+a+5$의 값

5. $6x^2-5x-4=0$일 때, $6a^2-5a-10$의 값

앗! 실수

6. $x^2-3x+1=0$일 때, $a+\frac{1}{a}$의 값

Help $a^2-3a+1=0$이므로 양변을 a로 나누면
$a-3+\frac{1}{a}=0$

7. $x^2+2x-1=0$일 때, $a-\frac{1}{a}$의 값

8. $x^2+10x-2=0$일 때, $a-\frac{2}{a}$의 값

9. $x^2-5x+3=0$일 때, $a+\frac{3}{a}$의 값

10. $x^2-9x+5=0$일 때, $a+\frac{5}{a}$의 값

[1～3] 이차방정식의 뜻과 해

1. 다음 중 x에 대한 이차방정식이 아닌 것은?

① $x^3-4x^2+1=x^3+2x-3$
② $(2x+1)(x-4)=2x^2$
③ $5x^2=6x-1$
④ $(x+1)(x-1)=3$
⑤ $x^2=-1$

적중률 80%

2. 다음 중 방정식 $ax^2-3=(4x+2)(x-1)$이 x에 대한 이차방정식이 되도록 하는 상수 a의 값이 아닌 것은?

① 0　② 1　③ 3
④ 4　⑤ 5

3. 다음 중 $x=-1$을 근으로 갖는 이차방정식은?

① $7x^2=5x+2$
② $-6x^2+1=-2x^2+5x-2$
③ $x^2-1=0$
④ $5x^2-4x-1=0$
⑤ $(x+1)(x-4)=3x^2$

[4～6] 이차방정식의 한 근이 주어질 때 미지수 또는 식의 값 구하기

적중률 80%

4. 이차방정식 $3x^2+ax-2a-5=0$의 한 근이 $x=1$일 때, 상수 a의 값을 구하여라.

5. $x=-1$이 이차방정식 $-4x^2+x+a=0$의 근이면서 $x^2+bx-10=0$의 근일 때, 상수 a, b에 대하여 $a+b$의 값은?

① -9　② -4　③ 0
④ 3　⑤ 5

6. 이차방정식 $x^2-7x+5=0$의 두 근을 a, b라 할 때, $(a^2-7a+6)(b^2-7b+1)+9$의 값은?

① -6　② -3　③ 0
④ 2　⑤ 5

02 인수분해를 이용한 이차방정식의 풀이

● $AB=0$의 성질

두 수 또는 두 식 A, B에 대하여

$AB=0$ ⇨ $A=0$ 또는 $B=0$

$A=0$ 또는 $B=0$은

$A=0,\ B\neq0$

$A\neq0,\ B=0$

$A=0,\ B=0$

인 세 가지 경우를 모두 포함한다.

$\underset{A}{\underline{(x-2)}}\,\underset{B}{\underline{(x-5)}}=0$이면 $\underset{A}{\underline{x-2}}=0$ 또는 $\underset{B}{\underline{x-5}}=0$

$\therefore x=2$ 또는 $x=5$

이차방정식을 푸는 방법은 여러 가지가 있어.
그 중에서 만약 이차식이 인수분해가 된다면 인수분해를 이용하여 근을 구하는 방법이 제일 쉬워. 인수분해는 이차방정식을 푸는 아주 중요한 방법이므로 열심히 공부해야만 해.

● 인수분해를 이용한 이차방정식의 풀이

이차방정식을 인수분해를 이용하여 (일차식)×(일차식)$=0$의 꼴로 나타낼 수 있을 때, $AB=0$이면 $A=0$ 또는 $B=0$임을 이용하여 두 개의 일차방정식을 풀면 이차방정식의 해를 구할 수 있다.

① 주어진 이차방정식을 정리한다. ⇨ $ax^2+bx+c=0$

② 좌변을 인수분해한다. ⇨ $(px-q)(rx-s)=0$

③ $AB=0$의 성질을 이용한다. ⇨ $px-q=0$ 또는 $rx-s=0$

④ 근을 구한다. ⇨ $x=\dfrac{q}{p}$ 또는 $x=\dfrac{s}{r}$

$x^2+2x=8$
) 주어진 이차방정식을 정리한다.
$x^2+2x-8=0$
) 좌변을 인수분해한다.
$(x+4)(x-2)=0$
) $AB=0$의 성질을 이용한다.
$x+4=0$ 또는 $x-2=0$
) 해를 구한다.
$\therefore x=-4$ 또는 $x=2$

- 이차방정식 $x^2-2x=0$의 좌변을 인수분해하면 $x(x-2)=0$이 되는데 이때 근을 $x=2$로 구하는 학생들이 많아. 하지만 이 방정식은 $x=0$일 때도 성립하므로 답은 $x=0$ 또는 $x=2$야. $x=0$을 빼먹지 않도록 주의해야 해.
- $2x^2+10x+8$을 인수분해하면 $2(x+1)(x+4)$가 돼. 그런데 이차방정식 $2x^2+10x+8=0$은 2로 묶지 않고 나누어도 돼. 따라서 $x^2+5x+4=0$의 좌변을 인수분해하면 $(x+1)(x+4)=0$이 되는 거지.

$AB=0$의 성질을 이용한 이차방정식의 풀이

두 수 또는 두 식 A, B에 대하여 $AB=0$이면 $A=0$ 또는 $B=0$이므로 $(x+3)(x-4)=0$이면 $x+3=0$ 또는 $x-4=0$

$\therefore x=-3$ 또는 $x=4$

아하! 그렇구나~

■ 다음 이차방정식의 해를 구하여라.

앗! 실수

1. $x(x-1)=0$

Help $x=0$ 또는 $x-1=0$

2. $(x+1)(x-1)=0$

3. $(x+5)(x-3)=0$

4. $(x+8)(x+2)=0$

5. $(x+7)(x-10)=0$

6. $(3x+1)(2x-1)=0$

Help $3x+1=0$ 또는 $2x-1=0$

7. $(4x-2)(x-2)=0$

8. $(5x-1)(2x-6)=0$

9. $(6x+3)(4x+1)=0$

10. $(x+6)(2x-10)=0$

인수분해를 이용한 이차방정식의 풀이 1

인수분해를 이용하여 이차방정식의 좌변을 두 일차식의 곱으로 만들어야 해.

• $ax^2+bx=0 \Rightarrow x(ax+b)=0$

$\therefore x=0$ 또는 $x=-\frac{b}{a}$

■ 인수분해를 이용하여 다음 이차방정식을 풀어라.

1. $x^2+2x=0$

Help 공통인 인수로 묶어서 인수분해한다.

2. $x^2-5x=0$

3. $x^2+\frac{1}{2}x=0$

4. $-x^2+9x=0$

5. $-x^2-3x=0$

6. $4x^2-2x=0$

Help 문자뿐만 아니라 숫자도 공통 인수를 묶어낸다.

7. $3x^2+9x=0$

8. $2x^2-3x=0$

9. $5x^2=10x$

10. $16x=-4x^2$

인수분해를 이용한 이차방정식의 풀이 2

$x^2-a^2=0 \Rightarrow (x+a)(x-a)=0$
$\therefore x=-a$ 또는 $x=a$
아하! 그렇구나~

■ 인수분해를 이용하여 다음 이차방정식을 풀어라.

1. $x^2-1=0$

Help $x^2-1^2=0$

2. $x^2-16=0$

3. $x^2-\frac{1}{4}=0$

4. $25x^2=1$

5. $9x^2=1$

6. $4x^2-9=0$

Help $(2x)^2-3^2=0$

7. $16x^2-25=0$

8. $36x^2-49=0$

9. $49x^2=4$

10. $81x^2=25$

D 인수분해를 이용한 이차방정식의 풀이 3

이차방정식 $x^2+(a+b)x+ab=0$을 풀 때는 합이 $a+b$, 곱이 ab인 두 정수 a, b를 찾으면 돼.
$(x+a)(x+b)=0$
$\therefore x=-a$ 또는 $x=-b$

아하! 그렇구나~

■ 인수분해를 이용하여 다음 이차방정식을 풀어라.

1. $x^2+3x+2=0$

Help 곱해서 2, 더해서 3이 되는 두 수를 찾아 인수분해한다.

2. $x^2+4x+3=0$

3. $x^2-6x+5=0$

앗! 실수

4. $x^2-5x+6=0$

5. $x^2+x-6=0$

6. $x^2+4x-5=0$

7. $x^2-2x-15=0$

8. $x^2-3x-10=0$

9. $x^2-7x-8=0$

10. $x^2-4x-12=0$

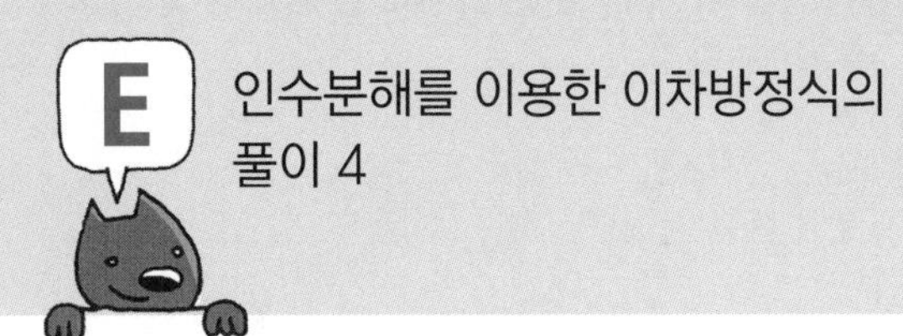

E 인수분해를 이용한 이차방정식의 풀이 4

$acx^2+(ad+bc)x+bd=0$

$a \searrow b \rightarrow bc$

$c \nearrow d \rightarrow \underline{ad(+}$

$bc+ad$

⇨ $(ax+b)(cx+d)=0$

■ 인수분해를 이용하여 다음 이차방정식을 풀어라.

1. $2x^2-x-3=0$

2. $5x^2+6x+1=0$

3. $3x^2-4x+1=0$

4. $5x^2-2x-3=0$

5. $2x^2-9x+7=0$

6. $3x^2+x-10=0$

7. $2x^2-7x-4=0$

8. $3x^2+7x-6=0$

앗! 실수

9. $4x^2-4x-3=0$

10. $5x^2-6x-8=0$

[1～3] AB=0의 성질을 이용한 이차방정식의 풀이

1. 다음 이차방정식 중 해가 $x=-2$ 또는 $x=\frac{3}{2}$인 것은?

① $(x-2)(2x+3)=0$
② $(x+2)(2x-3)=0$
③ $\frac{3}{2}x(x+2)=0$
④ $-2x\left(x+\frac{3}{2}\right)=0$
⑤ $-(x+2)\left(x+\frac{3}{2}\right)=0$

2. 다음 이차방정식 중 두 근의 합이 8인 것은?

① $(x+3)(x+5)=0$
② $(x-1)(x+7)=0$
③ $(x-5)(2x-3)=0$
④ $(2x-1)(2x-7)=0$
⑤ $(2x-5)(2x-11)=0$

적중률 80%

3. 이차방정식 $(3x-5)(x-7)=0$의 두 근을 a, b라 할 때, $3a-b$의 값은? (단, $a<b$)

① -2　② -1　③ 0
④ 1　⑤ 2

[4～6] 인수분해를 이용한 이차방정식의 풀이

4. 다음 이차방정식을 인수분해를 이용하여 풀어라.

(1) $16x^2=49$

(2) $-64x^2+16x=0$

5. 이차방정식 $2x^2+x-6=0$의 두 근의 합을 구하여라.

적중률 90%

6. 다음 이차방정식 중 $x=-1$을 근으로 갖는 것은?

① $x^2-x=0$　② $x^2-4=0$
③ $x^2+6x+8=0$　④ $x^2-3x-4=0$
⑤ $2x^2-5x+2=0$

03
인수분해를 이용한 이차방정식의 풀이의 응용

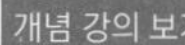

● 식을 정리한 후 인수분해를 이용한 이차방정식의 풀이

이차방정식 $(x+1)(2x-1)-(x+3)^2=4$의 해를 구해 보자.

$(x+1)(2x-1)-(x+3)^2=4$를 곱셈 공식을 이용하여 정리하면

$2x^2+x-1-(x^2+6x+9)-4=0$

$2x^2+x-1-x^2-6x-9-4=0$

$x^2-5x-14=0 \qquad \therefore (x+2)(x-7)=0$

$\therefore x=-2$ 또는 $x=7$

식을 정리할 때는 앞에서 배웠던 곱셈 공식을 이용하여 정리하면 쉬워. 곱셈 공식을 다시 한번 암기해 보자.

- $(x+a)^2=x^2+2ax+a^2$
- $(x+a)(x-a)=x^2-a^2$
- $(x+a)(x+b)$
  $=x^2+(a+b)x+ab$
- $(ax+b)(cx+d)$
  $=acx^2+(ad+bc)x+bd$

● 두 이차방정식의 공통인 근

두 이차방정식의 근을 각각 구하여 공통인 근을 구한다.

$x^2-7x+12=0$과 $4x^2-9x-9=0$의 공통인 근을 구해 보자.

$x^2-7x+12=0$에서 $(x-3)(x-4)=0$

$\therefore x=3$ 또는 $x=4$

$4x^2-9x-9=0$에서 $(4x+3)(x-3)=0$

$\therefore x=-\frac{3}{4}$ 또는 $x=3$

따라서 공통인 근은 $x=3$이다.

● 이차방정식의 한 근이 주어질 때 다른 한 근 구하기

이차방정식 $x^2+3x-4a=6$의 한 근이 $x=3$일 때, 다른 한 근을 구해 보자.

$x=3$을 $x^2+3x-4a=6$에 대입하면

$3^2+3\times3-4a=6 \qquad \therefore a=3$

$a=3$을 $x^2+3x-4a=6$에 대입하면

$x^2+3x-18=0$

$(x+6)(x-3)=0 \qquad \therefore x=-6$ 또는 $x=3$

따라서 다른 한 근은 $x=-6$이다.

한 근이 주어질 때 상수 a를 구하는 문제인지 다른 한 근을 구하는 문제인지 문제를 잘 보아야 해. 많은 학생들이 다른 한 근을 구해야 하는데 a까지만 구해서 틀리는 경우가 있거든. 다른 한 근을 구할 때는 a를 구해서 식에 대입하고 다른 한 근까지 구해야 해.

식을 정리한 후 인수분해를 이용한 이차방정식의 풀이

식을 곱셈 공식을 이용하여 전개한 후 좌변으로 모든 식을 이항하여 정리하고 인수분해하면 돼.

아하! 그렇구나~

■ 인수분해를 이용하여 다음 이차방정식을 풀어라.

1. $x(x-3)+6=2x$

______

2. $(x+2)(x-2)+3x=0$

______

3. $(x-1)(x-8)+3x=0$

______

4. $(x-2)(x-3)=2x^2$

______

5. $(x+3)^2=-x-1$

______

6. $(x-2)^2+3x-10=0$

______

7. $x(x-7)+(x+3)(x-3)=0$

______

8. $x(x+2)-(2x+1)(2x-1)=0$

______

두 이차방정식의 공통인 근

두 이차방정식의 근을 각각 구한 후 공통인 근을 구하면 돼. 인수분해를 두 번 해서 구해야 하니까 인수분해를 잘하는 것이 이차방정식의 근을 쉽게 구할 수 있는 지름길이야.
아하! 그렇구나~

■ 다음 두 이차방정식의 공통인 근을 구하여라.

1. $x^2-3x=0$, $x^2+6x=0$

Help $x^2+6x=x(x+6)=0$

2. $x^2+5x+6=0$, $x^2-x-12=0$

3. $x^2+4x-5=0$, $x^2-4x+3=0$

4. $x^2+7x+10=0$, $x^2+2x-15=0$

5. $x^2+x=0$, $2x^2+7x+5=0$

6. $x^2-x-6=0$, $2x^2-5x-3=0$

7. $3x^2-14x-5=0$, $4x^2-17x-15=0$

8. $2x^2+9x-5=0$, $4x^2+4x-3=0$

한 근이 주어질 때 미지수 구하기

주어진 한 근이 $x=p$일 때, 이차방정식의 미지수를 구하기 위해서는 이차방정식에 $x=p$를 대입하여 미지수의 값을 구하면 돼.

아하! 그렇구나~

■ 다음 이차방정식의 한 근이 주어질 때, 상수 a의 값을 모두 구하여라.

1. $x^2+2x-3a=6$의 한 근이 $x=a$

______

Help $a^2+2a-3a=6$

2. $x^2-4x-5a=10$의 한 근이 $x=a$

______

3. $x^2+a^2-x-2a=9$의 한 근이 $x=a$

______

4. $x^2-2x+3a^2=-a$의 한 근이 $x=a$

______

5. $a^2+x^2+5x-2a=4$의 한 근이 $x=-1$

______

6. $x^2+a^2+2x-3a=18$의 한 근이 $x=-2$

______

7. $x^2-5x+a+2a^2=0$의 한 근이 $x=2$

______

8. $4a^2+x^2-3x-11a=-3$의 한 근이 $x=-1$

______

한 근이 주어질 때 다른 한 근 구하기

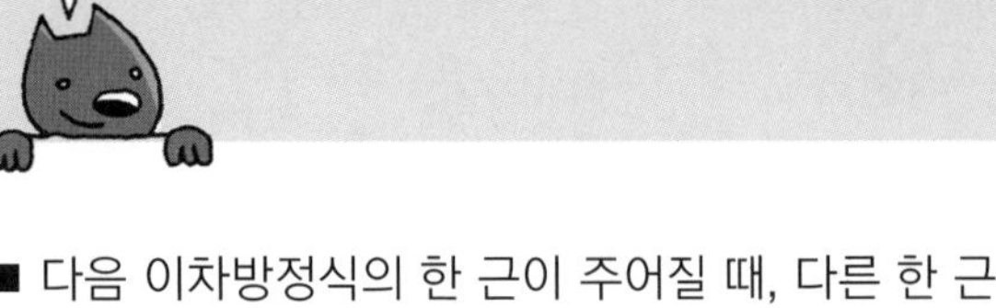

주어진 한 근이 $x=p$일 때, 다른 한 근을 구하는 방법
- 이차방정식에 $x=p$를 대입하여 미지수의 값을 구하고
- 구한 미지수의 값을 방정식에 대입하여 이차방정식을 풀면 돼.

아하! 그렇구나~

■ 다음 이차방정식의 한 근이 주어질 때, 다른 한 근을 구하여라.

앗! 실수

1. $x^2+2ax-3a=6$의 한 근이 $x=1$

____

Help $x=1$을 대입하여 상수 a의 값을 구한다.

2. $x^2+4x-2a=a$의 한 근이 $x=2$

____

3. $x^2+ax+2(a-1)=2$의 한 근이 $x=-1$

____

4. $x^2+2(a+3)x-a=2$의 한 근이 $x=-2$

____

5. $x^2-5ax-3=-9a$의 한 근이 $x=3$

____

6. $x^2+(3+a)x+10=-a$의 한 근이 $x=-3$

____

7. $ax^2+(a+1)x-3=1$의 한 근이 $x=-2$

____

8. $ax^2+(2a+1)x-a=5$의 한 근이 $x=1$

____

적중률 100%

[1～4] 인수분해를 이용한 이차방정식의 풀이

1. 다음 이차방정식을 $(x+a)(x+b)=0$의 꼴로 나타낼 때, ab의 값은? (단, a, b는 상수)

$(x-3)(x-5)=2(x+3)$

① 10 ② 9 ③ 7
④ 4 ⑤ 2

2. 이차방정식 $(x-6)(x+1)=-4x$의 두 근을 a, b라 할 때, $2a-b$의 값은? (단, $a>b$)

① 5 ② 6 ③ 8
④ 10 ⑤ 11

3. 이차방정식 $(3x+1)(3x-1)-x(x+2)=0$을 풀어라.

4. 다음 두 이차방정식
$x^2-3x-10=0$, $2x^2-7x-15=0$
의 공통인 근을 구하여라.

[5～6] 한 근이 주어질 때 미지수와 다른 한 근 구하기

적중률 80%

5. 이차방정식 $x^2+5x-4a-3=-1$의 한 근이 $x=a$일 때, 다음 중 상수 a의 값을 모두 고르면? (정답 2개)

① -2 ② -1 ③ 1
④ 3 ⑤ 4

6. 이차방정식 $ax^2-(a+5)x+4=0$의 한 근이 $x=2$일 때, 다른 한 근은?

① $\frac{2}{3}$ ② 1 ③ $\frac{3}{2}$
④ 3 ⑤ $\frac{5}{3}$

04 이차방정식의 중근

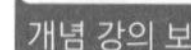

● 이차방정식의 중근

이차방정식의 두 근이 중복되어 서로 같을 때, 이 근을 이차방정식의 중근이라 한다.

⇨ 이차방정식이 (완전제곱식)$=0$의 꼴로 인수분해되면 중근을 가진다.

이차방정식 $x^2+2x+1=0$을 인수분해를 이용하여 풀면

$(x+1)^2=0$, 즉 $(x+1)(x+1)=0$

⇨ $x+1=0$ 또는 $x+1=0$

⇨ $x=-1$ 또는 $x=-1$

⇨ $x=-1$ (중근)

바빠 꿀팁!

이차방정식은 근이 2개, 1개, 0개가 나올 수 있어. 앞 단원에서는 근이 2개가 나오는 경우를 배웠고, 이 단원에서는 근이 중복되어 1개가 나오는 경우를 배우는 거야.

$(x-a)^2=0$ ⇨ $\underline{x=a}$ (중근)

$(ax-b)^2=0$ ⇨ $\underline{x=\frac{b}{a}}$ (중근)

● 이차방정식이 중근을 가질 조건

① 이차방정식을 정리하여 인수분해하였을 때, (완전제곱식)$=0$의 꼴이 되어야 한다.

② 이차방정식 $x^2+ax+b=0$이 중근을 갖기 위해서는 좌변이 완전제곱식이 되어야 하므로 $b=\left(\frac{a}{2}\right)^2$이어야 한다.
상수항이 일차항의 계수의 $\frac{1}{2}$의 제곱

- 이차방정식 $x^2-6x+k=0$이 중근을 가지려면 $k=\left(\frac{-6}{2}\right)^2=9$이어야 한다.
- 이차방정식 $x^2+kx+25=0$이 중근을 가지려면
  $25=\left(\frac{k}{2}\right)^2$, $k^2=100$ $\therefore k=\pm10$
- 이차방정식 $2x^2+8x+k=0$이 중근을 가지려면
  $x^2+4x+\frac{k}{2}=0$에서 $\frac{k}{2}=\left(\frac{4}{2}\right)^2=4$
  $\therefore k=8$

- 중근일 때는 다음과 같이 근 옆에 (중근)이라는 표시를 하여 일반적인 근과 구분지어 주어야 해.
  $x^2-8x+16=0$의 근 ⇨ $x=4$ (중근)
- 이차방정식 $x^2+kx+16=0$이 중근을 가질 때, 일차항의 계수 k를 8이라고 생각하기 쉽지만 8과 -8 모두가 k의 값이 될 수 있음을 잊지 말고 기억해야 해.
- $3x^2+9x+k=0$과 같이 이차항의 계수가 1이 아닌 경우는 이차항의 계수로 나눈 다음 $x^2+3x+\frac{k}{3}=0$으로 계산해야 해.

이차방정식의 중근 1

이차방정식이 $a(x-m)^2=0\ (a\neq0)$의 꼴로 인수분해되면 이 이차방정식은 중근 $x=m$을 갖게 돼. 중복되는 근이므로 근을 한 개 갖게 되는 거지.

아하! 그렇구나~

■ 다음 이차방정식을 풀어라.

1. $(x-1)^2=0$

Help $x-1=0$인 근을 구한다.

2. $(x+3)^2=0$

3. $(-x-2)^2=0$

Help $(-x-2)^2=(x+2)^2$

4. $\left(x-\frac{1}{4}\right)^2=0$

5. $\left(-x+\frac{2}{5}\right)^2=0$

6. $(2x+3)^2=0$

7. $(5x-2)^2=0$

8. $(-6x+3)^2=0$

9. $(3x-7)^2=0$

10. $(-4x-8)^2=0$

이차방정식의 중근 2

이차방정식의 좌변이 완전제곱식이 되면 중근을 가져.

$x^2+2ax+a^2=0 \Rightarrow (x+a)^2=0 \quad \therefore x=-a$

$(ax)^2+2abx+b^2=0 \Rightarrow (ax+b)^2=0 \quad \therefore x=-\frac{b}{a}$(중근)

이 정도는 암기해야 해 암암!

■ 다음 이차방정식을 풀어라.

1. $x^2+2x+1=0$

   Help $(x+\square)^2=0$

2. $x^2-6x+9=0$

3. $x^2+10x+25=0$

4. $x^2+14x+49=0$

5. $x^2+4x+4=0$

앗! 실수

6. $36x^2-12x+1=0$

   Help $(\square x-\square)^2=0$

7. $100x^2+20x+1=0$

8. $4x^2-12x+9=0$

9. $9x^2-24x+16=0$

10. $16x^2-40x+25=0$

이차방정식이 중근을 가질 조건 1

이차방정식 $x^2+ax+b=0$이 중근을 가질 조건

$\Rightarrow \left(\frac{a}{2}\right)^2=b$

이 정도는 암기해야 해 암암! 

■ 다음 이차방정식이 중근을 가질 때, □ 안에 알맞은 수를 써넣어라. (단, k는 상수)

1. $x^2-6x+k=0 \Rightarrow k=\left(\frac{\square}{2}\right)^2=\square$

Help k의 값은 일차항의 계수인 -6을 2로 나누고 제곱하면 된다.

2. $x^2+18x+k=0 \Rightarrow k=\left(\frac{\square}{2}\right)^2=\square$

3. $x^2-5x+k=0 \Rightarrow k=\left(\frac{\square}{2}\right)^2=\square$

4. $x^2+3x+k=0 \Rightarrow k=\left(\frac{\square}{2}\right)^2=\square$

5. $x^2-7x+k=0 \Rightarrow k=\left(\frac{\square}{2}\right)^2=\square$

6. $x^2+kx+4=0 \Rightarrow \left(\frac{k}{2}\right)^2=4$

$\Rightarrow k^2=4\times4$

$\Rightarrow k=\square$ 또는 $k=\square$

7. $x^2+kx+16=0 \Rightarrow \left(\frac{k}{2}\right)^2=16$

$\Rightarrow k^2=16\times4$

$\Rightarrow k=\square$ 또는 $k=\square$

8. $x^2+kx+25=0 \Rightarrow \left(\frac{k}{2}\right)^2=25$

$\Rightarrow k^2=25\times4$

$\Rightarrow k=\square$ 또는 $k=\square$

9. $x^2-kx+\frac{9}{4}=0 \Rightarrow \left(\frac{k}{2}\right)^2=\square$

$\Rightarrow k^2=\square\times4$

$\Rightarrow k=\square$ 또는 $k=\square$

10. $x^2-kx+\frac{49}{16}=0 \Rightarrow \left(\frac{k}{2}\right)^2=\square$

$\Rightarrow k^2=\square\times4$

$\Rightarrow k=\square$ 또는 $k=\square$

이차방정식이 중근을 가질 조건 2

이차방정식 $2x^2+6x+k=0$이 중근을 가질 때, 상수 k의 값을 구해 보자.

이차항의 계수 2로 나누면 $x^2+3x+\frac{k}{2}=0$

일차항의 계수가 3이므로 $\frac{k}{2}=\left(\frac{3}{2}\right)^2$ $\quad\therefore k=\frac{9}{2}$

■ 다음 이차방정식이 중근을 가질 때, 상수 k의 값을 구하고 중근을 구하여라.

1. $x^2-2x+k=0$

$k=$________, $x=$________

2. $x^2-4x+k=0$

$k=$________, $x=$________

3. $x^2+10x+k=0$

$k=$________, $x=$________

4. $x^2-3x+k=0$

$k=$________, $x=$________

5. $x^2+5x+k=0$

$k=$________, $x=$________

6. $2x^2+12x+k=0$

$k=$________, $x=$________

7. $2x^2-16x+k=0$

$k=$________, $x=$________

8. $3x^2-6x+k+1=0$

$k=$________, $x=$________

9. $4x^2+12x+k-3=0$

$k=$________, $x=$________

10. $8x^2+40x+5k=0$

$k=$________, $x=$________

이차방정식이 중근을 가질 조건 3

이차방정식 $x^2+kx+16=0$이 중근을 가질 때, 상수 k의 값은
$\left(\frac{k}{2}\right)^2=16$에서 $k^2=64$
$\therefore k=\pm 8$

■ 다음 이차방정식이 중근을 가질 때, 상수 k의 값을 모두 구하여라.

1. $x^2+kx+1=0$

Help 일차항의 계수는 음수와 양수 모두 될 수 있음에 유의한다.

2. $x^2-kx+9=0$

3. $x^2+kx+25=0$

4. $x^2-kx+36=0$

5. $x^2+kx+100=0$

6. $x^2+kx+\frac{1}{16}=0$

7. $x^2+kx+\frac{1}{25}=0$

8. $x^2+2kx+\frac{16}{9}=0$

9. $x^2-3kx+\frac{9}{4}=0$

10. $x^2+5kx+\frac{25}{36}=0$

[1～3] 이차방정식의 중근

적중률 90%

1. 다음 이차방정식 중 중근을 갖는 것을 모두 고르면? (정답 2개)

① $x^2-4x=2x-1$ ② $(x+2)(x-4)=-9$
③ $x^2-9=0$ ④ $x^2-12x=-36$
⑤ $(x-2)^2=6$

2. 이차방정식 $x^2+ax+b=0$이 중근 $x=2$를 가질 때, 상수 a, b에 대하여 $a+b$의 값은?

① -4 ② -1 ③ 0
④ 2 ⑤ 4

3. 이차방정식 $4x^2+24x+36=0$을 풀어라.

[4～6] 이차방정식이 중근을 가질 조건

4. 이차방정식 $x^2+6x+7-2k=0$이 중근을 가질 때, 상수 k의 값은?

① -1 ② 0 ③ 2
④ 5 ⑤ 9

앗! 실수 적중률 90%

5. 이차방정식 $\frac{1}{4}x^2+kx+81=0$이 중근을 갖도록 하는 상수 k의 값을 모두 고르면? (정답 2개)

① -9 ② -5 ③ -3
④ 6 ⑤ 9

6. 이차방정식 $x^2+5(2x-1)+3a=0$이 $x=b$를 중근으로 가질 때, $a+b$의 값을 구하여라.
(단, a는 상수)

05 제곱근을 이용한 이차방정식의 풀이

● 제곱근을 이용한 이차방정식의 풀이

이차방정식 $x^2=q$, $(x-p)^2=q$의 해는 제곱근을 이용하여 구할 수 있다.
(단, $q\geq 0$)

① $x^2=q$에서 x는 q의 제곱근이므로
  $x=\pm\sqrt{q}$

② $(x-p)^2=q$에서 $x-p$는 q의 제곱근이므로
  $x-p=\pm\sqrt{q}$ $\therefore x=p\pm\sqrt{q}$

③ $(x-p)^2=q$에서 서로 다른 두 실근을 가질 조건은 $q>0$, 중근을 가질 조건은 $q=0$이다.

- 이차방정식 $x^2=q$에서 해를 가질 조건은 $q\geq 0$
- 해를 갖지 않을 조건은 $q<0$

● 완전제곱식을 이용한 이차방정식의 풀이

이차방정식 $ax^2+bx+c=0(a\neq 0,\ b\neq 0,\ c\neq 0)$은 다음과 같은 순서로 $(x-p)^2=q$의 꼴로 고친 후 제곱근을 이용하여 해를 구할 수 있다.

① 이차항의 계수가 1이 되도록 이차항의 계수 a로 양변을 나눈다.

② 상수항을 우변으로 이항한다.

③ 양변에 $\left(\frac{\text{일차항의 계수}}{2}\right)^2$을 더한다.

④ 좌변을 완전제곱식으로 고쳐 (완전제곱식)=(상수)의 꼴로 나타낸다.

⑤ 제곱근을 이용하여 해를 구한다.

이차방정식 $2x^2+8x+2=0$을 완전제곱식을 이용하여 풀어 보자.

$2x^2+8x+2=0$
) 양변을 2로 나눈다.
$x^2+4x+1=0$
) 상수항을 우변으로 이항한다.
$x^2+4x=-1$
) 양변에 $\left(\frac{4}{2}\right)^2$을 더한다.
$x^2+4x+\left(\frac{4}{2}\right)^2=-1+\left(\frac{4}{2}\right)^2$
) 좌변을 완전제곱식으로 고친다.
$(x+2)^2=3$
) 제곱근을 구한다.
$x+2=\pm\sqrt{3}$
) 해를 구한다.
$\therefore x=-2\pm\sqrt{3}$

앗! 실수

$x^2=2$를 풀 때, $x=\sqrt{2}$라고 생각하는 학생들이 아직도 많아. 하지만 이 방정식의 해는 $+\sqrt{2}$, $-\sqrt{2}$로 2개야. 이차방정식의 근이 존재할 때 중근이 아니면 해가 2개가 나온다는 사실을 잊지 말자.

제곱근을 이용한 이차방정식의 풀이 1

• $x^2=k\ (k\geq 0) \Rightarrow x=\pm\sqrt{k}$
  $x^2=5 \Rightarrow x=\pm\sqrt{5}$
• $(x-p)^2=q\ (q\geq 0) \Rightarrow x=p\pm\sqrt{q}$
  $(x-2)^2=3 \Rightarrow x-2=\pm\sqrt{3} \Rightarrow x=2\pm\sqrt{3}$

아하! 그렇구나~

■ 제곱근을 이용하여 다음 이차방정식을 풀어라.

1. $x^2=4$

______

Help $x^2=q$이면 $x=\pm\sqrt{q}\ (q\geq 0)$

2. $4x^2=36$

______

Help 양변을 4로 나눈다.

3. $3x^2-24=0$

______

4. $5x^2-2=0$

______

5. $2x^2-9=0$

______

6. $(x+3)^2=16$

______

Help $(x+p)^2=q$이면 $x=-p\pm\sqrt{q}\ (q\geq 0)$

7. $(x-2)^2=64$

______

8. $2(x-5)^2=18$

______

9. $3(x+1)^2=10$

______

10. $-2(x-4)^2=-1$

______

제곱근을 이용한 이차방정식의 풀이 2

이차방정식 $(x-p)^2=k+1$에서
- 서로 다른 두 근을 가질 실수 k의 값의 범위는 $k+1>0$이므로 $k>-1$
- 중근을 가질 실수 k의 값은 $k+1=0$이므로 $k=-1$

아하! 그렇구나~

■ 다음 이차방정식이 서로 다른 두 근을 가질 때, 실수 k의 값의 범위를 구하여라.

1. $(x+1)^2=k$

______

2. $(x-2)^2=k+3$

______

3. $2(x+3)^2=\frac{k}{4}$

______

4. $-2(x+1)^2=k-1$

______

5. $-6(x+1)^2=k+5$

______

■ 다음 이차방정식이 중근을 가질 때, 실수 k의 값을 구하여라.

6. $(x-1)^2=k$

______

7. $2(x+3)^2=k$

______

8. $(x-4)^2=k-1$

______

9. $3(x-1)^2=k+5$

______

10. $5(x+2)^2=k-4$

______

$x^2+ax+b=0$을 $(x+p)^2=q$의 꼴로 나타내기

$x^2+ax+b=0$을 $(x+p)^2=q$의 꼴로 나타내기 위해서는 $x^2+ax+b=0$의 상수항 b를 이항하고 좌변을 완전제곱식으로 만들 수 있는 $\left(\frac{a}{2}\right)^2$을 양변에 더하면 돼.

■ 다음은 이차방정식 $x^2+ax+b=0$을 $(x+p)^2=q$의 꼴로 나타내는 과정이다. □ 안에 알맞은 수를 써넣어라. (단, p, q는 상수)

1. $x^2-8x+10=0$에서
   좌변의 10을 이항하면 $x^2-8x=-10$
   좌변을 완전제곱식으로 만들기 위해 양변에 □을 더하면 $x^2-8x+□=-10+□$
   좌변을 완전제곱식으로 고치면 $(x-□)^2=□$

2. $x^2+12x-4=0$에서
   좌변의 -4를 이항하면 $x^2+12x=4$
   좌변을 완전제곱식으로 만들기 위해 양변에 □을 더하면 $x^2+12x+□=4+□$
   좌변을 완전제곱식으로 고치면 $(x+□)^2=□$

3. $x^2-6x-5=0$에서
   좌변의 -5를 이항하면 $x^2-6x=5$
   좌변을 완전제곱식으로 만들기 위해 양변에 □를 더하면 $x^2-6x+□=5+□$
   좌변을 완전제곱식으로 고치면 $(x-□)^2=□$

■ 다음 이차방정식을 $(x+p)^2=q$의 꼴로 나타내어라. (단, p, q는 상수)

4. $x^2+2x-5=0$

   ______

   Help 먼저 상수항을 우변으로 이항하고, 좌변을 완전제곱식으로 만들 수 있는 수를 더한다.

5. $x^2-4x-9=0$

   ______

6. $x^2+12x+3=0$

   ______

7. $x^2-3x-1=0$

   ______

8. $x^2+5x+6=0$

   ______

완전제곱식을 이용한 이차방정식의 풀이 1

이차방정식 $x^2-2x-6=0$을 완전제곱식을 이용하여 풀어 보자.
$x^2-2x-6=0 \Rightarrow x^2-2x=6 \Rightarrow x^2-2x+1=6+1$
$\Rightarrow (x-1)^2=7 \Rightarrow x-1=\pm\sqrt{7} \Rightarrow x=1\pm\sqrt{7}$

잊지 말자. 꼬~옥!

■ 다음은 완전제곱식을 이용하여 이차방정식의 해를 구하는 과정이다. □ 안에 알맞은 수를 써넣어라.

1. $x^2-4x-7=0$에서
   좌변의 -7을 이항하면 $x^2-4x=7$
   좌변을 완전제곱식으로 만들기 위해 양변에 □를
   더하면 x^2-4x+□$=7+$□
   좌변을 완전제곱식으로 고치면 $(x-2)^2=$□
   제곱근을 구하면 $x-2=$□
   $\therefore x=$□

2. $x^2+16x+2=0$에서
   좌변의 2를 이항하면 $x^2+16x=-2$
   좌변을 완전제곱식으로 만들기 위해 양변에 □를
   더하면 x^2+16x+□$=-2+$□
   좌변을 완전제곱식으로 고치면 $(x+8)^2=$□
   제곱근을 구하면 $x+8=$□
   $\therefore x=$□

3. $x^2-9x+15=0$에서
   좌변의 15를 이항하면 $x^2-9x=-15$
   좌변을 완전제곱식으로 만들기 위해 양변에 □을
   더하면 x^2-9x+□$=-15+$□
   좌변을 완전제곱식으로 고치면 $\left(x-\frac{9}{2}\right)^2=$□
   제곱근을 구하면 $x-\frac{9}{2}=$□
   $\therefore x=$□

■ 완전제곱식을 이용하여 다음 이차방정식의 해를 구하여라.

4. $x^2-4x-3=0$

   ______

5. $x^2+x-5=0$

   ______

6. $x^2+8x+2=0$

   ______

7. $x^2-5x+5=0$

   ______

8. $x^2+10x+15=0$

   ______

완전제곱식을 이용한 이차방정식의 풀이 2

이차항의 계수가 있을 때는 가장 먼저 이차항의 계수로 나눈 후 풀면 앞에서 배운 풀이와 다르지 않아.

아하! 그렇구나~

■ 완전제곱식을 이용하여 다음 이차방정식의 해를 구하여라.

1. $3x^2-6x-4=0$

Help 먼저 양변을 3으로 나눈다.

2. $2x^2-8x-1=0$

앗! 실수

3. $5x^2+10x+3=0$

4. $4x^2+12x-3=0$

5. $3x^2+2x-6=0$

Help $3x^2+2x-6=0$의 양변을 3으로 나누고 상수항을 이항하면 $x^2+\frac{2}{3}x=2$
좌변을 완전제곱식으로 만들기 위해 양변에 $\left(\frac{2}{3}\times\frac{1}{2}\right)^2$을 더한다.

6. $2x^2-5x-2=0$

7. $-4x^2+x+2=0$

8. $-6x^2+8x+4=0$

거저먹는 시험 문제

[1~3] 제곱근을 이용한 이차방정식의 풀이

적중률 90%

1. 이차방정식 $4(x+3)^2=24$의 해가 $x=a\pm\sqrt{b}$일 때, 유리수 a, b에 대하여 $a+b$의 값은?

① -1　② 0　③ 1
④ 2　⑤ 3

2. 이차방정식 $(x-p)^2=k$가 해를 가질 조건은?

① $k<0$　② $k\ge 0$　③ $k=0$
④ $p>0$　⑤ $p=0$

3. 이차방정식 $(x-5)^2=2k-1$이 해를 갖지 않도록 하는 상수 k의 값의 범위를 구하여라.

[4~6] 완전제곱식을 이용한 이차방정식의 풀이

4. 이차방정식 $x^2-8x+2=0$을 $(x+p)^2=q$ 꼴로 나타낼 때, 상수 p, q에 대하여 $p+q$의 값은?

① -4　② -2　③ 4
④ 6　⑤ 10

앗! 실수　적중률 80%

5. 이차방정식 $2x^2-12x+5=0$을 $(x-3)^2=k$로 나타낼 때, 상수 k의 값은?

① $\frac{3}{2}$　② $\frac{5}{2}$　③ $\frac{9}{2}$
④ $\frac{13}{2}$　⑤ $\frac{23}{2}$

6. 이차방정식 $5x^2-4x-2=0$의 해를 구하여라.

06 이차방정식의 근의 공식

● 이차방정식의 근의 공식

x에 대한 이차방정식 $ax^2+bx+c=0$ $(a\neq0)$의 해는

$x=\dfrac{-b\pm\sqrt{b^2-4ac}}{2a}$ (단, $b^2-4ac\geq0$)

다음과 같이 완전제곱식을 이용하여 이차방정식의 해를 구하는 과정에서 근의 공식을 유도할 수 있다.

$ax^2+bx+c=0$ $(a\neq0)$에서

) 양변을 a로 나눈다.

$x^2+\dfrac{b}{a}x+\dfrac{c}{a}=0$

) 상수항을 우변으로 이항한다.

$x^2+\dfrac{b}{a}x=-\dfrac{c}{a}$

) 양변에 $\left(\dfrac{x\text{의 계수}}{2}\right)^2$을 더한다.

$x^2+\dfrac{b}{a}x+\left(\dfrac{b}{2a}\right)^2=-\dfrac{c}{a}+\left(\dfrac{b}{2a}\right)^2$

) 좌변을 완전제곱식으로 고친다.

$\left(x+\dfrac{b}{2a}\right)^2=\dfrac{b^2-4ac}{4a^2}$

) 제곱근을 구한다. $(b^2-4ac\geq0)$

$x+\dfrac{b}{2a}=\pm\dfrac{\sqrt{b^2-4ac}}{2a}$

) 해를 구한다. ⇨ 근의 공식

$\therefore x=\dfrac{-b\pm\sqrt{b^2-4ac}}{2a}$

$3x^2+5x+1=0$을 근의 공식을 이용하여 풀어 보자.

근의 공식에 $a=3, b=5, c=1$을 대입하면

$x=\dfrac{-5\pm\sqrt{5^2-4\times3\times1}}{2\times3}=\dfrac{-5\pm\sqrt{25-12}}{6}$

$=\dfrac{-5\pm\sqrt{13}}{6}$

근의 공식으로는 모든 이차방정식의 해를 구할 수 있어. 그렇다면 왜 앞에서 인수분해를 이용한 방법과 제곱근을 이용한 방법을 배웠을까?
근의 공식이 계산하기 복잡하기 때문에 좀 더 간단한 방법으로 구할 수 있다면 그렇게 구하는 것이 좋아.

이차방정식을 근의 공식에 의해 풀 때, a, b, c가 음수라면 대입할 때 주의해야 해. 부호를 실수해서 다른 답이 나오는 경우가 많거든.

$2x^2-3x-1=0$이면 $a=2, b=-3, c=-1$을 근의 공식에 대입해.

$x=\dfrac{-(-3)\pm\sqrt{(-3)^2-4\times2\times(-1)}}{2\times2}$

$=\dfrac{3\pm\sqrt{9+8}}{4}=\dfrac{3\pm\sqrt{17}}{4}$

이차방정식의 근의 공식

이차방정식의 근의 공식은 아무리 강조해도 지나치지 않는 중요한 공식이야. 고3 끝날 때까지 이용하는 공식이니 잘 외워둬야 해.
이차방정식 $ax^2+bx+c=0(a\neq0)$에서 근의 공식은

$x=\dfrac{-b\pm\sqrt{b^2-4ac}}{2a}$ (단, $b^2-4ac\geq0$)

■ 다음은 이차방정식 $ax^2+bx+c=0(a\neq0)$의 해를 근의 공식 $x=\dfrac{-b\pm\sqrt{b^2-4ac}}{2a}$를 이용하여 구하는 과정이다. □ 안에 알맞은 수를 써넣어라.

1. $x^2-3x-2=0$에서 $a=1$, $b=\square$, $c=\square$

$$x=\frac{3\pm\sqrt{(\square)^2-4\times1\times(\square)}}{2\times\square}=\square$$

2. $x^2-5x+3=0$에서 $a=1$, $b=\square$, $c=\square$

$$x=\frac{5\pm\sqrt{(\square)^2-4\times1\times(\square)}}{2\times\square}=\square$$

3. $2x^2-x-5=0$에서 $a=\square$, $b=-1$, $c=\square$

$$x=\frac{1\pm\sqrt{(-1)^2-4\times(\square)\times(\square)}}{2\times\square}=\square$$

4. $3x^2+x-3=0$에서 $a=\square$, $b=\square$, $c=-3$

$$x=\frac{\square\pm\sqrt{1^2-4\times(\square)\times(\square)}}{2\times3}=\square$$

5. $2x^2-7x+2=0$에서 $a=\square$, $b=\square$, $c=\square$

$$x=\frac{\square\pm\sqrt{(-7)^2-4\times2\times(\square)}}{2\times\square}=\square$$

6. $3x^2-x-5=0$에서 $a=\square$, $b=\square$, $c=\square$

$$x=\frac{1\pm\sqrt{(\square)^2-4\times3\times(\square)}}{\square}=\square$$

7. $4x^2-7x+1=0$에서 $a=\square$, $b=\square$, $c=\square$

$$x=\frac{\square\pm\sqrt{(-7)^2-4\times4\times(\square)}}{\square}=\square$$

8. $5x^2+3x-1=0$에서 $a=\square$, $b=\square$, $c=\square$

$$x=\frac{\square\pm\sqrt{3^2-4\times(\square)\times(\square)}}{\square}=\square$$

B 근의 공식을 이용한 이차방정식의 풀이 1

- 근의 공식에 음수 계수를 대입하면서 실수하는 경우가 있으니 주의하여 대입해야 해.
- 일차항의 계수가 짝수일 경우 근의 공식에 대입하여 근을 구하면 근호 밖으로 나올 수 있는 수가 있고 이 수는 근호 밖의 다른 수와 약분이 돼.

■ 근의 공식을 이용하여 다음 이차방정식을 풀어라.

1. $x^2+3x+1=0$

Help $a=1, b=3, c=1$을 $x=\frac{-b\pm\sqrt{b^2-4ac}}{2a}$에 대입한다.

2. $x^2-5x+2=0$

3. $2x^2+5x-1=0$

4. $4x^2-7x+2=0$

5. $x^2-6x+3=0$

Help 근호 안의 수를 소인수분해했을 때 제곱인 인수가 있으면 근호 밖으로 꺼낼 수 있다.

6. $x^2+4x-7=0$

7. $3x^2-2x-4=0$

8. $5x^2-4x-2=0$

근의 공식을 이용한 이차방정식의 풀이 2

일차항의 계수가 짝수일 때 $(b=2b')$일 때 근의 공식을 변형한 공식에 대입하면 계산이 덜 복잡해. 잘 암기해야 해.
이차방정식 $ax^2+2b'x+c=0(a\neq0)$의 근은
$x=\dfrac{-b'\pm\sqrt{b'^2-ac}}{a}$ (단, $b'^2-ac\geq0$)

■ 근의 공식을 변형한 식으로 다음 이차방정식을 풀어라.

1. $x^2+2x-1=0$

____

Help 근의 공식에 대입해도 되지만 일차항의 계수가 짝수이면 $b'=\dfrac{b}{2}$임을 이용하여 $a=1$, $b'=1$, $c=-1$을 $x=\dfrac{-b'\pm\sqrt{b'^2-ac}}{a}$에 대입하면 계산이 간편해진다.

2. $x^2-4x-6=0$

____

3. $x^2-6x+4=0$

____

4. $x^2+6x-2=0$

____

5. $2x^2+2x-5=0$

____

6. $2x^2-6x-3=0$

____

7. $3x^2+8x+1=0$

____

8. $5x^2+4x-2=0$

____

가장 간편한 방법을 이용한 이차방정식의 풀이 1

이차방정식을 푸는 방법은 다음 세 가지야.
- 인수분해를 이용한 풀이
- 제곱근을 이용한 풀이
- 근의 공식을 이용한 풀이

이 중 가장 쉬운 방법은 인수분해를 이용한 풀이야.

■ 다음 이차방정식을 풀어라.

1. $x^2-3x-40=0$

______

2. $x^2+2x=12$

______

3. $x^2+4x-3=0$

______

4. $x^2+4x-21=0$

______

5. $(x-3)^2=5$

______

6. $x^2-10x+16=0$

______

7. $x^2-5x+3=0$

______

8. $x^2+7x+8=0$

______

9. $(x+4)^2=15$

______

10. $x^2-3x-5=0$

______

가장 간편한 방법을 이용한 이차방정식의 풀이 2

인수분해에 의한 풀이 방법은 간단하지만 모든 이차방정식이 인수분해에 의해 풀리지는 않는다는 단점이 있어.
먼저 좌변을 인수분해해 보고, 안 되면 근의 공식에 대입하는 것이 좋아. 아하! 그렇구나~

■ 다음 이차방정식을 풀어라.

1. $2x^2-3x+1=0$

2. $2x^2-x-2=0$

3. $3x^2+4x-4=0$

4. $3x^2-4x+1=0$

5. $4x^2-x-2=0$

앗! 실수

6. $6x^2-17x-3=0$

7. $3x^2-7x+1=0$

8. $x^2-3x-5=0$

9. $5x^2+2x-3=0$

10. $6x^2-5x-6=0$

거저먹는 시험 문제

적중률 100%

[1~4] 근의 공식을 이용한 이차방정식의 풀이

1. 이차방정식 $2x^2-5x+1=0$의 해가 $x=\frac{A\pm\sqrt{B}}{4}$일 때, 유리수 A, B에 대하여 $A-B$의 값은?

① -15 ② -12 ③ -5
④ 12 ⑤ 17

2. 이차방정식 $x^2-9x+5k-1=0$의 해가 $x=\frac{9\pm\sqrt{5}}{2}$일 때, 상수 k의 값은?

① -1 ② 0 ③ 2
④ 4 ⑤ 6

3. 이차방정식 $ax^2-7x+2=0$의 근이 $x=\frac{7\pm\sqrt{17}}{b}$일 때, $a+b$의 값을 구하여라.

(단, a, b는 상수)

앗! 실수

4. 이차방정식 $5x^2+6x=(2x+1)^2$의 해가 $x=p\pm\sqrt{q}$일 때, 유리수 p, q에 대하여 $p+q$의 값은?

① -3 ② -1 ③ 1
④ 3 ⑤ 5

적중률 100%

[5] 가장 간편한 방법으로 이차방정식 풀기

5. 다음 이차방정식을 풀어라.

(1) $x^2-20x+36=0$

(2) $3x^2-12x+4=0$

(3) $5(x-2)^2=15$

07 복잡한 이차방정식의 풀이

● 계수가 분수 또는 소수인 이차방정식의 경우

양변에 적당한 수를 곱하여 계수를 정수로 고친 후 $ax^2+bx+c=0$의 꼴로 정리하여 인수분해 또는 근의 공식을 이용하여 푼다.

① 계수가 분수이면 ⇨ 양변에 분모의 최소공배수를 곱한다.

② 계수가 소수이면 ⇨ 양변에 10, 100, 1000, …을 곱한다.

$\frac{1}{3}x^2-\frac{1}{2}x-\frac{1}{6}=0$

) 양변에 분모의 최소공배수 6을 곱한다.

$2x^2-3x-1=0$

) 근의 공식을 이용한다.

$\therefore x=\frac{-(-3)\pm\sqrt{(-3)^2-4\times2\times(-1)}}{2\times2}$

$=\frac{3\pm\sqrt{17}}{4}$

바빠 꿀팁!

계수가 분수 또는 소수인 경우 계수를 정수로 고치지 않아도 근의 공식에 대입하면 근이 구해져. 하지만 근의 공식도 복잡한데 분수나 소수를 근의 공식에 대입하면 계산하기 힘들어서 정수로 고친 후 대입하는 거야.

● 괄호가 있는 이차방정식의 경우

분배법칙을 이용하여 괄호를 풀고 동류항끼리 모아서 $ax^2+bx+c=0$ 꼴로 정리한 후 인수분해 또는 근의 공식을 이용하여 푼다.

$(2x+1)^2=x^2+5$

) 좌변을 전개한다.

$4x^2+4x+1=x^2+5$

) 좌변으로 이항하여 동류항끼리 정리한다.

$3x^2+4x-4=0$

) 좌변을 인수분해한다.

$(x+2)(3x-2)=0$

) x의 값을 구한다.

$\therefore x=-2$ 또는 $x=\frac{2}{3}$

● 공통 부분이 있는 이차방정식의 경우

공통 부분을 A로 치환하여 $aA^2+bA+c=0$ 꼴로 정리한 후 인수분해 또는 근의 공식을 이용하여 푼다.

$(x-1)^2+3(x-1)+2=0$

) $x-1=A$로 치환한다.

$A^2+3A+2=0$

) 좌변을 인수분해한다.

$(A+2)(A+1)=0$

) A의 값을 구한다.

$\therefore A=-2$ 또는 $A=-1$

) A 대신 치환한 식 $x-1$을 대입한다.

따라서 $x-1=-2$ 또는 $x-1=-1$이므로

) x의 값을 구한다.

$x=-1$ 또는 $x=0$

계수가 분수인 이차방정식의 풀이

계수가 분수인 이차방정식은 양변에 분모의 최소공배수를 곱한 후 $ax^2+bx+c=0$의 꼴로 정리하여 인수분해 또는 근의 공식을 이용하여 풀면 돼.

아하 그렇구나!

■ 다음 이차방정식을 풀어라.

1. $\frac{1}{6}x^2+\frac{5}{6}x+1=0$

Help 양변에 분모 □을 곱한다.

2. $\frac{1}{15}x^2-\frac{1}{5}x-\frac{2}{3}=0$

3. $\frac{1}{4}x^2-x-\frac{1}{3}=0$

4. $\frac{1}{2}x^2-\frac{2}{3}x-1=0$

5. $\frac{2}{3}x^2+x-\frac{1}{6}=0$

6. $\frac{3}{4}x^2-x-\frac{1}{2}=0$

7. $\frac{5}{12}x^2+\frac{2}{3}x+\frac{1}{4}=0$

8. $\frac{1}{10}x^2-\frac{2}{5}x-\frac{3}{2}=0$

계수가 소수인 이차방정식의 풀이

계수가 소수인 이차방정식은 양변에 10, 100, 1000, …을 곱한 후 $ax^2+bx+c=0$의 꼴로 정리하여 인수분해 또는 근의 공식을 이용하여 풀면 돼.

아하 그렇구나!

■ 다음 이차방정식을 풀어라.

1. $0.1x^2+0.7x+1=0$

____

Help 양변에 10을 곱한다.

2. $0.2x^2-0.7x=-0.4$

____

앗!실수

3. $0.4x^2-0.3x-1=0$

____

Help 양변에 10을 곱할 때 상수항 -1에도 곱해야 한다.

4. $0.1x^2=x-1.2$

____

5. $0.9x^2+x-0.2=0$

____

6. $x^2-0.3x-0.1=0$

____

7. $0.4x^2+0.1x-0.3=0$

____

8. $0.8x^2-x+0.1=0$

____

계수가 분수 또는 소수인 이차방정식의 풀이

이차항의 계수에 분수와 소수가 함께 있으면 분수와 소수를 모두 정수로 만들 수 있는 수를 양변에 곱해야 해.
이차방정식 $\frac{1}{5}x^2-0.1x=\frac{3}{4}$은 5, 10, 4의 최소공배수인 20을 곱하면 되지. 아하 그렇구나!

■ 다음 이차방정식을 풀어라.

1. $(x-1)^2-5x+5=0$

______

Help $(x-1)^2$을 전개하여 $ax^2+bx+c=0$꼴로 만든다.

2. $(x+2)(x-5)=-7$

______

3. $\frac{1}{4}x^2-0.2x=\frac{3}{5}$

______

4. $3x^2=(4x-1)(2x+1)$

______

5. $0.2x^2-0.3x-\frac{1}{2}=0$

______

앗! 실수

6. $0.4(x-1)^2=\frac{(x+3)(x-1)}{5}$

______

7. $(x+4)^2+x-7=0$

______

8. $\frac{x(x-1)}{2}=\frac{x+3}{3}+1$

______

치환을 이용한 이차방정식의 풀이

- 공통 부분을 찾아 A로 치환하고
- 인수분해 또는 근의 공식을 이용하여 A의 값을 구하고
- A에 치환한 식을 대입하여 x의 값을 구하면 돼.

잊지 말자. 꼬~옥!

■ 다음 이차방정식을 풀어라.

1. $(x-2)^2-4(x-2)-5=0$

   Help $x-2=A$로 치환한다.

2. $(2x+1)^2-6(2x+1)+8=0$

3. $2(x+3)^2-5(x+3)+3=0$

4. $6(x-5)^2+7(x-5)+2=0$

5. $2\left(x+\frac{1}{3}\right)^2-1=-\left(x+\frac{1}{3}\right)$

6. $0.4(x-6)^2+1.2(x-6)=-0.9$

7. $\frac{1}{3}(2x-1)^2-(2x-1)-\frac{4}{3}=0$

앗!실수

8. $0.2(3x-1)^2+\frac{2}{5}(3x-1)=-0.2$

[1～4] 계수가 분수 또는 소수인 이차방정식의 풀이

1. 이차방정식 $-\frac{4}{3}+\frac{5}{6}x^2=\frac{1}{2}x$를 풀어라.

앗! 실수

2. 이차방정식 $0.8x^2+0.6x-0.5=0$의 두 근을 α, β라 할 때, $4\alpha+2\beta$의 값은? $(\alpha<\beta)$

① -4　② -2　③ 1
④ 2　⑤ 4

적중률 90%

3. 이차방정식 $\frac{1}{4}x^2-\frac{1}{5}x=0.1$의 근이 $x=\frac{p\pm\sqrt{q}}{5}$일 때, 유리수 p, q에 대하여 $q-10p$의 값은?

① -8　② -6　③ -2
④ 4　⑤ 8

앗! 실수

4. 이차방정식 $0.3(x-2)^2=\frac{(x-4)(x-1)}{3}$의 두 근의 차는?

① 6　② 12　③ $6\sqrt{5}$
④ $12\sqrt{5}$　⑤ $14\pm\sqrt{5}$

[5～6] 치환을 이용한 이차방정식의 풀이

적중률 80%

5. 이차방정식 $-2\left(x+\frac{1}{4}\right)^2+3=-\left(x+\frac{1}{4}\right)$의 근은?

① $x=\frac{1}{4}$ 또는 $x=-\frac{5}{4}$
② $x=\frac{3}{4}$ 또는 $x=\frac{5}{4}$
③ $x=\frac{5}{4}$ 또는 $x=\frac{7}{4}$
④ $x=-\frac{3}{4}$ 또는 $x=-\frac{7}{4}$
⑤ $x=-\frac{5}{4}$ 또는 $x=\frac{5}{4}$

6. 이차방정식 $0.3(2x+1)^2+\frac{5}{2}(2x+1)=-0.8$을 풀어라.

08 이차방정식의 근의 개수

개념 강의 보기

● 이차방정식의 근의 개수

이차방정식 $ax^2+bx+c=0(a\neq0)$의 근의 개수는 근의 공식

$x=\dfrac{-b\pm\sqrt{b^2-4ac}}{2a}$에서 b^2-4ac의 부호로 알 수 있다.

① $b^2-4ac>0$이면 ⇨ 서로 다른 두 근을 가진다.

② $b^2-4ac=0$이면 ⇨ 한 근(중근)을 가진다.

③ $b^2-4ac<0$이면 ⇨ 근이 없다.

이차방정식 $x^2+4x+2=0$에서 $a=1, b=4, c=2$이므로

$b^2-4ac=4^2-4\times1\times2=8>0$

따라서 이 이차방정식은 서로 다른 두 근을 가진다.

이차방정식의 근을 구해 보면 근의 개수를 구할 수 있어.
하지만 근을 구하지 않고도 근의 개수를 구할 수 있는 방법이 b^2-4ac의 부호를 알아내는 거야.

● 이차방정식의 근의 개수에 따른 미지수의 조건

① $x^2-(k-2)x+k^2+1=0$이 중근을 가질 때, 상수 k의 값을 구해 보자.

$a=1, b=-(k-2), c=k^2+1$에서

$b^2-4ac=(k-2)^2-4(k^2+1)=0$

$-3k^2-4k=0, k(3k+4)=0$

$\therefore k=0$ 또는 $k=-\dfrac{4}{3}$

② $x^2+3x+k+1=0$이 근을 갖지 않을 때, 상수 k의 값의 범위를 구해 보자.

$a=1, b=3, c=k+1$에서

$b^2-4ac=3^2-4(k+1)<0$

$5-4k<0$

$\therefore k>\dfrac{5}{4}$

앞 단원에서 이차방정식을 풀 때 인수분해에 의한 방법, 제곱근에 의한 방법, 근의 공식에 대입하여 푸는 방법을 배웠지. 모두 $b^2-4ac\geq0$인 문제만을 풀어서 모든 이차방정식이 근이 있다고 생각할 수 있겠지만 근의 공식 $x=\dfrac{-b\pm\sqrt{b^2-4ac}}{2a}$에서 근호 안의 수 b^2-4ac가 음수라면 근이 없음을 기억해야 해.

이차방정식의 근의 개수 1

이차방정식 $ax^2+bx+c=0(a\neq0)$의 근을 구하지 않고도 근의 개수를 구할 수 있어.

- $b^2-4ac>0$ ⇨ 서로 다른 두 근
- $b^2-4ac=0$ ⇨ 한 근(중근)
- $b^2-4ac<0$ ⇨ 근이 없다.

■ 주어진 이차방정식을 $ax^2+bx+c=0$이라 할 때, 다음 □ 안에 $>$, $=$, $<$ 중 알맞은 것을 써넣고 근의 개수를 구하여라.

1. $x^2+5x-7=0$

b^2-4ac □ 0

근의 개수 ______

2. $x^2+2x+1=0$

b^2-4ac □ 0

근의 개수 ______

3. $x^2-3x+2=0$

b^2-4ac □ 0

근의 개수 ______

4. $4x^2-x+8=0$

b^2-4ac □ 0

근의 개수 ______

5. $x^2-3x+7=0$

b^2-4ac □ 0

근의 개수 ______

6. $16x^2-8x+1=0$

b^2-4ac □ 0

근의 개수 ______

7. $2x^2-3x+2=0$

b^2-4ac □ 0

근의 개수 ______

8. $5x^2+x-1=0$

b^2-4ac □ 0

근의 개수 ______

이차방정식의 근의 개수 2

근의 개수만을 묻는 문제는 b^2-4ac에 대입하여 구해야 편해.
잊지 말자. 꼬~옥!

■ 다음 이차방정식의 근의 개수를 구하여라.

앗! 실수

1. $x^2-2x-4=0$

2. $x^2-3x+6=0$

3. $3x^2-2x-1=0$

4. $4x^2-12x+9=0$

5. $x^2+4x+6=0$

6. $3x^2+7x-1=0$

7. $2x^2-8x+9=0$

8. $x^2+10x+25=0$

C 이차방정식이 중근을 가질 조건

이차방정식 $x^2+(k-1)x+4=0$이 중근을 가질 때, 상수 k의 값을 구해 보자.
$(k-1)^2-4\times4=0$이어야 되므로 $k^2-2k-15=0$
$(k+3)(k-5)=0 \qquad \therefore k=-3$ 또는 $k=5$

■ 다음 이차방정식이 중근을 갖도록 하는 상수 k의 값을 모두 구하여라.

1. $x^2+(k-2)x+1=0$

Help $(k-2)^2-4\times1=0$
$k^2-4k=0$

2. $x^2-(k+1)x+k^2=0$

3. $4x^2-kx+k-4=0$

4. $x^2-3kx+2k+5=0$

앗! 실수

5. $x^2-2(k+3)x+k^2-1=0$

6. $x^2+(k-4)x+k^2+5=0$

7. $4(x+1)^2=k+3$

8. $3(x-2)^2=-2k+5$

D 이차방정식의 근의 개수에 따른 미지수의 범위

이차방정식 $2x^2+x-k+1=0$이 근을 갖지 않을 때, 상수 k의 값의 범위를 구해 보자.
이차방정식 $ax^2+bx+c=0(a\neq0)$에서 $b^2-4ac<0$이어야 근을 가지지 않으므로 $1^2-4\times2\times(-k+1)<0$
$8k-7<0 \qquad \therefore k<\frac{7}{8}$

■ 다음 이차방정식이 서로 다른 두 근을 가질 때, 상수 k의 값의 범위를 구하여라.

1. $x^2-5x+k=0$

Help $5^2-4k>0$

2. $2x^2-4x-3-k=0$

3. $3x^2-x+k+1=0$

4. $\frac{1}{2}x^2-3x+k+\frac{3}{2}=0$

■ 다음 이차방정식이 근을 갖지 않을 때, 상수 k의 값의 범위를 구하여라.

5. $3x^2+2x-k+1=0$

Help $2^2-4\times3\times(-k+1)<0$

6. $x^2-4x+k-2=0$

7. $2x^2+x+\frac{k-1}{4}=0$

8. $\frac{1}{2}x^2+x+\frac{k+4}{6}=0$

[1～2] 이차방정식의 근의 개수

적중률 90%

1. 다음 이차방정식 중 서로 다른 두 근을 갖는 것은?

① $x^2+3x+4=0$　② $5x^2-4x+2=0$
③ $x^2-6x+9=0$　④ $2x^2-x-3=0$
⑤ $4x^2-2x+3=0$

2. 다음 이차방정식 중 근의 개수가 나머지 넷과 다른 것은?

① $x^2-8x+3=0$　② $3x^2-5x+1=0$
③ $x^2+3x+5=0$　④ $2x^2-4x-5=0$
⑤ $4x^2+9x-1=0$

[3～4] 이차방정식이 중근을 가질 조건

적중률 80%

3. 이차방정식 $x^2-2(k+4)x-2k=0$이 중근을 갖도록 하는 상수 k의 값을 모두 고르면? (정답 2개)

① -8　② -4　③ -2
④ 1　⑤ 5

앗! 실수

4. 이차방정식 $9x^2+6x-k=0$이 중근을 가질 때, 이차방정식 $3x^2-4kx+2k+3=0$을 풀어라.
(단, k는 상수)

[5～6] 이차방정식의 근의 개수에 따른 미지수의 범위

5. 이차방정식 $2x^2-5x+m+3=0$이 서로 다른 두 근을 가질 때, 상수 m의 값의 범위는?

① $m>8$　② $m>-\frac{1}{8}$
③ $m>-8$　④ $m<8$
⑤ $m<\frac{1}{8}$

6. 이차방정식 $x^2-2x+\frac{k-1}{4}=0$이 근을 갖지 않을 때, 상수 k의 값의 범위는?

① $k<-3$　② $k>3$
③ $k<4$　④ $k>5$
⑤ $k<6$

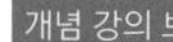

09 두 근이 주어질 때 이차방정식 구하기

● 이차방정식 구하기

① x^2의 계수가 1이고, 두 근이 α, β인 이차방정식

$(x-\alpha)(x-\beta)=0$

② x^2의 계수가 a이고, 두 근이 α, β인 이차방정식

$a(x-\alpha)(x-\beta)=0\ (a\neq0)$

두 근이 -2, 4이고, x^2의 계수가 3인 이차방정식

$3(x+2)(x-4)=0$ ⇨ $3x^2-6x-24=0$

③ x^2의 계수가 a이고, α를 중근으로 가지는 이차방정식

⇨ $a(x-\alpha)^2=0\ (a\neq0)$

중근이 1이고, x^2의 계수가 2인 이차방정식

⇨ $2(x-1)^2=0$

바빠 꿀팁!

두 근이 주어지고 이차방정식을 구할 때는 x^2의 계수를 반드시 확인하고 괄호 앞에 붙여야 하고, 괄호 안에 근을 넣을 때는 부호를 바꾸어 넣어야 함을 잊으면 안 돼.

● 이차방정식의 한 근이 무리수일 때, 다른 한 근 구하기

계수와 상수항이 모두 유리수인 이차방정식에서 한 근이 $x=p+q\sqrt{m}$이면 다른 한 근은 $x=p-q\sqrt{m}$이다. (단, p, q는 유리수, $\sqrt{m}$은 무리수)

이차방정식 $x^2-4x+2=0$의 근을 근의 공식으로 구해 보면

$x=2\pm\sqrt{(-2)^2-1\times2}=2\pm\sqrt{2}$

이와 같이 근호 앞의 부호가 $\pm$이므로 근호 앞의 부호가 $+$인 근이 존재하면 근호 앞의 부호가 $-$인 근도 존재하는 것이다. 즉, 모든 계수와 상수항이 유리수인 이차방정식 $ax^2+bx+c=0$에서 한 근이 $x=2+\sqrt{2}$로 주어지면 다른 한 근은 $x=2-\sqrt{2}$가 되는 것이다.

모든 계수와 상수항이 유리수인 이차방정식의 한 근이 $x=\sqrt{3}+4$일 때, 다른 한 근을 $x=\sqrt{3}-4$라고 생각하는 학생들이 있어. 하지만 근호 앞의 부호가 바뀌는 것임을 잊으면 안 돼. 따라서 다른 한 근은 $x=-\sqrt{3}+4$, 즉 $x=4-\sqrt{3}$이야.

두 근이 주어질 때 이차방정식 구하기 1

• 두 근이 α, β이고 x^2의 계수가 1인 이차방정식은
⇨ $(x-\alpha)(x-\beta)=0$
• 중근이 α이고 x^2의 계수가 1인 이차방정식은
⇨ $(x-\alpha)^2=0$ 잊지 말자. 꼬~옥!

■ 주어진 두 수를 근으로 하고 이차항의 계수가 1인 이차방정식을 $x^2+ax+b=0$의 꼴로 나타내어라.

1. $1, 2$

______

Help $(x-1)(x-\square)=0$을 전개하여 $x^2+ax+b=0$의 꼴로 나타낸다.

2. $2, 3$

______

3. $-1, 5$

______

4. $-2, -6$

______

5. 5 (중근)

______

Help $(x-\square)^2=0$

6. -8 (중근)

______

7. $-\frac{2}{3}, -\frac{1}{3}$

______

8. $-\frac{1}{2}, \frac{3}{4}$

______

두 근이 주어질 때 이차방정식 구하기 2

두 근이 $\frac{1}{2}$, $\frac{1}{3}$이고 이차항의 계수가 6인 이차방정식은

$6\left(x-\frac{1}{2}\right)\left(x-\frac{1}{3}\right)=0$이므로 $6\left(x^2-\frac{5}{6}x+\frac{1}{6}\right)=0$

$\therefore 6x^2-5x+1=0$

■ 주어진 두 수를 근으로 하고 이차항의 계수가 주어진 이차방정식을 $ax^2+bx+c=0$의 꼴로 나타내어라. (단, $a\neq0$)

1. $\frac{1}{2}$, 1, 이차항의 계수가 2

   ____

   Help $2\left(x-\frac{1}{2}\right)(x-1)=0$

2. $\frac{4}{3}$, -1, 이차항의 계수가 3

   ____

3. -2, $-\frac{1}{4}$, 이차항의 계수가 4

   ____

4. $\frac{2}{3}$, -1, 이차항의 계수가 3

   ____

5. $-\frac{1}{2}$, $-\frac{1}{5}$, 이차항의 계수가 10

   ____

6. $\frac{1}{2}$, $-\frac{1}{3}$, 이차항의 계수가 6

   ____

7. $\frac{3}{2}$, $\frac{3}{4}$, 이차항의 계수가 8

   ____

8. $-\frac{3}{4}$, $\frac{1}{3}$, 이차항의 계수가 12

   ____

이차방정식의 두 근을 이용하여 미지수 구하기

이차방정식 $4x^2+ax+b=0$의 두 근이 1, 2이면
$4(x-1)(x-2)=0$
$\therefore 4x^2-12x+8=0$
$\therefore a=-12, b=8$

■ 다음 이차방정식의 두 근이 주어졌을 때, 상수 a, b의 값을 각각 구하여라.

1. $2x^2+ax+b=0$의 두 근이 $1, -4$

Help $2(x-1)(x+4)=0$

2. $3x^2-ax+2b=0$의 두 근이 $2, 3$

3. $2x^2-ax+b=0$의 두 근이 $-2, -1$

4. $5x^2+ax+b=0$의 두 근이 $3, -3$

앗! 실수

5. $3x^2-ax-b=0$의 두 근이 $-\frac{1}{3}, -1$

6. $4x^2+ax-b=0$의 두 근이 $-\frac{1}{2}, -\frac{5}{2}$

7. $2x^2+ax+b=0$의 근이 중근 1

8. $4x^2+ax+2b=0$의 근이 중근 -2

한 근이 무리수일 때 다른 한 근 구하기

각 항의 계수와 상수항이 모두 유리수인 이차방정식의 한 근이 $x=p+q\sqrt{m}$이면 (단, p, q는 유리수, $\sqrt{m}$은 무리수)
⇨ 다른 한 근은 $x=p-q\sqrt{m}$

이 정도는 암기해야 해 암암!

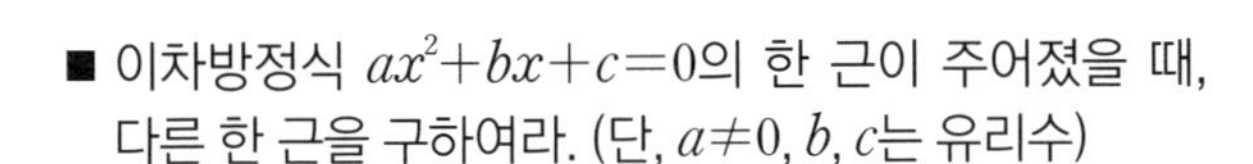

■ 이차방정식 $ax^2+bx+c=0$의 한 근이 주어졌을 때, 다른 한 근을 구하여라. (단, $a\neq0$, b, c는 유리수)

1. 한 근이 $1+\sqrt{3}$

2. 한 근이 $-1-\sqrt{2}$

3. 한 근이 $\sqrt{5}+2$

Help 근호 앞의 부호가 바뀐다.

4. 한 근이 $-\sqrt{7}-3$

5. 한 근이 $\dfrac{1}{-1+\sqrt{2}}$

Help 분모를 유리화한다.

6. 한 근이 $\dfrac{1}{2+\sqrt{3}}$

7. 한 근이 $\dfrac{1}{3-\sqrt{7}}$

8. 한 근이 $\dfrac{1}{4+\sqrt{13}}$

거저먹는 시험 문제

[1～4] 두 근이 주어질 때 이차방정식 구하기

1. $x=-2$, $x=5$를 두 근으로 하고 x^2의 계수가 1인 이차방정식의 상수항은?

① 0　② -4　③ -6　④ -8　⑤ -10

적중률 80%

2. $x=-\frac{2}{3}$, $x=\frac{1}{2}$을 두 근으로 하고 x^2의 계수가 6인 이차방정식은?

① $6x^2-x-2=0$　② $6x^2+x-2=0$　③ $6x^2+x-4=0$　④ $6x^2-x+4=0$　⑤ $6x^2+x+4=0$

적중률 80%

3. 이차방정식 $2x^2-ax+b=0$의 두 근이 $-\frac{3}{4}$, 2일 때, 상수 a, b의 값을 각각 구하여라.

4. 이차방정식 $3x^2+ax+b=0$이 중근 2를 가질 때, $a+b$의 값은? (단, a, b는 상수)

① 0　② 4　③ 6　④ 9　⑤ 12

[5～6] 한 근이 주어질 때 다른 한 근 구하기

5. 이차방정식 $ax^2+bx+c=0$의 한 근이 $5-3\sqrt{2}$일 때, 다른 한 근을 구하여라. (단, a, b, c는 유리수이다.)

6. 이차방정식 $ax^2+bx+c=0$의 한 근이 $\frac{1}{3-2\sqrt{2}}$일 때, 다른 한 근은? (단, a, b, c는 유리수이다.)

① $3+2\sqrt{2}$　② $3-2\sqrt{2}$　③ $9-2\sqrt{2}$　④ $9+2\sqrt{2}$　⑤ $9-4\sqrt{2}$

10 실생활에서 이차방정식 활용하기

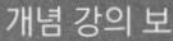

● 이차방정식의 활용 문제 구하는 순서

이차방정식의 활용 문제는 다음과 같은 순서로 푼다.

① 미지수 정하기 : 문제의 뜻을 파악하고, 구하고자 하는 것을 미지수 x로 정한다.

② 방정식 세우기 : 문제의 뜻에 따라 이차방정식을 세운다.

③ 방정식 풀기 : 이차방정식을 풀어 해를 구한다.

④ 답 구하기 : 구한 해 중에서 문제의 뜻에 맞는 것을 답으로 택한다.

연속하는 두 자연수를 x, $x+1$로 놓거나 $x-1$, x로 놓아서 방정식을 풀면 x가 같은 값일까?
NO! x의 값은 달라. 하지만 당황하지마. x의 값이 달라도 연속하는 두 자연수를 구하면 같아지니까.

● 여러 가지 이차방정식의 활용 문제

① 수에 관한 이차방정식의 활용

- 연속하는 두 정수 : x, $x+1$ 또는 $x-1$, x로 놓는다.
- 연속하는 세 정수 : x, $x+1$, $x+2$ 또는 $x-1$, x, $x+1$로 놓는다.
- 연속하는 두 홀수(또는 짝수) : x, $x+2$ 또는 $x-2$, x로 놓는다.

연속하는 두 자연수의 곱이 72일 때, 이 두 자연수를 구해 보자.

미지수 정하기	연속하는 두 자연수를 x, $x+1$이라 하자.
방정식 세우기	두 자연수의 곱이 72이므로 $x(x+1)=72$
방정식 풀기	$x^2+x=72$, $x^2+x-72=0$ $(x+9)(x-8)=0$ $\quad\therefore x=-9$ 또는 $x=8$ x는 자연수이므로 $x=8$ 따라서 연속하는 두 자연수는 8, 9이다.
확인하기	두 자연수의 곱이 $8\times9=72$이므로 맞는 답이다.

② 간단한 공식을 이용한 이차방정식의 활용

- 자연수 1부터 n까지의 합 : $\dfrac{n(n+1)}{2}$
- n각형의 대각선의 개수 : $\dfrac{n(n-3)}{2}$

③ 쏘아 올린 물체를 이용한 이차방정식의 활용

- (시간에 대한 이차식)=(높이)를 이용하여 일정한 높이일 때의 시간을 구한다.
- 물체가 지면에 떨어졌을 때의 높이는 0이다.

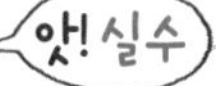

이차방정식의 해가 모두 활용 문제의 답이 되는 것은 아니므로 이차방정식의 해를 구한 후에는 문제의 뜻에 맞는지 반드시 확인해야 돼. 시간, 속력, 거리, 길이, 넓이, 부피 등은 양수이어야 하고 사람 수, 나이 등은 자연수이어야 하거든.

A 식에 대한 활용

n각형의 대각선의 개수가 9개일 때, 몇 각형인지 구해 보자.
$\frac{n(n-3)}{2}=9$, $n(n-3)=18$, $n^2-3n-18=0$
$(n-6)(n+3)=0$ $\therefore n=6$ 또는 $n=-3$
따라서 n은 3 이상의 자연수이므로 육각형이야.

■ 다음을 구하여라.

1. n각형의 대각선의 개수가 $\frac{n(n-3)}{2}$개일 때, 대각선의 개수가 14개인 다각형

Help $\frac{n(n-3)}{2}=14$, $n(n-3)=28$, $n^2-3n-28=0$

2. n각형의 대각선의 개수가 $\frac{n(n-3)}{2}$개일 때, 대각선의 개수가 35개인 다각형

3. 자연수 1부터 n까지의 합이 $\frac{n(n+1)}{2}$일 때, 합이 45가 되는 n의 값

4. 자연수 1부터 n까지의 합이 $\frac{n(n+1)}{2}$일 때, 합이 78이 되는 n의 값

5. 어떤 축구 대회에 참가한 n개팀이 모두 한 번씩 경기를 하는 수가 $\frac{n(n-1)}{2}$이다. 경기를 하는 수가 36번일 때, 참가한 팀 수

Help $\frac{n(n-1)}{2}=36$, $n(n-1)=72$, $n^2-n-72=0$

6. 1에서 n까지의 자연수가 각각 하나씩 적힌 n장의 카드 중에서 2장의 카드를 뽑아서 만들 수 있는 두 자리 수의 개수가 $n(n-1)$이다. 두 자리 수가 56개일 때, 카드 장수

B 수에 대한 활용

- 연속하는 두 정수 : $x, x+1$ 또는 $x-1, x$
- 연속하는 세 정수 : $x, x+1, x+2$ 또는 $x-1, x, x+1$
- 연속하는 두 홀수(또는 짝수) : $x, x+2$ 또는 $x-2, x$

아하 그렇구나!

1. 연속하는 세 자연수가 있다. 가장 큰 수와 가장 작은 수의 합의 3배에 27을 더한 값이 가운데 수의 제곱과 같을 때, 세 수의 합을 □ 안에 알맞은 식을 써넣고 구하여라.

> 연속하는 세 자연수를 $x-1$, x, $x+1$이라 하면
> 가장 큰 수와 가장 작은 수의 합은 □이다.
> 이 수의 3배에 27을 더한 값은 가운데 수의 제곱과 같으므로
> $3\times$□$+27=x^2$

______

2. 연속하는 세 자연수가 있다. 가장 큰 수와 가장 작은 수의 합의 5배에 56을 더한 값이 가운데 수의 제곱과 같을 때, 이 세 자연수의 합을 구하여라.

______

3. 연속하는 세 자연수가 있다. 가장 큰 수와 가장 작은 수의 합의 2배에 12를 더한 값이 가운데 수의 제곱과 같을 때, 가장 큰 수를 구하여라.

______

4. 연속하는 두 홀수의 제곱의 합이 74일 때, □ 안에 알맞은 식을 써넣고 이 두 수의 곱을 구하여라.

> 연속하는 두 홀수를 x, $x+2$라 하면
> 두 홀수의 제곱의 합은 $x^2+(x+2)^2=$□

______

5. 연속하는 두 홀수의 제곱의 합이 34일 때, 이 두 수의 곱을 구하여라.

______

6. 연속하는 두 짝수의 제곱의 합이 164일 때, 이 두 수를 구하여라.

______

C 나이, 날짜에 대한 활용

나이 또는 날짜와 같은 실생활에서의 활용 문제는
- 구하고자 하는 것을 미지수로 놓고
- 문제의 뜻에 따라 이차방정식을 세우고
- 이차방정식을 풀어서 주어진 조건에 맞는 해를 구해.

아하 그렇구나!

앗! 실수

1. 근영이는 동생보다 3살이 많고 근영이의 나이의 제곱은 동생의 나이의 제곱의 2배보다 2살이 많다. □ 안에 알맞은 식을 써넣고 근영이의 나이를 구하여라.

> 근영이의 나이를 x살이라 하면 동생의 나이는 $(x-3)$살이다.
> 근영이의 나이의 제곱은 x^2이고 동생의 나이의 제곱의 2배에 2를 더하면 □이므로
> $x^2=$□

Help 근영이의 나이는 3살보다 많아야 한다.

2. 혜원이는 재아의 나이보다 4살이 많고 혜원이의 나이의 제곱이 재아의 나이의 제곱의 2배보다 16살이 더 많다. 이때 재아의 나이를 구하여라.

Help 재아의 나이를 x살이라 하면 혜원이의 나이는 $(x+4)$살이다.

3. 의현이는 과학 캠프를 8월에 2박 3일 동안 가기로 했는데 3일간의 날짜를 각각 제곱하여 더하였더니 77일이었다. □ 안에 알맞은 식을 써넣고 과학 캠프의 출발 날짜를 구하여라.

> 의현이가 과학 캠프를 8월 x일에 간다고 하면 과학 캠프를 가는 3일간의 날짜는 x, $x+1$, $x+2$이므로 세 수의 제곱의 합은
> □$=77$

4. 9월에 추석 연휴가 3일인데 3일간의 날짜를 각각 제곱하여 더하였더니 365일이었다. 추석 연휴는 며칠부터 시작하는지 구하여라.

Help 추석 연휴가 9월 x일부터 시작되었다고 하면
$x^2+(x+1)^2+(x+2)^2=365$

D 쏘아 올린 물체에 대한 활용

위로 쏘아 올린 물체의 x초 후의 높이가 x에 대한 이차식으로 주어질 때, (x에 대한 이차식)=(높이)로 방정식을 세워서 시간 x를 구하면 돼. 쏘아 올린 물체가 지면에 떨어졌다면 높이는 0이야.

1. 지면에서 수직인 방향으로 초속 60 m로 쏘아 올린 로켓의 x초 후의 지면으로부터의 높이는 $(60x-5x^2)$m라고 한다. 로켓이 처음으로 지면으로부터의 높이가 100 m인 지점을 지나는 것은 발사한 지 몇 초 후인지 구하여라.

Help $60x-5x^2=100$

2. 지면으로부터 40 m 높이의 건물 옥상에서 초속 30 m로 쏘아 올린 폭죽의 x초 후의 지면으로부터의 높이는 $(-5x^2+85x+40)$m라고 한다. 이 폭죽이 처음으로 지면으로부터의 높이가 300 m인 지점이 되는 것은 폭죽을 쏘아 올린 지 몇 초 후인지 구하여라.

3. 지면으로부터 3 m의 높이에서 똑바로 차 올린 공의 x초 후의 높이는 $(-x^2+2x+3)$m라고 한다. 차 올린 공이 지면에 떨어질 때까지 걸리는 시간을 구하여라.

Help $-x^2+2x+3=0$

4. 농구 경기에서 키가 2 m인 어떤 선수가 골대를 향해 공을 던질 때, 공을 던진 지 x초 후의 지면으로부터 공의 높이는 $(2+7x-4x^2)$m라고 한다. 공은 던진 지 몇 초 후에 지면에 떨어지는지 구하여라.

[1~6] 이차방정식의 활용

1. n명 중 대표 2명을 뽑는 경우의 수는 $\frac{n(n-1)}{2}$이다. 동아리 회원 중 2명의 대표를 뽑는 경우의 수가 55가지일 때, 이 동아리 회원 수는?

① 10 ② 11 ③ 15
④ 18 ⑤ 20

적중률 90%

2. 연속하는 세 자연수가 있다. 가장 큰 수와 가장 작은 수의 합의 4배에 33을 더한 값이 가운데 수의 제곱과 같을 때, 이 세 자연수를 구하여라.

3. 어떤 수에 4를 더하여 제곱해야 할 것을 잘못하여 어떤 수에 4를 더하여 2배 하였는데 값이 같게 나왔다고 한다. 이때 어떤 수를 모두 고르면? (정답 2개)

① -5 ② -4 ③ -3
④ -2 ⑤ -1

앗!실수

4. 수학 교과서를 펼쳤더니 두 면의 쪽수의 곱이 420쪽이었다. 이 두 면의 쪽수의 합을 구하여라.

5. 채은이네 학교에서는 5월에 2박 3일 동안 수련회를 가기로 하였는데 3일간의 날짜를 각각 제곱하여 더하였더니 149일이었다. 수련회를 갔다가 돌아오는 날짜는?

① 5월 4일 ② 5월 5일 ③ 5월 6일
④ 5월 8일 ⑤ 5월 10일

적중률 80%

6. 지면에서 수직인 방향으로 초속 80 m로 쏘아 올린 로켓의 x초 후의 지면으로부터의 높이는 $(80x-4x^2)$m라고 한다. 로켓이 처음으로 지면으로부터의 높이가 300 m인 지점을 지나는 것은 발사한 지 몇 초 후인가?

① 5초 ② 8초 ③ 10초
④ 15초 ⑤ 21초

11 도형에서 이차방정식 활용하기

● 정사각형의 한 변의 길이를 늘이거나 줄이는 문제

정사각형의 가로의 길이는 3cm 늘이고, 세로의 길이는 1cm 만큼 줄였더니 새로 생긴 직사각형의 넓이가 $21\,cm^2$가 되었다. 이때 처음 정사각형의 한 변의 길이를 구해 보자.

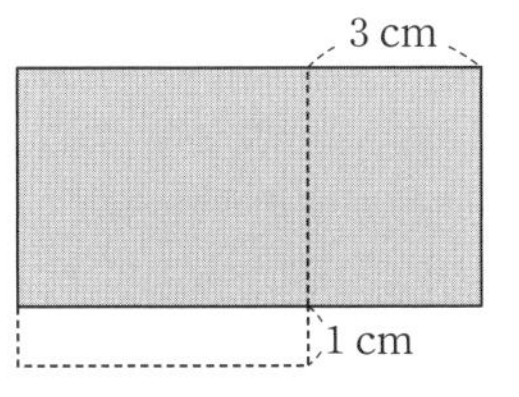

① 미지수 정하기	처음 정사각형의 한 변의 길이를 $x$cm라 하자.
② 식 세우기	$(x+3)(x-1)=21$
③ 이차방정식 풀기	$x^2+2x-3-21=0$, $x^2+2x-24=0$ $(x-4)(x+6)=0$ $\therefore x=4$ 또는 $x=-6$
④ 답 구하기	$x>0$이어야 하므로 $x=4$

아래 그림과 같은 도로 폭에 대한 문제는 길의 모양과 상관 없이 가로의 길이는 $a-x$, 세로의 길이는 $b-x$이므로 색칠한 부분의 땅의 넓이가 같아져.

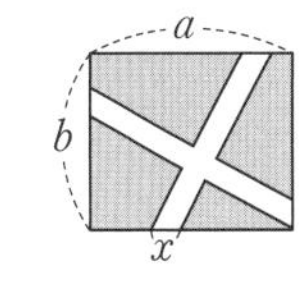

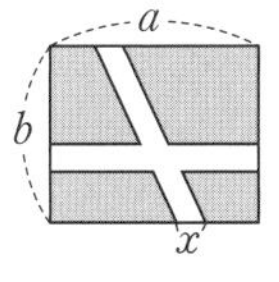

● 상자 만들기

직사각형 모양의 종이의 네 귀퉁이에서 한 변의 길이가 2cm인 정사각형을 잘라내어 윗면이 없는 직육면체 모양의 상자를 만들었더니 부피가 $48\,cm^3$가 되었다. 처음 직사각형 모양의 종이의 가로의 길이가 세로의 길이보다 2cm만큼 더 길 때, 가로의 길이를 구해 보자.

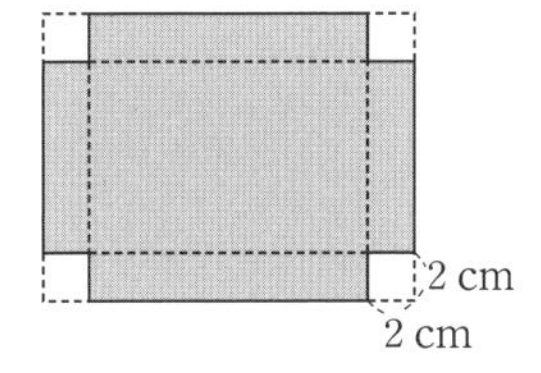

① 미지수 정하기	처음 직사각형의 가로의 길이를 $x$cm라 하면 세로의 길이는 $(x-2)$ cm이다.
② 식 세우기	상자의 밑면의 가로의 길이는 양쪽에서 2cm씩 잘라내었으므로 $(x-4)$ cm 상자의 밑면의 세로의 길이는 양쪽에서 2cm씩 잘라내었으므로 $(x-6)$ cm 상자의 높이는 잘라낸 정사각형의 한 변의 길이와 같으므로 2 cm $\therefore (x-4)\times(x-6)\times 2=48$
③ 이차방정식 풀기	$x^2-10x=0$, $x(x-10)=0$ $\therefore x=0$ 또는 $x=10$
④ 답 구하기	$x>0$이어야 하므로 $x=10$

● 도로의 폭에 대한 문제

오른쪽 그림과 같이 가로의 길이가 am, 세로의 길이가 bm인 직사각형 모양의 땅에 폭이 xm인 도로를 만들었을 때 색칠한 부분의 넓이를 구해 보면,

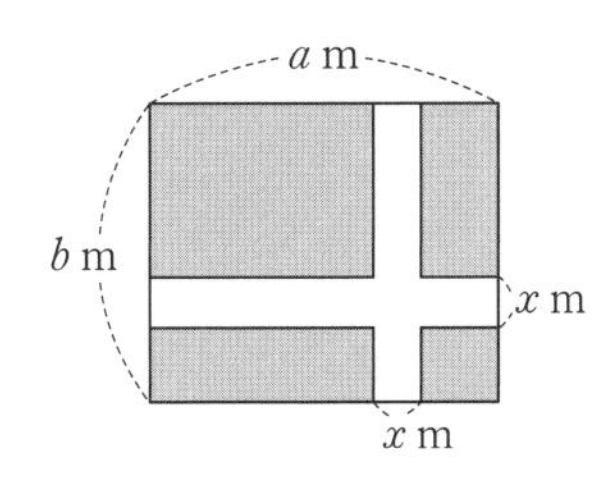

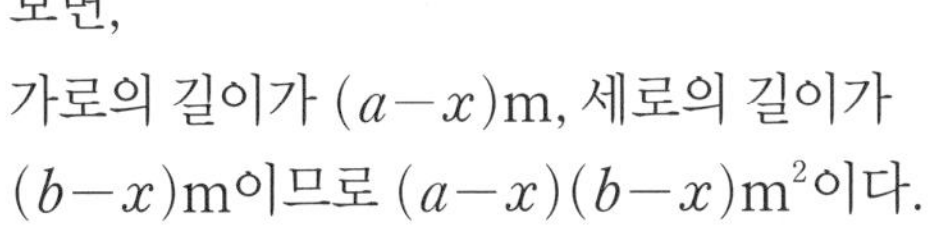

가로의 길이가 $(a-x)$m, 세로의 길이가 $(b-x)$m이므로 $(a-x)(b-x)\,m^2$이다.

A 사각형에 대한 활용

둘레의 길이가 24 cm이고 넓이가 35 cm²인 직사각형이 있다. 이때 가로의 길이를 x cm로 놓으면 세로의 길이는 $(12-x)$ cm이므로 넓이는 $x(12-x)=35$가 성립해.

아하! 그렇구나~

1. 세로의 길이가 가로의 길이보다 4 m 짧고 넓이가 96 m²인 직사각형 모양의 땅이 있다. □ 안에 알맞은 식을 써넣고 이 땅의 가로와 세로의 길이를 구하여라.

가로의 길이를 x m라 하면 세로의 길이는 (□)m이다. 이 땅의 넓이가 96 m²이므로 $x\times($ □ $)=96$

______

2. 둘레의 길이가 48 cm이고 넓이가 140 cm²인 직사각형이 있다. 가로의 길이가 세로의 길이보다 더 길 때, 가로의 길이를 구하여라.

______

3. 정사각형 모양의 밭을 가로의 길이는 4 m만큼 늘이고, 세로의 길이는 2 m만큼 늘였더니 그 넓이가 처음 정사각형의 넓이의 3배가 되었다. 이때 □ 안에 알맞은 식을 써넣고 처음 밭의 한 변의 길이를 구하여라.

정사각형 모양의 밭의 한 변의 길이를 x m라 하면 가로의 길이는 $(x+$ □ $)$m, 세로의 길이는 $(x+$ □ $)$m이므로 $(x+$ □ $)(x+$ □ $)=3x^2$

______

4. 정사각형의 가로의 길이는 10 cm 늘이고, 세로의 길이는 3 cm만큼 늘였더니 그 넓이가 처음 정사각형의 넓이의 2배가 되었다. 이때 처음 정사각형의 한 변의 길이를 구하여라.

______

Help 정사각형의 한 변의 길이를 x cm라 하면, 가로의 길이는 10 cm 늘였으므로 $(x+10)$cm, 세로의 길이는 3 cm 늘였으므로 $(x+3)$cm

B 도형에 대한 활용

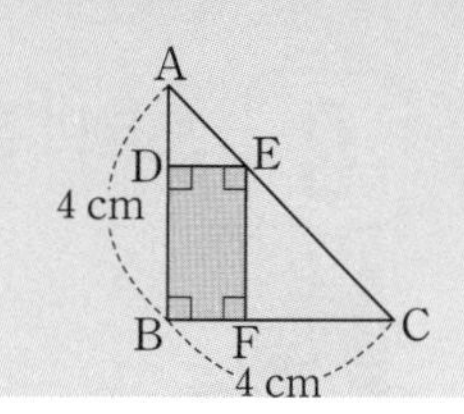

$\triangle ABC$가 직각이등변삼각형이면
$\angle C=\angle CEF=45^\circ$이므로 $\triangle EFC$도
직각이등변삼각형이야.
$\overline{BF}=x$cm라 하면 $\overline{FC}=(4-x)$cm이므로
$\overline{EF}=(4-x)$cm가 되는 거지.

1. $\triangle ABC$는 $\angle B=90^\circ$, $\overline{AB}=\overline{BC}=6$cm인 직각이등변삼각형이다. □DBFE의 넓이가 9cm^2일 때, □ 안에 알맞은 식을 써넣고 $\overline{BF}$의 길이를 구하여라.

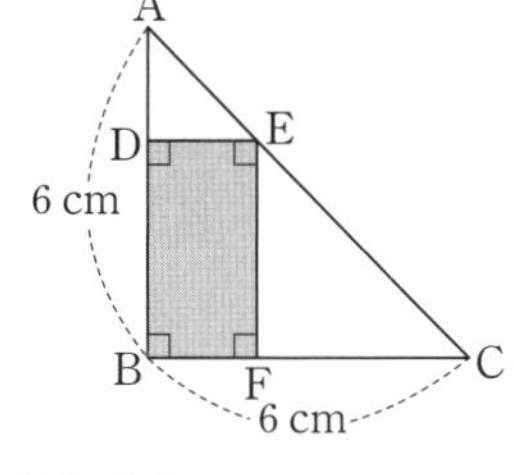

> $\overline{BF}=x$cm라 하면 $\overline{FC}=($ □ $)$cm이다.
> $\angle C=\angle CEF=45^\circ$이므로 $\triangle EFC$도 직각이등변삼각형이다.
> 따라서 $\overline{EF}=($ □ $)$cm이므로
> □DBFE$=\overline{BF}\times\overline{EF}=$ □ $\times($ □ $)=9$

____

2. $\triangle ABC$는 $\angle B=90^\circ$, $\overline{AB}=\overline{BC}=10$cm인 직각이등변삼각형이다. □DBFE의 넓이가 24cm^2일 때, $\overline{BF}$의 길이를 구하여라. (단, $\overline{BF}<\overline{FC}$)

앗! 실수

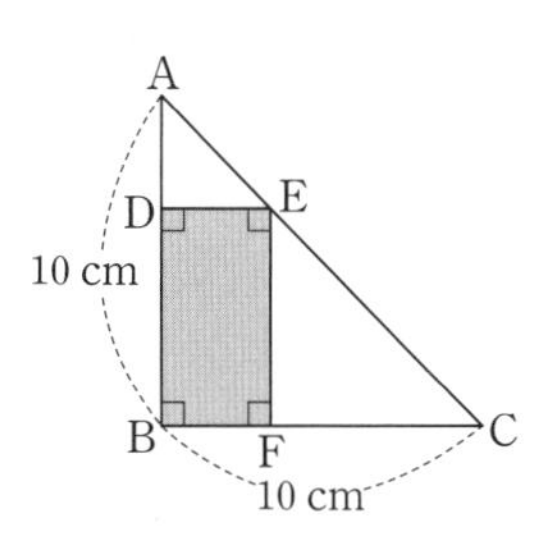

____

3. 두 정사각형의 넓이의 합이 34cm^2일 때, □ 안에 알맞은 식을 써넣고 큰 정사각형의 한 변의 길이를 구하여라.

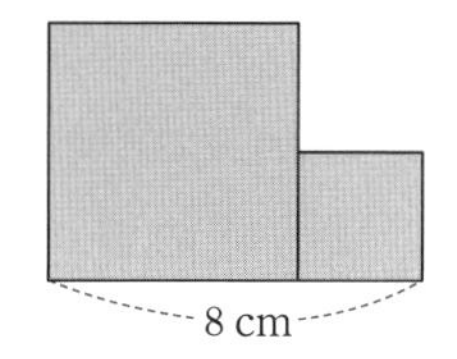

> 큰 정사각형의 한 변의 길이를 $x$cm라 하면 작은 정사각형의 한 변의 길이는 $($ □ $)$ cm이므로
> $x^2+($ □ $)^2=34$

____

4. 두 정사각형의 넓이의 합이 90cm^2일 때, 작은 정사각형의 한 변의 길이를 구하여라.

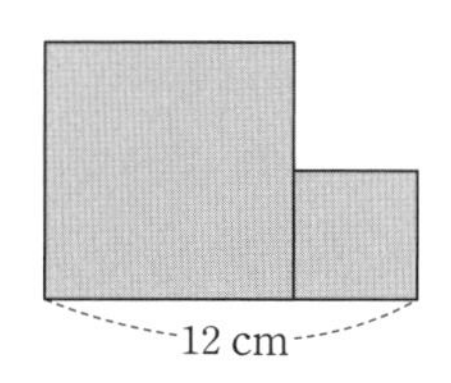

____

C 도로의 폭에 대한 활용

오른쪽 두 직사각형의 색칠한 부분은 가로의 길이가 $(12-x)$m, 세로의 길이가 $(10-x)$m이므로 넓이가 같아.

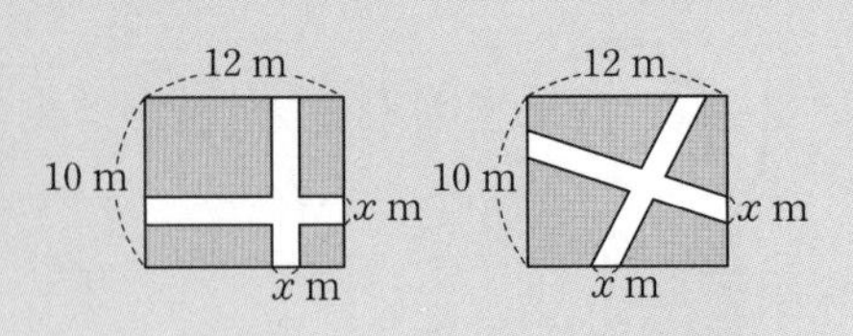

1. 가로, 세로의 길이가 각각 20m, 14m인 직사각형 모양의 땅에 폭이 일정한 십자형 도로를 만들었다. 도로를 제외한 땅의 넓이가 $216\,m^2$일 때, □ 안에 알맞은 수를 써넣고 이 도로의 폭을 구하여라.

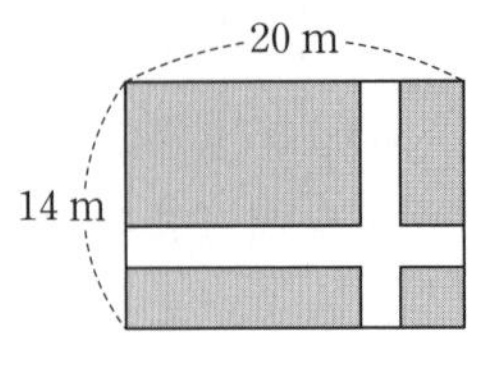

> 도로의 폭을 xm라 하면 도로를 제외한 직사각형의 가로의 길이는 (20−□)m, 세로의 길이는 (14−□)m이다.
> 도로를 제외한 땅의 넓이가 $216\,m^2$이므로
> (20−□)(14−□)=□

____

2. 가로, 세로의 길이가 각각 30 m, 20 m인 직사각형 모양의 땅에 폭이 일정한 도로를 만들었다. 도로를 제외한 땅의 넓이가 $551\,m^2$일 때, 이 도로의 폭을 구하여라.

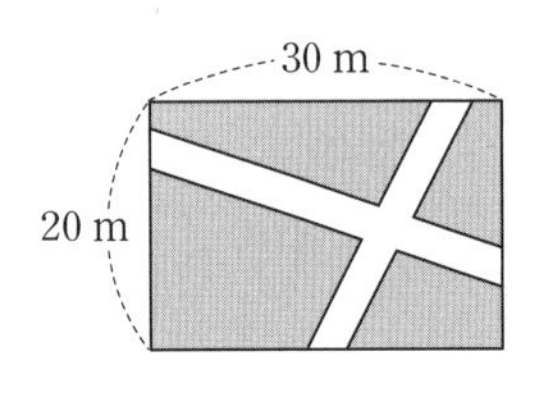

____

Help 도로의 폭을 xm라 하면 가로의 길이는 $(30-x)$m, 세로의 길이는 $(20-x)$m이다.

3. 가로, 세로의 길이가 각각 8 m, 5 m인 직사각형 모양의 꽃밭이 있다. 이 꽃밭의 둘레에 폭이 일정하고 넓이가 $140\,m^2$인 산책로를 만들려고 할 때, □ 안에 알맞은 식을 써넣고 산책로의 폭을 구하여라.

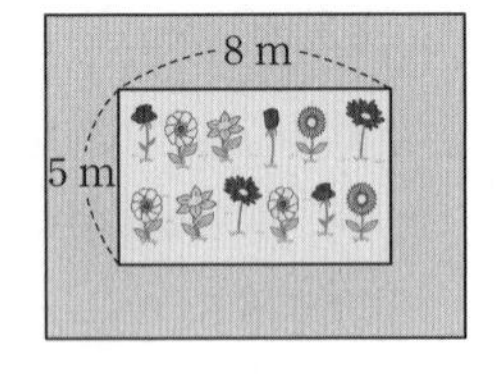

> 산책로의 폭을 xm라 하면 산책로를 포함한 직사각형 모양의 땅의 가로의 길이는 (8+□)m, 세로의 길이는 (5+□)m이다.
> 산책로를 포함한 직사각형의 넓이에서 꽃밭의 넓이를 빼면 산책로의 넓이 $140\,m^2$가 나오므로
> (8+□)(5+□)−8×5=140

____

4. 가로, 세로의 길이가 각각 9m, 6m인 직사각형 모양의 밭이 있다. 이 밭의 둘레에 폭이 일정하고 넓이가 $100\,m^2$인 도로를 만들려고 할 때, 도로의 폭을 구하여라.

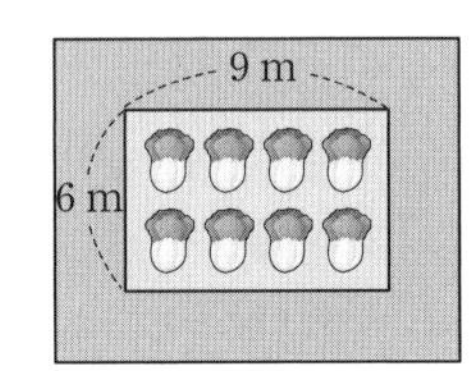

____

Help 도로의 폭을 xm라 하면 도로를 포함한 직사각형의 가로의 길이는 $(9+2x)$m, 세로의 길이는 $(6+2x)$m이다.

D 상자 만들기에 대한 활용

정사각형의 네 귀퉁이를 똑같이 정사각형으로 잘라서 상자를 만들면 잘라낸 정사각형의 한 변의 길이가 상자의 높이가 돼.

아하! 그렇구나~

1. 한 변의 길이가 12 cm인 정사각형 모양의 네 귀퉁이에서 크기가 같은 정사각형을 잘라내어 윗면이 없는 직육면체 모양의 상자를 만들려고 한다. □ 안에 알맞은 식을 써넣고 상자의 밑넓이가 100 cm^2가 되게 하려면 잘라내는 정사각형의 한 변의 길이를 구하여라.

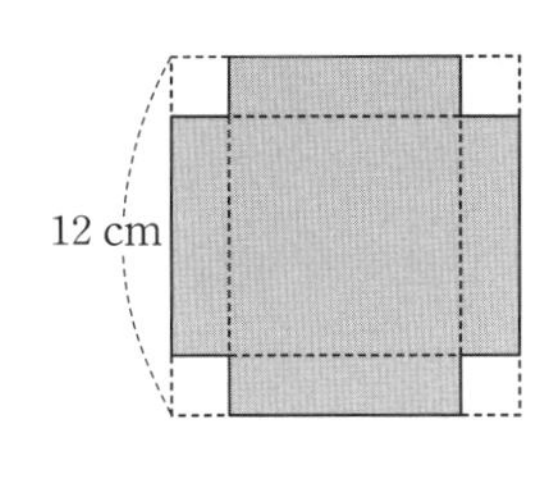

> 잘라내는 정사각형의 한 변의 길이를 x cm라 하면 상자의 밑면의 한 변의 길이는 (　　)cm이므로
>
> $(\quad)^2=100$

______

2. 직사각형 모양의 종이의 네 귀퉁이에서 한 변의 길이가 2 cm인 정사각형을 잘라내어 윗면이 없는 직육면체 모양의 상자를 만들었더니 부피가 120 cm^3가 되었다. 처음 직사각형 모양의 종이의 가로의 길이가 세로의 길이보다 4 cm만큼 더 길 때, 가로의 길이를 구하여라.

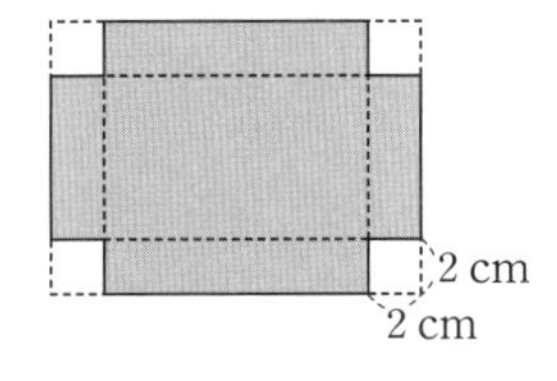

______

Help 직사각형의 가로의 길이가 x cm이면 세로의 길이는 $(x-4)$cm이므로 상자의 가로의 길이는 $(x-4)$cm, 세로의 길이는 $(x-8)$cm, 높이는 2 cm이다.

3. 너비가 60 cm인 철판의 양쪽을 같은 길이만큼 수직으로 접어 올렸다. 색칠한 부분의 가로의 길이는 세로의 길이보다 길고 그 넓이가 288 cm^2일 때, □ 안에 알맞은 식을 써넣고 접어 올린 길이를 구하여라.

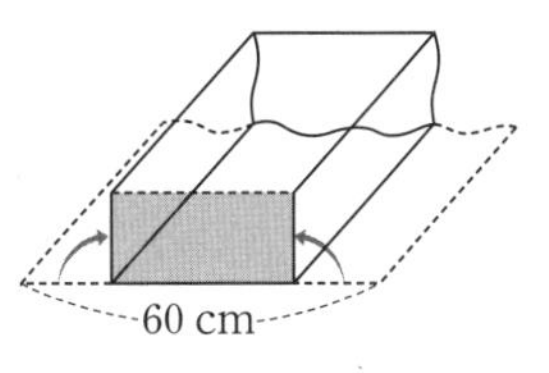

> 접어 올린 길이를 x cm라 하면 색칠한 부분의 가로의 길이는 (　　)cm, 세로의 길이는 x cm이다.
>
> 구하는 직사각형의 넓이가 288 cm^2이므로
>
> $(\quad)\times x=288$

______

4. 너비가 80 cm인 철판의 양쪽을 같은 길이만큼 수직으로 접어 올렸다. 색칠한 부분의 가로의 길이는 세로의 길이보다 길고 그 넓이가 800 cm^2일 때, 접어 올린 길이를 구하여라.

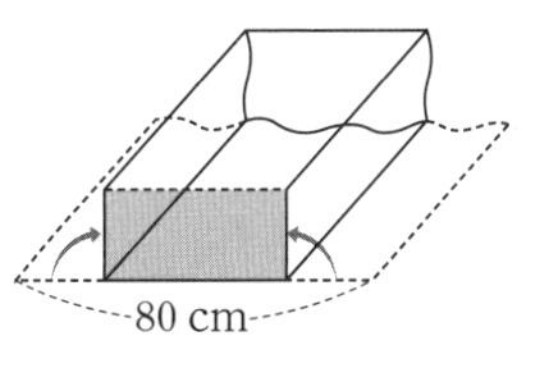

______

거저먹는 시험 문제

[1～5] 도형에서의 이차방정식의 활용

적중률 90%

1. 둘레의 길이가 40cm이고 넓이가 96cm^{2}인 직사각형이 있다. 세로의 길이가 가로의 길이보다 더 길 때, 가로의 길이는?

① 8cm ② 9cm ③ 10cm
④ 11cm ⑤ 12cm

2. 오른쪽 그림과 같이 반지름의 길이가 8cm인 원의 반지름의 길이를 $x$cm만큼 늘였더니 원의 넓이가 57πcm^{2}만큼 넓어졌다. x의 값은?

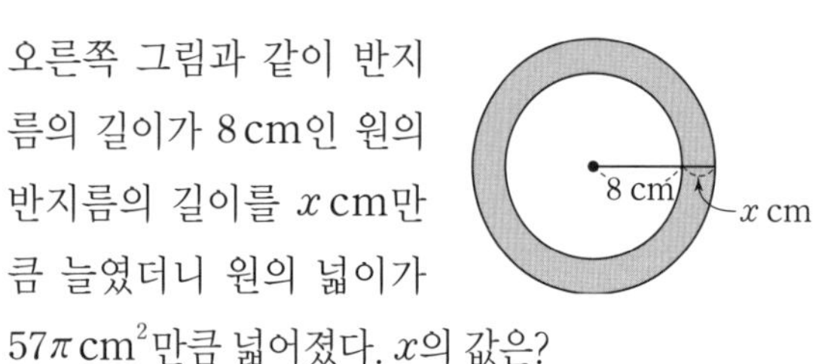

① 1 ② 2 ③ 3
④ 4 ⑤ 5

3. △ABC는 ∠B=90°, $\overline{AB}=\overline{BC}$=12cm인 직각이등변삼각형이다. □DBFE의 넓이가 35cm^{2}일 때, $\overline{BF}$의 길이를 구하여라. (단, $\overline{BF}<\overline{FC}$)

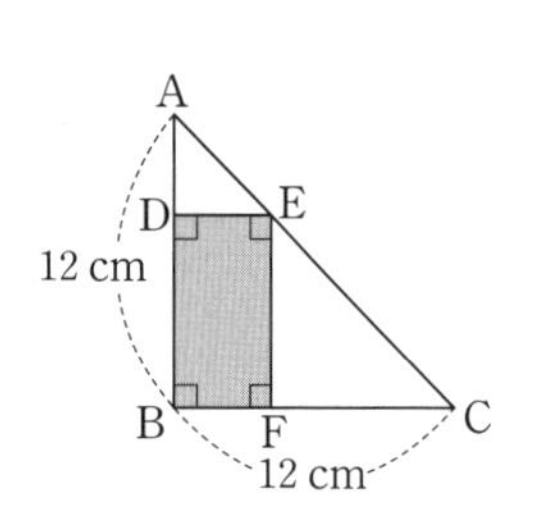

4. 가로, 세로의 길이가 각각 15m, 12m인 직사각형 모양의 땅에 오른쪽 그림과 같이 폭이 일정한 ㄷ자 모양의 도로를 만들었더니 도로의 넓이가 108m^{2}가 되었다. 이 도로의 폭은 몇 m인가?

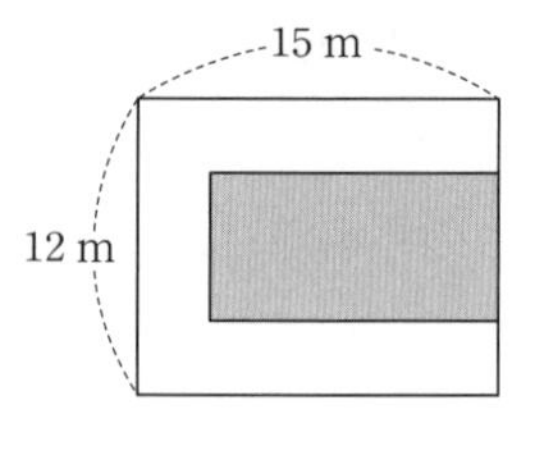

① 1m ② 2m ③ 3m
④ 4m ⑤ 5m

적중률 80%

5. 직사각형 모양의 종이의 네 귀퉁이에서 한 변의 길이가 4cm인 정사각형을 잘라내어 윗면이 없는 직육면체 모양의 상자를 만들었더니 부피가 336cm^{3}가 되었다. 처음 직사각형 모양의 종이의 가로의 길이가 세로의 길이보다 5cm만큼 더 길 때, 가로의 길이를 구하여라.

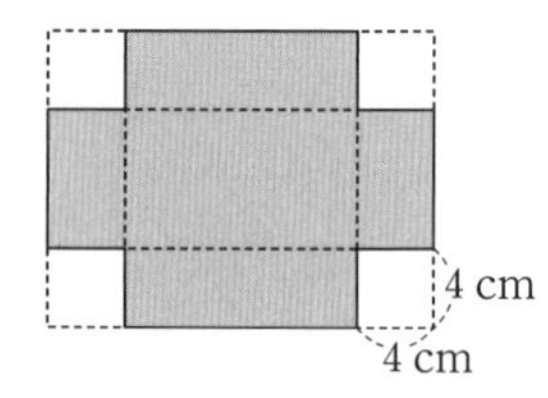

둘째 마당

이차함수

중학교에서 배우는 일차함수와 이차함수는 고등학교에서 배우는 다양한 함수의 바탕이 돼. 따라서 처음 배울 때부터 정확히 아는 것이 중요해. 일차함수 $y=ax(a\neq 0)$의 그래프를 기본으로 평행이동하여 $y=ax+b$를 배우는 것과 같이, 이차함수 $y=ax^2(a\neq 0)$의 그래프를 기본으로 평행이동하여 $y=a(x-p)^2+q$를 배우게 될 거야. 이때, 모든 이차함수의 기본이 되는 $y=ax^2$의 그래프의 모양과 축의 방정식, 꼭짓점의 좌표를 잘 익혀야만, 평행이동한 그래프의 성질도 잘 이해할 수 있어.

공부할 내용!	14일 진도	20일 진도	스스로 계획을 세워 봐!
12. 이차함수의 뜻	8일차	12일차	____월 ____일
13. 이차함수 $y=ax^2$의 그래프		13일차	____월 ____일
14. 이차함수 $y=ax^2+q$, $y=a(x-p)^2$의 그래프	9일차	14일차	____월 ____일
15. 이차함수 $y=a(x-p)^2+q$의 그래프		15일차	____월 ____일
16. 이차함수 $y=a(x-p)^2+q$의 그래프의 활용	10일차	16일차	____월 ____일
17. 이차함수 $y=ax^2+bx+c$의 그래프의 꼭짓점의 좌표	11일차	17일차	____월 ____일
18. 이차함수 $y=ax^2+bx+c$의 그래프의 x축, y축과의 교점	12일차	18일차	____월 ____일
19. 이차함수 $y=ax^2+bx+c$의 그래프 그리기	13일차	19일차	____월 ____일
20. 이차함수의 식 구하기	14일차	20일차	____월 ____일

12 이차함수의 뜻

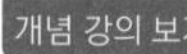

● 이차함수의 뜻

함수 $y=f(x)$에서 y가 x에 대한 이차식

$y=ax^2+bx+c$ (a, b, c는 상수, $a \neq 0$)

로 나타낼 때, 이 함수를 이차함수라 한다.

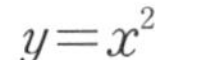

$y=x^2$ ← 일차항이랑 상수항이 없어도 이차함수이다.

$y=\frac{1}{4}x^2-x+1$ ← 이차항의 계수가 분수이더라도 이차함수이다.

$y=2x+7$ ← 이차항이 없으므로 이차함수가 아니다.

$y=\frac{4}{x^2}+3$ ← 분모에 x^2이 있으므로 이차함수가 아니다.

$y=x^2-x(x+2)$ ← 괄호를 풀면 $y=-2x$가 되어 이차함수가 아니다.

이차식, 이차방정식, 이차함수의 차이점을 알아두자.

- $ax^2+bx+c(a \neq 0)$
  : x에 대한 이차식
- $ax^2+bx+c=0(a \neq 0)$
  : x에 대한 이차방정식
- $y=ax^2+bx+c(a \neq 0)$
  : x에 대한 이차함수

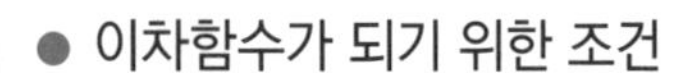

● 이차함수가 되기 위한 조건

$y=$(x에 대한 이차식)의 꼴이다.

⇨ x항, 상수항은 없어도 되지만 x^2항은 반드시 있어야 한다.

따라서 주어진 함수를 $y=ax^2+bx+c$의 꼴로 정리한 다음 $a \neq 0$인 조건을 구한다.

$y=2x^2+1+ax(3-x)$가 이차함수가 되는 조건을 구해 보자.

$y=2x^2+1+3ax-ax^2=(2-a)x^2+3ax+1$

따라서 $2-a \neq 0$, 즉 $a \neq 2$이어야 이차함수이다.

● 이차함수의 함숫값

이차함수 $y=ax^2+bx+c$에서 $x=k$일 때의 함숫값

⇨ $x=k$를 대입하였을 때의 $f(k)$의 값

$f(x)=-3x^2+x+5$에서 $x=2$일 때의 함숫값은

$f(2)=-3\times2^2+2+5=-5$

앗! 실수

중학교 2학년 때 배웠던 함수를 다시 한 번 알아보자. 함수를 알아야 이차함수도 훨씬 쉽게 이해할 수 있어. 함수는 두 변수 x, y에 대하여 x의 값이 하나 정해지면 그에 따라 y의 값이 오직 하나씩 대응하는 관계가 있을 때, y를 x의 함수라 하고 $y=f(x)$로 나타내었지.

일차함수는 $y=ax+b(a \neq 0)$로 표현했던 것 기억나지? 따라서 이차함수는 최고차 항이 이차인 $y=ax^2+bx+c(a \neq 0)$가 되는 거야.

이차함수의 뜻

y가 x에 대한 이차함수는 $y=$(x에 대한 이차식)의 꼴로 나타낼 수 있는 함수를 뜻해.

$y=x^2+1$ ← 이차함수

$y=x^2-x(x-3)$ ← 이차항이 없어지므로 일차함수

아하! 그렇구나~

■ 다음 중 y가 x에 대한 이차함수인 것은 ○를, 이차함수가 아닌 것에는 ×를 하여라.

1. $y=x^2$ ________

2. $y=x^2(1+x)$ ________

Help 우변을 전개하면 삼차항이 생긴다.

3. $y=2x^2-1$ ________

앗! 실수

4. $y=\frac{1}{x^2}+6x$ ________

5. $y=5x^2-x(x+3)$ ________

6. $y=3x(x-1)$ ________

7. $y=x^2-x(x+4)$ ________

Help 우변을 전개하면 이차항이 없어진다.

8. $x^2-3x+9=0$ ________

9. $y=x^2+\frac{1}{x^2}$ ________

10. $y=10x^2+3x+1$ ________

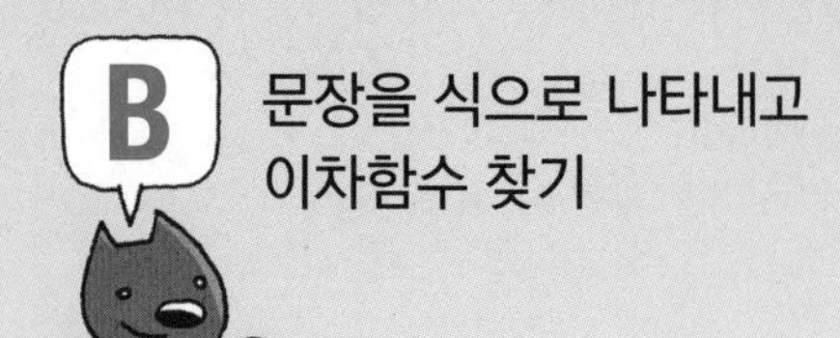

- (거리) $=$ (속력) $\times$ (시간)
- (원뿔의 부피) $= \frac{1}{3} \times$ (밑넓이) $\times$ (높이)
- 농도가 $x\%$인 소금물 200g에 들어 있는 소금의 양
  $\frac{x}{100} \times 200 = 2x(\text{g})$

■ 다음 문장에서 y를 x에 대한 식으로 나타내고 ( ) 안에 이차함수인 것은 ○를, 이차함수가 아닌 것은 ×를 하여라.

1. 가로의 길이가 $x\text{cm}$, 세로의 길이가 $(x+2)\text{cm}$인 직사각형의 넓이 $y\text{cm}^2$

   ⇨ $y=$____________ ( )

2. 반지름의 길이가 $x\text{cm}$인 원의 넓이

   ⇨ $y=$____________ ( )

3. 한 변의 길이가 $x\text{cm}$인 정사각형의 둘레의 길이 $y\text{cm}$

   ⇨ $y=$____________ ( )

4. 연속한 두 자연수 x, $x+1$의 곱 y

   ⇨ $y=$____________ ( )

5. 자동차가 시속 60km로 x시간 달린 거리 $y\text{km}$

   ⇨ $y=$____________ ( )

6. 밑면의 반지름의 길이가 $x\text{cm}$이고 높이가 5cm인 원뿔의 부피

   ⇨ $y=$____________ ( )

앗! 실수

7. 한 모서리의 길이가 x인 정육면체의 부피 y

   ⇨ $y=$____________ ( )

8. 농도가 $x\%$인 소금물 $(100+x)\text{g}$에 들어 있는 소금의 양 $y\text{g}$

   ⇨ $y=$____________ ( )

이차함수가 되기 위한 조건

이차함수가 되기 위한 조건을 구할 때는 주어진 함수를
$y=ax^2+bx+c$로 정리한 후 $a\neq0$인 조건을 구하면 돼.
$y=(a+2)x^2+bx+c$일 때 $a+2\neq0$이어야 하므로 $a\neq-2$야.
잊지 말자. 꼬~옥!

■ 다음 함수가 이차함수가 되기 위한 상수 a의 조건을 구하여라.

1. $y=ax^2+3x+1$

2. $y=x^2-1+ax(1-x)$

Help 괄호를 풀어서 정리한다.

3. $y=2x^2+4+a(x^2-5)$

4. $y=(x+4)^2-ax^2$

5. $y=(2x-1)^2-ax^2$

6. $y=(a-3)x^2+2x(1-x)$

앗! 실수

7. $y=(x-2)^2-a(1-2x)^2$

8. $y=ax^2+x(3-4x)$

9. $y=5x^2-1+x(1-3ax)$

10. $y=(2a+1)x^2+ax(1-x)$

이차함수의 함숫값 1

이차함수 $f(x)=ax^2+bx+c$에서 $x=k$일 때의 함숫값은 $x=k$를 대입하였을 때의 $f(k)$의 값이야.
$f(x)=-4x^2+2x+1$에서 $x=-1$일 때의 함숫값은
$f(-1)=-4\times(-1)^2+2\times(-1)+1=-5$

■ 이차함수 $f(x)=2x^2-5x+1$의 함숫값을 구하여라.

1. $f(1)$

2. $f(-2)$

3. $f(3)$

4. $f(-1)+f(2)$

5. $f(5)-f(-5)$

■ 이차함수 $f(x)=-x^2+3x+7$의 함숫값을 구하여라.

6. $f(-1)$

7. $f(4)$

8. $f(2)$

9. $f(-3)+f(1)$

10. $f(3)+f(-6)$

이차함수의 함숫값 2

$f(x)=3x^2-ax+a-2$에서 $f(2)=9, f(1)=b$일 때, a, b의 값을 각각 구해 보자. (단, a는 상수)
$f(2)=9$이므로 $3\times2^2-a\times2+a-2=9$, $-a+10=9$ $\therefore a=1$
따라서 $f(x)=3x^2-x-1$이므로 $f(1)=1$ $\therefore b=1$

■ 다음 이차함수에서 a, b의 값을 각각 구하여라. (단, a는 상수)

1. $f(x)=2x^2+ax+7$에서 $f(1)=3, f(2)=b$

Help $f(1)=3$을 이용하여 상수 a의 값을 먼저 구한다.

2. $f(x)=x^2-4x+a$에서 $f(-1)=2, f(1)=b$

3. $f(x)=4x^2+ax-6$에서 $f(-2)=4, f(3)=b$

4. $f(x)=ax^2-3x+6$에서 $f(-3)=6, f(-1)=b$

앗! 실수

5. $f(x)=5x^2+ax+2a+1$에서 $f(-1)=7, f(2)=b$

6. $f(x)=ax^2+6x+a-2$에서 $f(2)=5, f(-2)=b$

7. $f(x)=6x^2+ax+2a$에서 $f(1)=12, f(-1)=b$

8. $f(x)=ax^2+(2a-1)x+8$에서 $f(1)=-5, f(-3)=b$

[1～3] 이차함수의 뜻

앗! 실수

1. 다음 보기에서 이차함수인 것을 모두 고른 것은?

보기
ㄱ. $y=0.8x^2-1$
ㄴ. $y=x(6-2x)$
ㄷ. $y=x^3-x(x^2-2x)$
ㄹ. $y=x^2-(1+2x)$
ㅁ. $y=(x-1)(2x+3)-2x^2$

① ㄱ, ㄴ ② ㄱ, ㄹ ③ ㄱ, ㄴ, ㄹ
④ ㄱ, ㄷ, ㅁ ⑤ ㄱ, ㄴ, ㄷ, ㄹ

적중률 80%

2. 다음 중 y가 x에 대한 이차함수인 것을 모두 고르면? (정답 2개)

① 반지름의 길이가 x인 원의 둘레의 길이 y
② 밑변의 길이가 x, 높이가 8인 삼각형의 넓이 y
③ 밑변의 길이와 높이가 모두 x인 평행사변형의 넓이 y
④ 윗변의 길이가 $3x$, 아랫변의 길이가 $x+1$, 높이가 3인 사다리꼴의 넓이 y
⑤ 모서리의 길이가 x인 정육면체의 겉넓이 y

3. $y=a(x+5)^2-3(1-x)^2$이 이차함수가 되기 위한 상수 a의 조건을 구하여라.

[4～6] 이차함수의 함숫값

4. 이차함수 $f(x)=-3x^2+2x+8$에서 $f(-1)+f(2)$의 값은?

① 1 ② 3 ③ 5
④ 8 ⑤ 9

적중률 90%

5. 이차함수 $f(x)=5x^2+ax-3a$에서 $f(2)=10, f(-2)=b$일 때, $a+b$의 값은? (단, a는 상수)

① -20 ② -10 ③ 5
④ 10 ⑤ 15

앗! 실수

6. 이차함수 $f(x)=-4x^2+x-3$에서 $f(a)=-6$일 때, 자연수 a의 값은?

① 1 ② 2 ③ 3
④ 4 ⑤ 5

13 이차함수 $y=ax^2$의 그래프

● 이차함수 $y=x^2$의 그래프

① 아래로 볼록한 곡선이다.

② 원점 $(0,\ 0)$을 지난다.

③ y축에 대하여 대칭이다.

④ $x>0$일 때, x의 값이 증가하면 y의 값도 증가한다.
$x<0$일 때, x의 값이 증가하면 y의 값은 감소한다.

⑤ 이차함수 $y=-x^2$의 그래프와 x축에 대하여 서로 대칭이다.

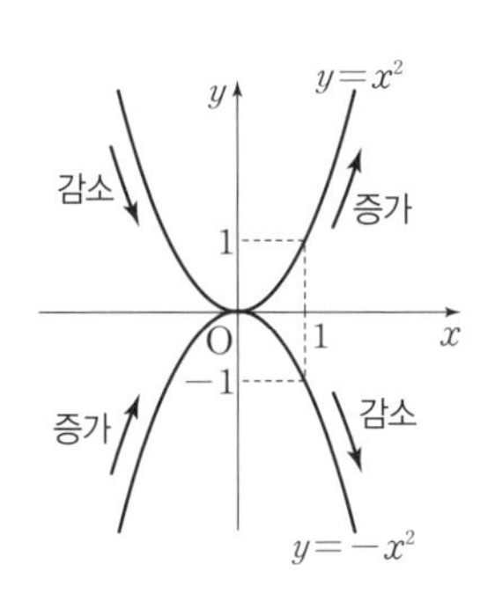

바빠 꿀팁!

• 포물선(抛던질 포, 物물건 물, 線줄 선)은 물건을 비스듬히 던질 때 물건이 움직이면서 그려지는 곡선이야.

• 함수 $y=ax^2$의 그래프는 a의 부호에 따라 그래프의 모양이 결정되고 a의 절댓값에 따라 그래프의 폭이 결정돼.

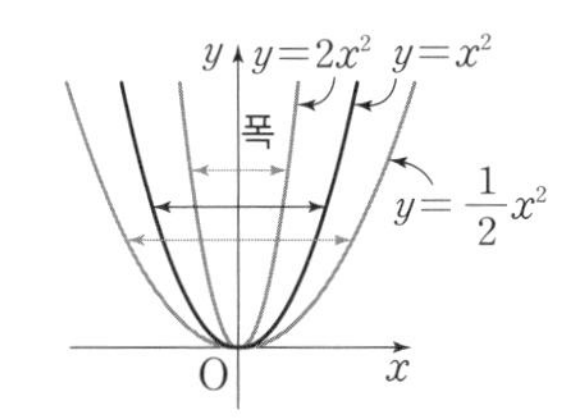

● 포물선의 축과 꼭짓점

① 포물선 : 이차함수 $y=ax^2$의 그래프와 같은 모양의 곡선

② 축 : 포물선은 선대칭도형이고 그 대칭축이 포물선의 축

③ 꼭짓점 : 포물선과 축의 교점

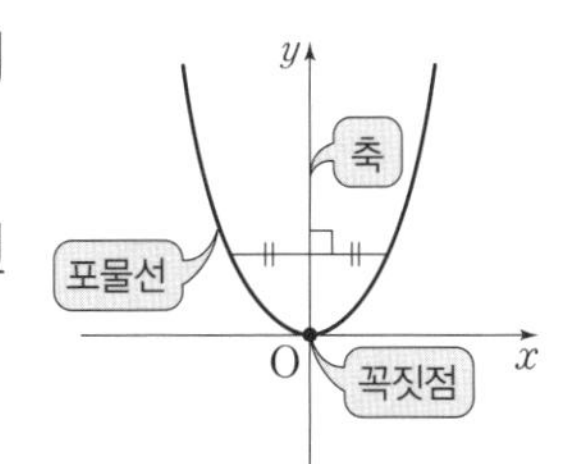

● 이차함수 $y=ax^2$의 그래프

① 꼭짓점의 좌표 : 원점 $(0,\ 0)$

② 축의 방정식 : $x=0$ (y축)

③ $a>0$이면 아래로 볼록하고, $a<0$이면 위로 볼록하다.

④ a의 절댓값이 클수록 그래프의 폭이 좁아진다.

⑤ 이차함수 $y=-ax^2$의 그래프와 x축에 대하여 서로 대칭이다.

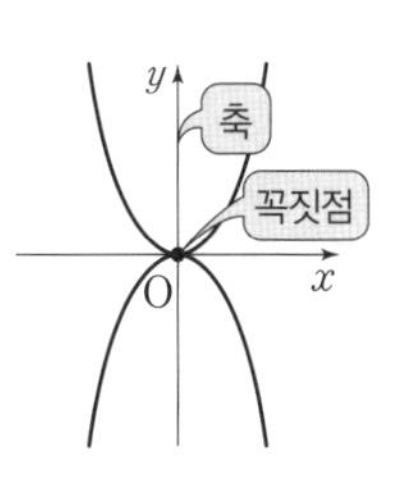

• 축은 어떤 선을 중심으로 그래프가 포개지는 것을 말하므로 함수 $y=ax^2$의 그래프의 축은 y축이 돼. y축을 식으로 나타내 보면 중학교 2학년 때 배웠던 것과 같이 x좌표가 0인 점을 지나는 세로선이므로 $x=0$임을 알 수 있어.

• 포물선 모양이고 꼭짓점의 좌표가 $(0, 0)$인 그래프의 식을 구하려면 무조건 $y=ax^2$으로 놓는 거야. 그리고 꼭짓점 이외의 한 점을 대입하여 a의 값을 구하면 실수가 없어.

A 이차함수 $y=x^2$, $y=-x^2$의 그래프

$y=x^2$, $y=-x^2$의 그래프의 비교
- 같은 점 : 꼭짓점의 좌표 $(0, 0)$, 축의 방정식 $x=0$
- 다른 점 : $x>0$일 때, $y=x^2$은 x의 값이 증가하면 y의 값이 증가
  $y=-x^2$은 x의 값이 증가하면 y의 값이 감소
  $y=x^2$은 제1, 2사분면, $y=-x^2$은 제3, 4사분면을 지나.

■ 이차함수 $y=x^2$의 그래프에 대하여 다음 □ 안에 알맞은 것을 써넣어라.

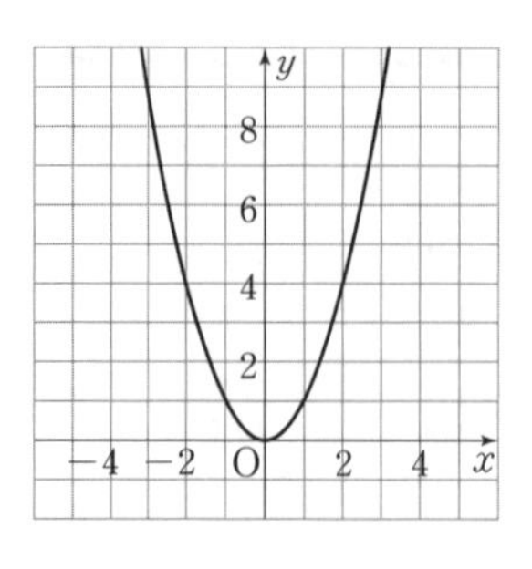

1. 꼭짓점의 좌표는 (□, □)이다.

2. □축에 대하여 대칭이다.
   ⇨ 축의 방정식 : □

3. $x<0$일 때, x의 값이 증가하면
   ⇨ y의 값은 □한다.

4. $x>0$일 때, x의 값이 증가하면
   ⇨ y의 값은 □한다.

5. 제□사분면과 제□사분면을 지난다.

■ 이차함수 $y=-x^2$의 그래프에 대하여 다음 □ 안에 알맞은 것을 써넣어라.

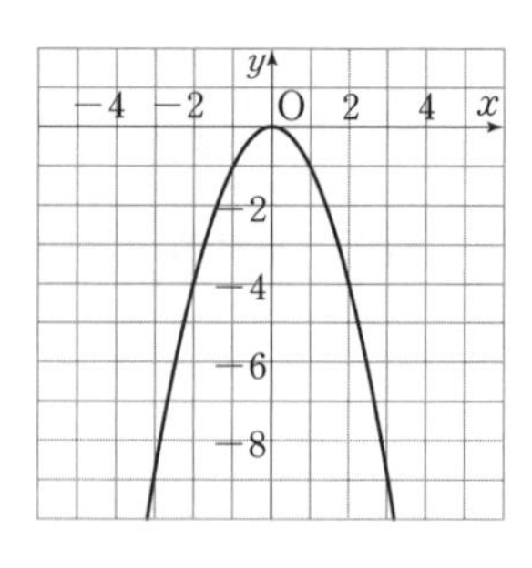

6. 꼭짓점의 좌표는 (□, □)이다.

7. □축에 대하여 대칭이다.
   ⇨ 축의 방정식 : □

8. $x<0$일 때, x의 값이 증가하면
   ⇨ y의 값은 □한다.

9. $x>0$일 때, x의 값이 증가하면
   ⇨ y의 값은 □한다.

10. 제□사분면과 제□사분면을 지난다.

B 이차함수 $y=ax^2$의 그래프 1

이차함수 $y=ax^2$의 그래프
- $a>0$이면 아래로 볼록하고, $a<0$이면 위로 볼록
- a의 절댓값이 클수록 그래프의 폭이 좁아져.

아하! 그렇구나~

■ 다음 이차함수의 그래프에 대하여 물음에 맞는 이차함수를 모두 골라 기호로 나타내어라.

ㄱ. $y=4x^2$	ㄴ. $y=-\frac{1}{2}x^2$
ㄷ. $y=\frac{1}{4}x^2$	ㄹ. $y=-4x^2$

1. 아래로 볼록한 그래프

____

2. 그래프의 폭이 가장 넓은 그래프

____

3. $x>0$일 때, x의 값이 증가하면 y의 값이 증가하는 그래프

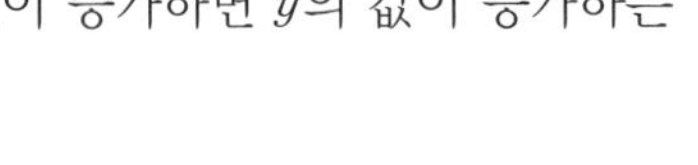

____

4. $x>0$일 때, x의 값이 증가하면 y의 값은 감소하는 그래프

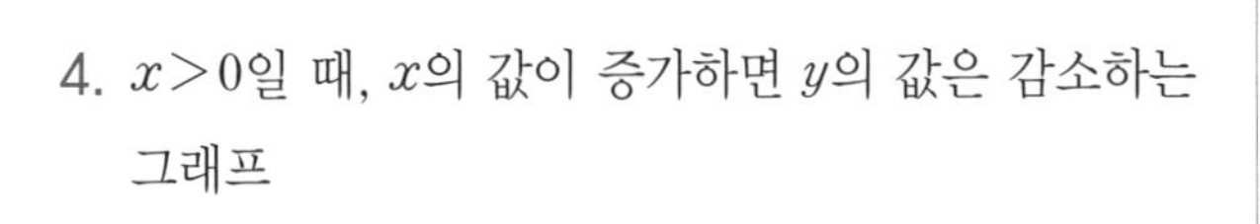

____

5. 위로 볼록한 그래프

____

■ 이차함수의 그래프가 오른쪽 그림과 같을 때, 다음 이차함수에 알맞은 이차함수의 그래프를 기호로 나타내어라.

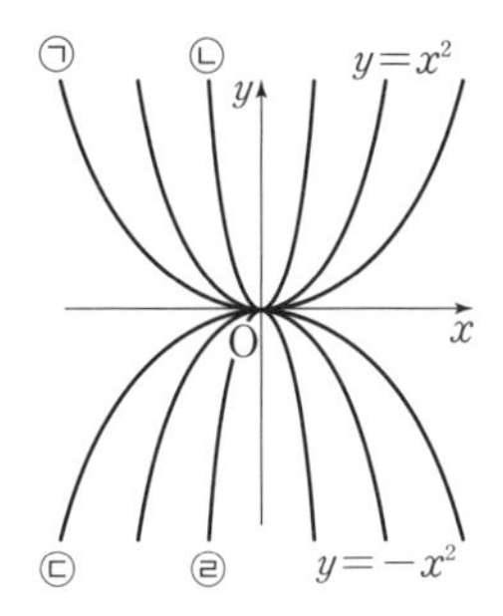

6. $y=3x^2$

____

앗! 실수

7. $y=-\frac{1}{2}x^2$

____

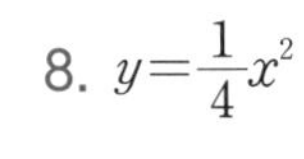

8. $y=\frac{1}{4}x^2$

____

9. $y=-2x^2$

____

C 이차함수 $y=ax^2$의 그래프 2

- 이차함수 $y=ax^2$의 그래프와 $y=-ax^2$의 그래프는 x축에 대하여 대칭이야.
- $a<0$일 때 $y=ax^2$의 그래프는
  $x>0$일 때 x의 값이 증가하면 y의 값은 감소하고
  $x<0$일 때 x의 값이 증가하면 y의 값도 증가해.

■ 이차함수 $y=4x^2$의 그래프에 대한 설명으로 옳은 것은 ○를, 옳지 않은 것은 ×를 하여라.

1. $y=-4x^2$의 그래프와 y축에 대하여 서로 대칭이다. ________

2. 아래로 볼록한 포물선이다. ________

3. 점 $(2,\ 16)$을 지난다. ________

4. 꼭짓점의 좌표는 $(0,\ 4)$이다. ________

5. $y=\frac{1}{2}x^2$의 그래프보다 폭이 넓다. ________

■ 이차함수 $f(x)=-\frac{4}{3}x^2$의 그래프에 대한 설명으로 옳은 것은 ○를, 옳지 않은 것은 ×를 하여라.

6. 제2사분면과 제4사분면을 지난다. ________

7. 꼭짓점의 좌표는 $(0,\ 0)$이다. ________

앗! 실수

8. $x<0$일 때, x의 값이 증가하면 y의 값도 증가한다. ________

9. 축의 방정식은 $x=0$이다. ________

10. y축에 대하여 대칭이다. ________

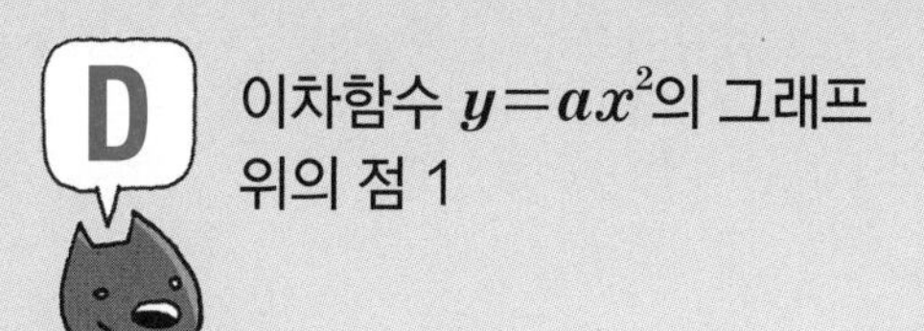

이차함수 $y=ax^2$의 그래프 위의 점 1

이차함수 $y=ax^2$의 그래프가 두 점 $(2, -8)$, $(1, b)$를 지날 때, a, b의 값을 구해 보자. (단, a는 상수)
$y=ax^2$에 점 $(2, -8)$을 대입하면 $4a=-8$ $\therefore a=-2$
따라서 $y=-2x^2$에 점 $(1, b)$를 대입하면 $b=-2$

■ 이차함수 $y=ax^2$의 그래프가 다음 점을 지날 때, 상수 a의 값을 구하여라.

1. $(-1, 2)$

______

2. $(3, -12)$

______

3. $(-2, -10)$

______

4. $(6, 4)$

______

5. $(4, 8)$

______

■ 이차함수 $y=ax^2$의 그래프가 다음 두 점을 지날 때, a, b의 값을 각각 구하여라. (단, a는 상수)

6. $(1, -4)$, $(2, b)$

______

7. $(2, 8)$, $(-1, b)$

______

8. $(-1, 5)$, $(1, b)$

______

9. $(3, 9)$, $(-2, b)$

______

10. $(2, -2)$, $(3, b)$

______

이차함수 $y=ax^2$의 그래프 위의 점 2

원점을 꼭짓점으로 하고 y축을 축으로 하는 포물선은 $y=ax^2$으로 놓고 주어진 점 중 문자가 없는 점을 먼저 대입하여 a의 값을 구한 후 문자가 있는 다른 점을 대입해야 해.

아하! 그렇구나~

■ 원점을 꼭짓점으로 하고 y축을 축으로 하는 포물선이 다음 두 점을 지날 때, k의 값을 구하여라.

1. $(1,\ 1),\ (2,\ k)$

   ____

   Help $y=ax^2$으로 놓고 $(1,\ 1)$을 대입하여 a의 값을 먼저 구한 후 점 $(2,\ k)$를 대입한다.

2. $(-1,\ 1),\ (3,\ k)$

   ____

3. 앗! 실수 $(1,\ -4),\ (2,\ k)$

   ____

4. $(-3,\ 27),\ \left(\frac{1}{4},\ k\right)$

   ____

5. $(5,\ -5),\ \left(-\frac{1}{2},\ k\right)$

   ____

■ 원점을 꼭짓점으로 하고 y축을 축으로 하는 포물선이 다음 두 점을 지날 때, k의 값을 모두 구하여라.

6. $(-2,\ 1),\ (k,\ 4)$

   ____

7. $(3,\ -81),\ (k,\ -9)$

   ____

8. $(-4,\ 8),\ (k,\ 72)$

   ____

9. $(6,\ -3),\ \left(k,\ -\frac{1}{27}\right)$

   ____

10. $(-5,\ 50),\ \left(k,\ \frac{1}{8}\right)$

   ____

[1~2] 이차함수 $y=ax^2$의 그래프의 폭

앗!실수

1. 다음 보기에서 이차함수의 그래프를 폭이 가장 넓은 것부터 순서대로 나열하여라.

보기

ㄱ. $y=\frac{1}{3}x^2$　　ㄴ. $y=\frac{3}{4}x^2$

ㄷ. $y=-x^2$　　ㄹ. $y=-\frac{1}{2}x^2$

ㅁ. $y=2x^2$　　ㅂ. $y=-\frac{5}{3}x^2$

2. 오른쪽 그림과 같이 이차함수 $y=ax^2$의 그래프가 $y=-2x^2$, $y=-\frac{2}{3}x^2$의 그래프 사이에 있을 때 다음 중 상수 a의 값이 될 수 없는 것은?

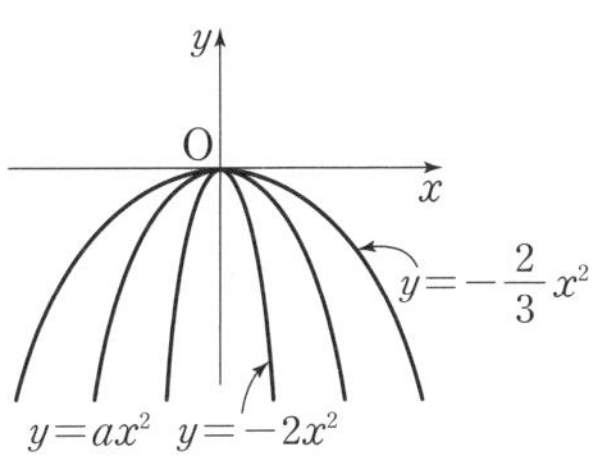

① $-\frac{1}{2}$　② -1　③ $-\frac{3}{2}$

④ $-\frac{3}{4}$　⑤ $-\frac{5}{4}$

[3] 이차함수 $y=ax^2$의 그래프의 성질

적중률 90%

3. 다음 중 이차함수 $y=3x^2$의 그래프에 대한 설명으로 옳지 않은 것은?

① 제1, 2사분면을 지난다.

② 아래로 볼록한 포물선이다.

③ 꼭짓점의 좌표는 $(3,\ 0)$이다.

④ $y=x^2$의 그래프보다 폭이 좁다.

⑤ 점 $(-2,\ 12)$를 지난다.

[4~6] 이차함수 $y=ax^2$ 꼴의 이차함수의 그래프 위의 점

4. 이차함수 $y=-4x^2$의 그래프와 x축에 대하여 서로 대칭인 그래프가 점 $(p,\ 5p+6)$을 지날 때, 양수 p의 값은?

① 1　② 2　③ 4

④ 6　⑤ 9

5. 오른쪽 그림과 같이 원점을 꼭짓점으로 하고 점 $(-2,\ 8)$을 지나는 포물선을 그래프로 하는 이차함수의 식을 구하여라.

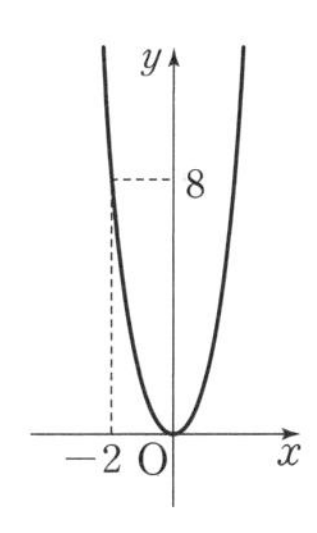

적중률 90%

6. 원점을 꼭짓점으로 하고 y축을 축으로 하는 포물선이 두 점 $(-3,\ 1)$, $(k,\ 4)$를 지날 때, 다음 중 k의 값은? (단, $k>0$)

① 2　② 3　③ 4

④ 5　⑤ 6

14 이차함수 $y=ax^2+q$, $y=a(x-p)^2$의 그래프

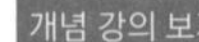

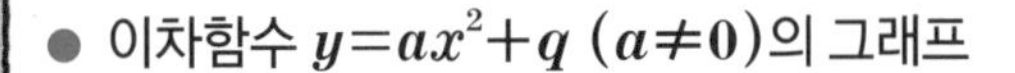

● 이차함수 $y=ax^2+q$ $(a\neq0)$의 그래프

① 이차함수 $y=ax^2$의 그래프를 y축의 방향으로 q만큼 평행이동한 것이다.

② 꼭짓점의 좌표 : $(0,\ q)$

③ 축의 방정식 : $x=0$ (y축)

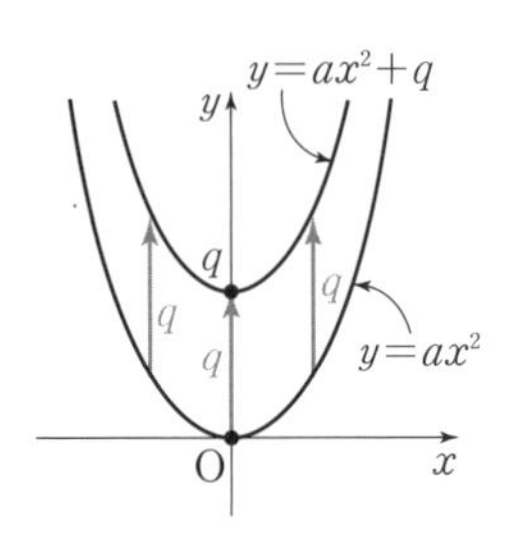

● 이차함수 $y=a(x-p)^2(a\neq0)$의 그래프

① 이차함수 $y=ax^2$의 그래프를 x축의 방향으로 p만큼 평행이동한 것이다.

② 꼭짓점의 좌표 : $(p,\ 0)$

③ 축의 방정식 : $x=p$

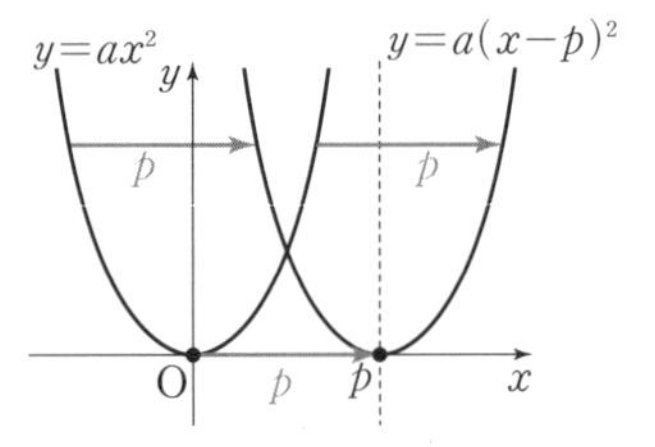

이차함수	$y=x^2-2$	$y=(x-1)^2$
그래프의 평행이동	$y=x^2$의 그래프를 y축의 방향으로 -2만큼 평행이동	$y=x^2$의 그래프를 x축의 방향으로 1만큼 평행이동
이차함수의 그래프	$y=x^2$, $y=x^2-2$, O, x, -2	$y=x^2$, $y=(x-1)^2$, O, 1, x
꼭짓점의 좌표	$(0,\ -2)$	$(1,\ 0)$
축의 방정식	$x=0$	$x=1$

이차함수 $y=ax^2$의 그래프를
- y축의 방향으로 평행이동하면 꼭짓점은 y축 위에 있고, x축의 방향으로 평행이동하면 꼭짓점은 x축 위에 있어.
- 그래프의 모양과 폭을 결정하는 것은 a야. 따라서 평행이동하면 a의 값이 변하지 않으므로 그래프의 모양과 폭은 변하지 않고 위치만 바뀌는 거야.

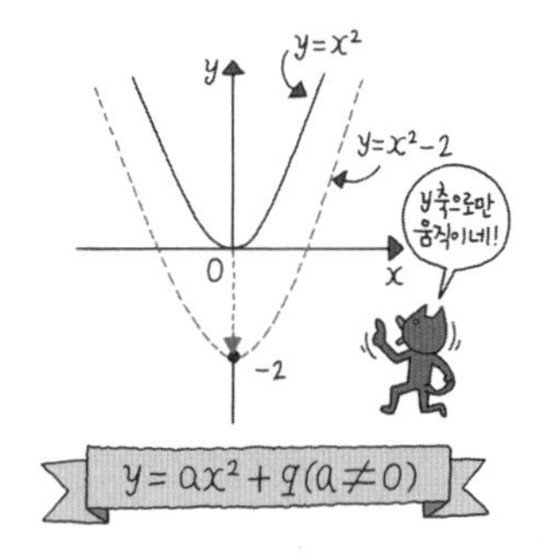

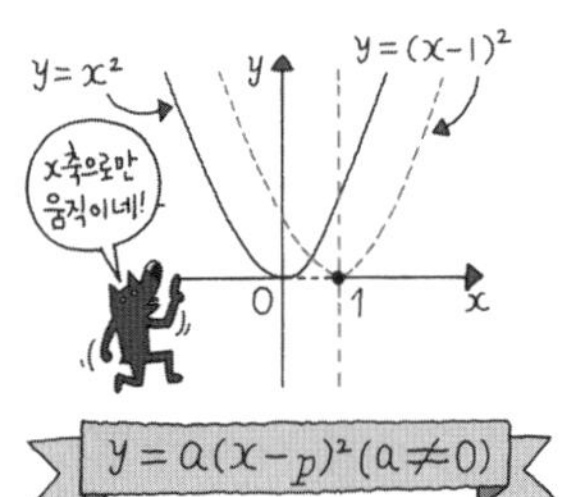

- 이차함수 $y=ax^2+q(a\neq0)$의 그래프에서 꼭짓점의 좌표는 $(0,\ q)$이지만 $y=a(x-p)^2(a\neq0)$의 그래프에서 꼭짓점의 좌표는 $(-p,\ 0)$이 아니야. 부호가 바뀌어 $(p,\ 0)$이야. 주의해야 해.
- 이차함수 $y=ax^2$과 $y=ax^2+q$의 그래프의 축의 방정식은 $x=0$이지만 이차함수 $y=a(x-p)^2$의 그래프의 축의 방정식은 $x=p$임을 기억해야 해.

A 이차함수 $y=ax^2+q$의 그래프 1

$y=ax^2$의 그래프를 y축의 방향으로 q만큼 평행이동
- $y=ax^2+q$
- 꼭짓점의 좌표 : $(0,\ q)$
- 축의 방정식 : $x=0$ (y축)

잊지 말자. 꼬~옥!

■ 오른쪽 그림은 이차함수 $y=x^2$의 그래프를 y축의 방향으로 2만큼 평행이동한 그래프이다. 다음 □ 안에 알맞은 것을 써넣어라.

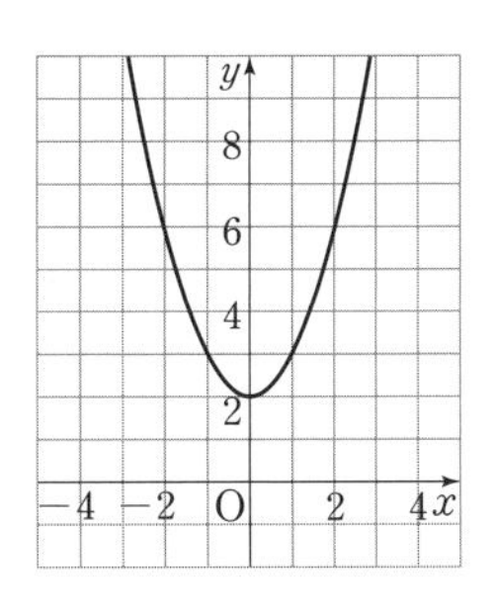

1. 꼭짓점의 좌표는 (□, □)이다.

2. □축에 대하여 대칭이다.

   ⇨ 축의 방정식 : □

3. 그래프의 식은 $y=x^2+$□이다.

■ 오른쪽 그림은 이차함수 $y=-\frac{1}{2}x^2$의 그래프를 y축의 방향으로 -1만큼 평행이동한 그래프이다. 다음 □ 안에 알맞은 것을 써넣어라.

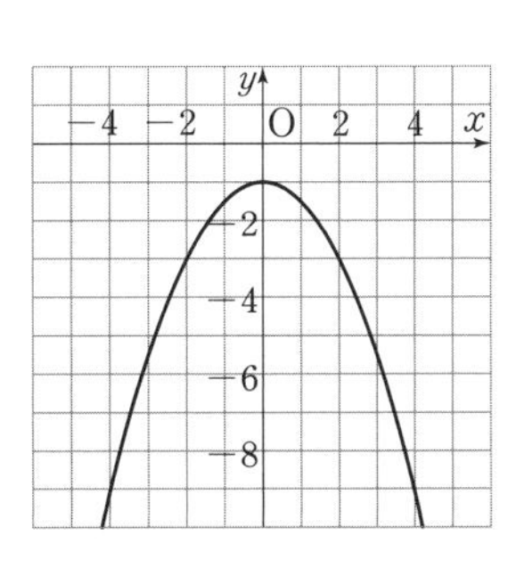

4. 꼭짓점의 좌표는 (□, □)이다.

5. □축에 대하여 대칭이다.

   ⇨ 축의 방정식 : □

6. 그래프의 식은 $y=-\frac{1}{2}x^2+$□이다.

■ 다음 이차함수의 그래프를 y축의 방향으로 [ ] 안의 수만큼 평행이동한 그래프의 식을 구하여라.

7. $y=3x^2$ [1]

______

Help y축의 방향으로 평행이동한만큼 뒤에 더해준다.

8. $y=\frac{1}{4}x^2$ [2]

______

9. $y=10x^2$ [-5]

______

10. $y=-2x^2$ [6]

______

11. $y=-\frac{2}{3}x^2$ $\left[-\frac{1}{5}\right]$

______

B 이차함수 $y=ax^2+q$의 그래프 2

이차함수 $y=ax^2$의 그래프를 y축의 방향으로 -4만큼 평행이동한 그래프가 점 $(2,\ 4)$를 지날 때, 상수 a의 값을 구해 보자.
이차함수 $y=ax^2-4$에 점 $(2,\ 4)$를 대입하면 $4=4a-4$
따라서 $a=2$이다. 아하! 그렇구나~

■ 다음 이차함수의 그래프를 y축의 방향으로 [ ] 안의 수만큼 평행이동한 그래프의 꼭짓점의 좌표와 축의 방정식을 구하여라.

1. $y=5x^2$ $[-1]$

꼭짓점의 좌표 ____________

축의 방정식 ____________

2. $y=\frac{1}{6}x^2$ $[3]$

꼭짓점의 좌표 ____________

축의 방정식 ____________

3. $y=4x^2$ $\left[-\frac{1}{2}\right]$

꼭짓점의 좌표 ____________

축의 방정식 ____________

4. $y=-\frac{3}{4}x^2$ $[-5]$

꼭짓점의 좌표 ____________

축의 방정식 ____________

5. $y=-\frac{2}{5}x^2$ $\left[-\frac{1}{7}\right]$

꼭짓점의 좌표 ____________

축의 방정식 ____________

■ 이차함수 $y=ax^2$의 그래프를 y축의 방향으로 [ ] 안의 수만큼 평행이동한 그래프가 다음 점을 지날 때, 상수 a의 값을 구하여라.

6. $[2]$, $(-1,\ 3)$

____

7. $[-3]$, $(1,\ -4)$

____

8. $\left[-\frac{1}{2}\right]$, $\left(2,\ \frac{7}{2}\right)$

____

9. $[5]$, $(3,\ 23)$

____

10. $\left[\frac{2}{3}\right]$, $\left(\frac{1}{3},\ 1\right)$

____

이차함수 $y=a(x-p)^2$의 그래프 1

$y=ax^2$의 그래프를 x축의 방향으로 p만큼 평행이동
- $y=a(x-p)^2$
- 꼭짓점의 좌표 : $(p,\ 0)$
- 축의 방정식 : $x=p$

잊지 말자. 꼬~옥!

■ 오른쪽 그림은 이차함수 $y=x^2$의 그래프를 x축의 방향으로 3만큼 평행이동한 그래프이다. 다음 □ 안에 알맞은 것을 써넣어라.

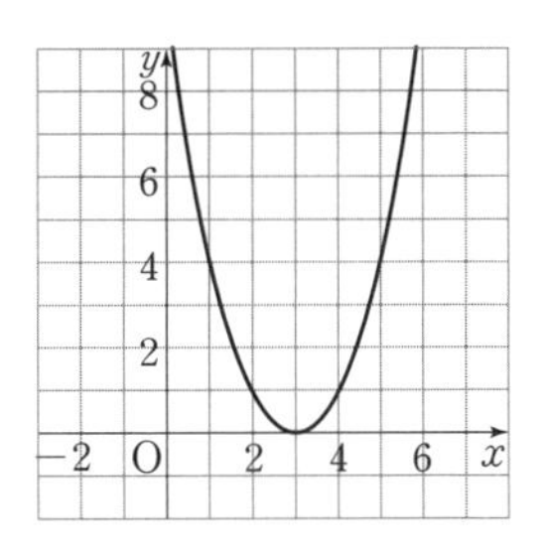

1. 꼭짓점의 좌표는 (□, □)이다.

2. 축의 방정식은 □이다.

앗!실수

3. 그래프의 식은 $y=(x+□)^2$이다.

Help x축의 방향으로 평행이동하면 부호를 바꾸어 괄호 안으로 넣는다.

■ 오른쪽 그림은 이차함수 $y=-\frac{1}{4}x^2$의 그래프를 x축의 방향으로 -1만큼 평행이동한 그래프이다. 다음 □ 안에 알맞은 것을 써넣어라.

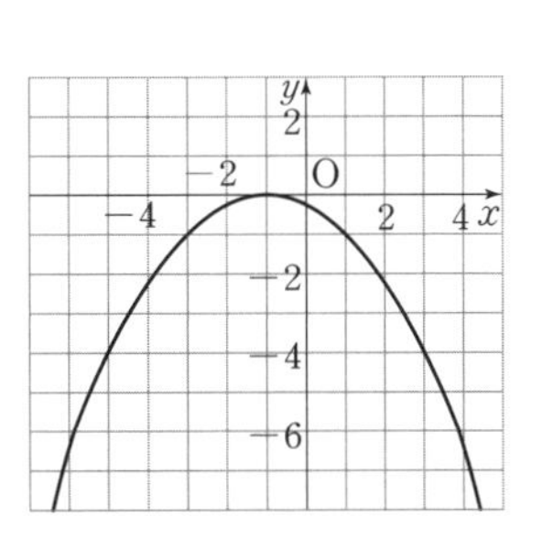

4. 꼭짓점의 좌표는 (□, □)이다.

5. 축의 방정식은 □이다.

6. 그래프의 식은 $y=-\frac{1}{4}(x+□)^2$이다.

■ 다음 이차함수의 그래프를 x축의 방향으로 [ ] 안의 수만큼 평행이동한 그래프의 식을 구하여라.

7. $y=2x^2$ [1]

______

8. $y=\frac{1}{3}x^2$ [-2]

______

9. $y=-4x^2$ [3]

______

10. $y=\frac{2}{3}x^2$ [5]

______

11. $y=-\frac{3}{4}x^2$ $\left[-\frac{1}{2}\right]$

______

D 이차함수 $y=a(x-p)^2$의 그래프 2

이차함수 $y=ax^2$의 그래프를 x축의 방향으로 2만큼 평행이동한 그래프가 점 $(1, 3)$을 지날 때, 상수 a의 값을 구해 보자.
이차함수 $y=a(x-2)^2$에 점 $(1, 3)$을 대입하면 $a=3$
아하! 그렇구나~

■ 다음 이차함수의 그래프를 x축의 방향으로 [ ] 안의 수만큼 평행이동한 그래프의 꼭짓점의 좌표와 축의 방정식을 구하여라.

1. $y=3x^2$ $[-2]$

꼭짓점의 좌표 ______
축의 방정식 ______

2. $y=\frac{1}{2}x^2$ $[1]$

꼭짓점의 좌표 ______
축의 방정식 ______

3. $y=-5x^2$ $\left[-\frac{1}{3}\right]$

꼭짓점의 좌표 ______
축의 방정식 ______

4. $y=-10x^2$ $[4]$

꼭짓점의 좌표 ______
축의 방정식 ______

5. $y=-\frac{5}{6}x^2$ $\left[-\frac{1}{6}\right]$

꼭짓점의 좌표 ______
축의 방정식 ______

■ 이차함수 $y=ax^2$의 그래프를 x축의 방향으로 [ ] 안의 수만큼 평행이동한 그래프가 다음 점을 지날 때, 상수 a의 값을 구하여라.

6. $[1]$, $(-1,\ 4)$

______

7. $[3]$, $(2,\ 3)$

______

8. $\left[-\frac{1}{2}\right]$, $\left(-\frac{5}{2},\ -8\right)$

______

9. $[-4]$, $(-1,\ 18)$

______

10. $\left[-\frac{3}{4}\right]$, $\left(\frac{1}{4},\ -6\right)$

______

이차함수의 그래프를 보고 함수식 구하기

• $y=ax^2+q$의 그래프에서 y축과 만나는 점의 좌표는 $(0,\ q)$
• $y=a(x-p)^2$의 그래프에서 x축과 만나는 점의 좌표는 $(p,\ 0)$
잊지 말자. 꼬~옥!

■ 다음 이차함수의 그래프의 식이 $y=ax^2+q$일 때, 상수 a, q의 값을 각각 구하여라.

1.

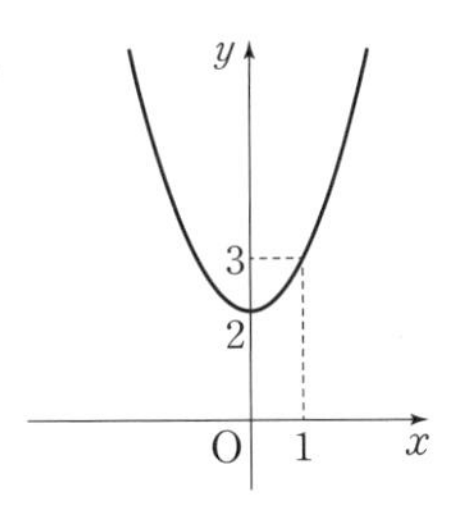

____

Help 먼저 y축과 만나는 점을 이용하여 q의 값을 구하고 점 $(1, 3)$을 대입한다.

2.

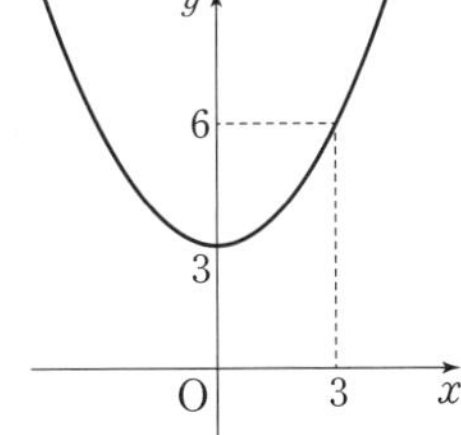

____

3.

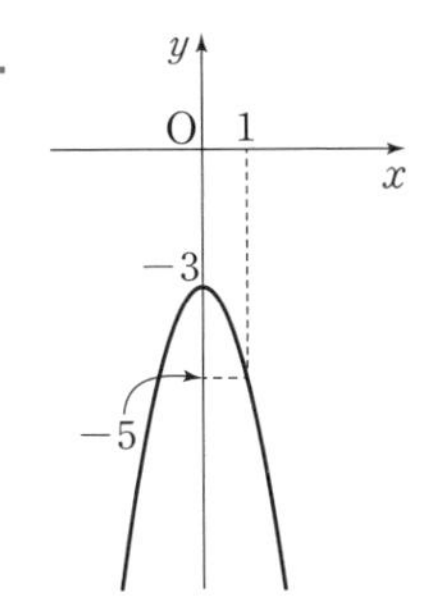

____

■ 다음 이차함수의 그래프의 식이 $y=a(x-p)^2$일 때, 상수 a, p의 값을 각각 구하여라.

4.

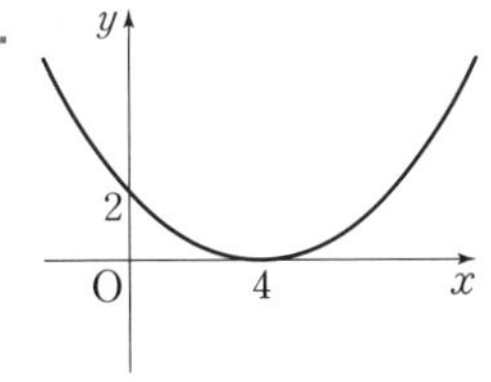

____

Help 먼저 x축과 만나는 점을 이용하여 p의 값을 구하고 점 $(0, 2)$를 대입한다.

5.

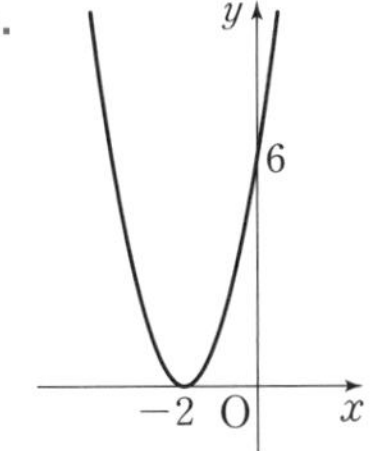

____

6.

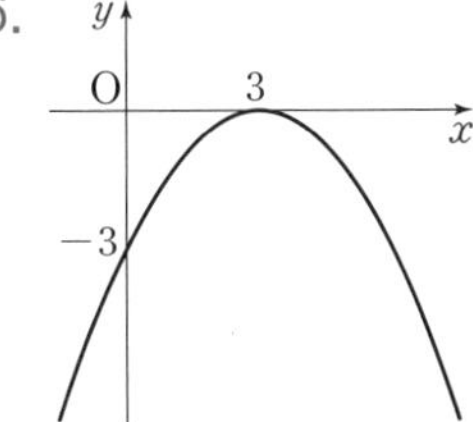

____

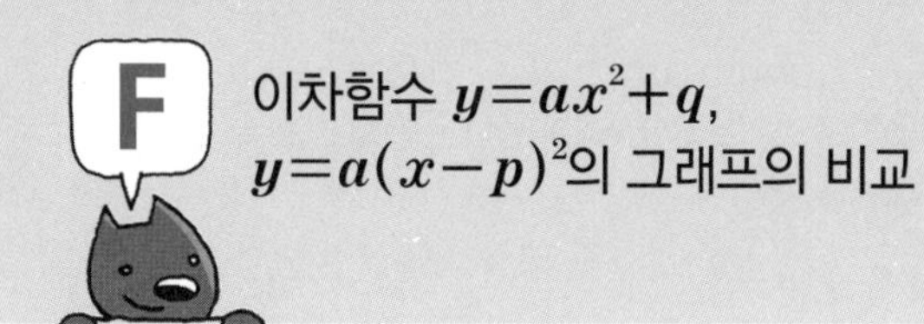

F 이차함수 $y=ax^2+q$, $y=a(x-p)^2$의 그래프의 비교

- $y=ax^2+q$의 그래프는 꼭짓점이 y축 위에 있고 $y=a(x-p)^2$의 그래프는 꼭짓점이 x축 위에 있어.
- $y=ax^2+q$의 그래프는 축의 방정식이 $x=0$이지만 $y=a(x-p)^2$의 그래프는 축의 방정식이 $x=p$야.
- $y=ax^2+q$, $y=a(x-p)^2$의 그래프의 폭은 같아.

■ 다음은 이차함수 $y=2x^2+1$에 대한 설명이다. 옳은 것은 ○를, 옳지 않은 것은 ×를 하여라.

1. 꼭짓점은 x축 위에 있다. ________

2. 축의 방정식은 $x=0$이다. ________

3. 그래프의 폭은 함수 $y=-x^2+1$의 그래프보다 넓다. ________

4. $y=2x^2$을 y축의 방향으로 1만큼 평행이동한 그래프이다. ________

5. x축에 대하여 대칭이다. ________

■ 다음은 이차함수 $y=2(x-1)^2$에 대한 설명이다. 옳은 것은 ○를, 옳지 않은 것은 ×를 하여라.

6. 축의 방정식은 $x=1$이다. ________

7. 그래프의 폭은 함수 $y=2x^2+1$의 그래프와 같다. ________

앗! 실수

8. $y=2x^2$의 그래프를 x축의 방향으로 -1만큼 평행이동한 그래프이다. ________

9. 그래프의 꼭짓점은 x축 위에 있다. ________

10. 꼭짓점의 좌표는 $(-1,\ 0)$이다. ________

[1～3] 이차함수 $y=ax^2+q$의 그래프

1. 이차함수 $y=3x^2$의 그래프를 y축의 방향으로 -6만큼 평행이동하면 점 $(-1,\ k)$를 지날 때, k의 값은?

① -9　　② -7　　③ -3
④ 1　　⑤ 3

2. 이차함수 $y=\frac{3}{4}x^2$의 그래프를 y축의 방향으로 k만큼 평행이동하면 점 $(2,\ -2)$를 지난다. 이때 k의 값은?

① -7　　② -5　　③ 1
④ 3　　⑤ 8

적중률 90%

3. 다음 중 함수 $y=-\frac{1}{2}x^2+4$의 그래프에 대한 설명으로 옳지 않은 것은?

① $y=-\frac{1}{2}x^2$의 그래프를 y축의 방향으로 4만큼 평행이동한 것이다.
② $y=2x^2+4$의 그래프보다 폭이 넓다.
③ 꼭짓점의 좌표는 $(4,\ 0)$이다.
④ y축에 대하여 대칭이다.
⑤ 점 $(-2,\ 2)$를 지난다.

[4～6] 이차함수 $y=a(x-p)^2+q$의 그래프

4. 이차함수 $y=ax^2$의 그래프를 x축의 방향으로 3만큼 평행이동하면 점 $(4,\ -2)$를 지날 때, 상수 a의 값을 구하여라.

적중률 90%

5. 다음 중 $y=5(x-2)^2$의 그래프에 대한 설명으로 옳지 않은 것은?

① 그래프는 아래로 볼록한 포물선이다.
② $y=2x^2$의 그래프보다 폭이 좁다.
③ 꼭짓점의 좌표는 $(2,\ 0)$이다.
④ 축의 방정식은 $x=2$이다.
⑤ $y=5x^2$의 그래프를 x축의 방향으로 -2만큼 평행이동한 것이다.

앗! 실수

6. 이차함수 $y=a(x-p)^2$의 그래프가 오른쪽 그림과 같을 때, $a+p$의 값은? (단, a, p는 상수)

① $-\frac{7}{2}$　　② -2

③ $\frac{1}{2}$　　④ 3

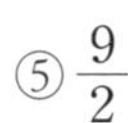

⑤ $\frac{9}{2}$

15 이차함수 $y=a(x-p)^2+q$의 그래프

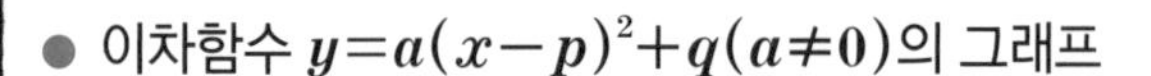

● 이차함수 $y=a(x-p)^2+q(a\neq0)$의 그래프

① 이차함수 $y=ax^2$의 그래프를 x축의 방향으로 p만큼, y축의 방향으로 q만큼 평행이동한 것이다.

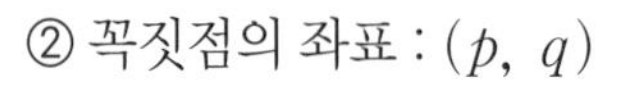

② 꼭짓점의 좌표 : $(p,\ q)$

③ 축의 방정식 : $x=p$

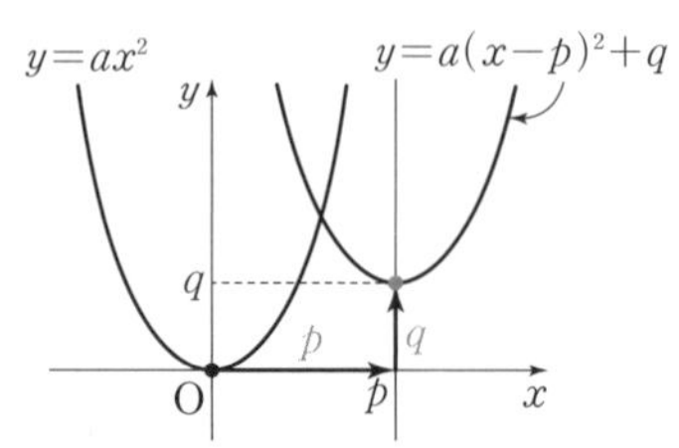

이차함수	$y=(x-1)^2+3$	$y=-2(x+4)^2-1$
그래프의 평행이동	$y=x^2$의 그래프를 x축의 방향으로 1만큼, y축의 방향으로 3만큼 평행이동	$y=-2x^2$의 그래프를 x축의 방향으로 -4만큼, y축의 방향으로 -1만큼 평행이동
이차함수의 그래프		
꼭짓점의 좌표	$(1,\ 3)$	$(-4,\ -1)$
축의 방정식	$x=1$	$x=-4$

바빠 꿀팁!

$y=a(x-p)^2+q$의 식이면 모든 이차함수를 나타낼 수 있어.
앞 단원에서 배운 $y=ax^2+q$의 그래프는 $y=a(x-p)^2+q$에서 $p=0$이라고 생각하면 되고 $y=a(x-p)^2$의 그래프는 $y=a(x-p)^2+q$에서 $q=0$이라고 생각하면 되거든.

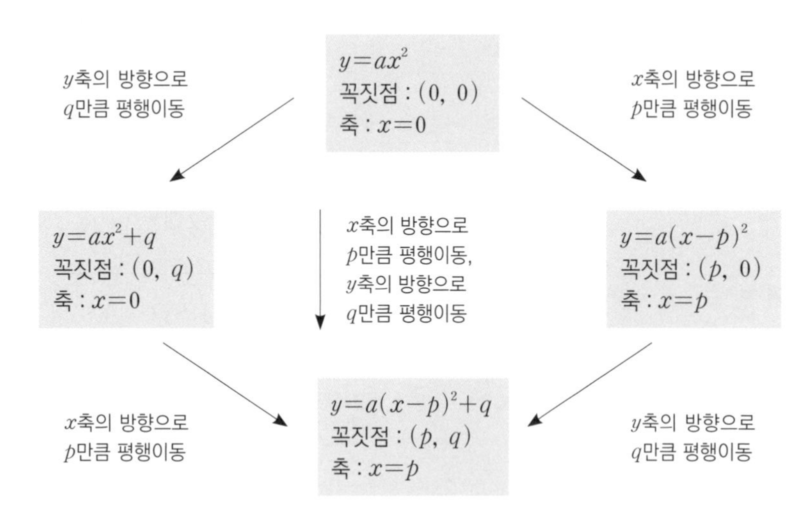

앗! 실수

$y=ax^2$의 그래프를 x축의 방향으로 p만큼, y축의 방향으로 q만큼 평행이동하면 $y=a(x-p)^2+q$가 되지. 이 그래프를 다시 x축의 방향으로 m만큼, y축의 방향으로 n만큼 평행이동하면 $y=a(x-p-m)^2+q+n$이 돼. 이때 m이 괄호 안으로 들어갈 때는 부호를 바꾸는 것을 잊으면 안 돼!

이차함수 $y=a(x-p)^2+q$의 그래프 1

$y=ax^2$의 그래프를 x축의 방향으로 p만큼, y축의 방향으로 q만큼 평행이동

- $y=a(x-p)^2+q$
- 꼭짓점의 좌표 : $(p,\ q)$
- 축의 방정식 : $x=p$ 잊지 말자. 꼬~옥!

■ 오른쪽 그림은 이차함수 $y=x^2$의 그래프를 평행이동한 그래프이다. 다음 □ 안에 알맞은 것을 써넣어라.

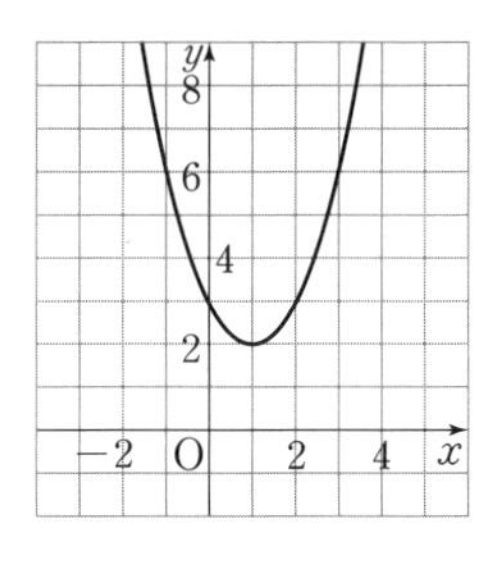

1. 꼭짓점의 좌표는 (□, □)이다.

2. 축의 방정식은 □이다.

3. x축의 방향으로 □만큼, y축의 방향으로 □만큼 평행이동한 그래프이다.

4. 그래프의 식은 □이다.

■ 오른쪽 그림은 이차함수 $y=-x^2$의 그래프를 평행이동한 그래프이다. 다음 □ 안에 알맞은 것을 써넣어라.

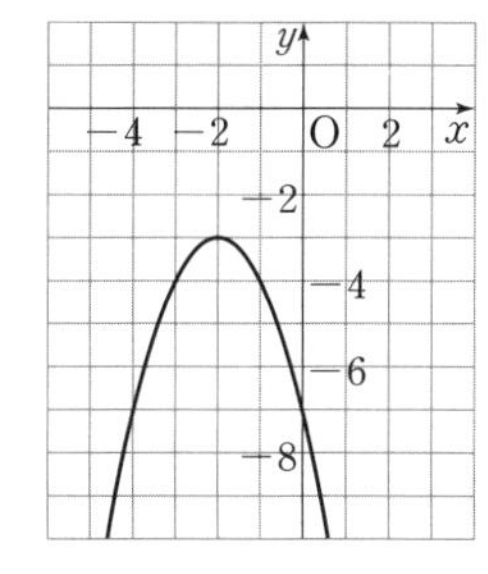

5. 꼭짓점의 좌표는 (□, □)이다.

6. 축의 방정식은 □이다.

7. x축의 방향으로 □만큼, y축의 방향으로 □만큼 평행이동한 그래프이다.

8. 그래프의 식은 □이다.

이차함수 $y=a(x-p)^2+q$의 그래프 2

이차함수 $y=2x^2$의 그래프를 x축의 방향으로 3만큼, y축의 방향으로 2만큼 평행이동한 그래프의 식을 구해 보자.
x축의 방향으로 3만큼 평행이동하면 $y=2(x-3)^2$
이 그래프를 다시 y축의 방향으로 2만큼 평행이동하면
$y=2(x-3)^2+2$

■ 다음 이차함수의 그래프를 x축의 방향으로 p만큼, y축의 방향으로 q만큼 평행이동한 그래프의 식을 구하여라.

1. $y=2x^2$ $[p=1,\ q=1]$

Help $y=2(x-p)^2+q$

2. $y=-\frac{1}{3}x^2$ $[p=-2,\ q=1]$

3. $y=-4x^2$ $[p=-3,\ q=-4]$

4. $y=-\frac{1}{2}x^2$ $\left[p=\frac{3}{2},\ q=-\frac{2}{3}\right]$

5. $y=-8x^2$ $[p=-3,\ q=1]$

6. $y=-\frac{3}{4}x^2$ $[p=2,\ q=-3]$

7. $y=7x^2$ $\left[p=-\frac{3}{4},\ q=-5\right]$

8. $y=-\frac{2}{7}x^2$ $[p=4,\ q=3]$

이차함수 $y=a(x-p)^2+q$의 그래프 3

이차함수 $y=ax^2$의 그래프를 x축의 방향으로 -2만큼, y축의 방향으로 1만큼 평행이동한 그래프를 점 $(-4, 5)$가 지날 때, 상수 a를 구해 보자.
$y=ax^2$의 그래프를 x축의 방향으로 -2만큼, y축의 방향으로 1만큼 평행이동한 식은 $y=a(x+2)^2+1$이므로 $x=-4$, $y=5$를 대입하면 $a=1$이 돼.

■ 이차함수 $y=ax^2$의 그래프를 x축의 방향으로 p만큼, y축의 방향으로 q만큼 평행이동한 그래프가 주어진 점을 지날 때, 상수 a를 구하여라.

1. $p=1, q=-1$, 점 $(2, 1)$

______

Help $y=a(x-1)^2-1$

2. $p=2, q=1$, 점 $(3, -1)$

______

3. $p=-2, q=-2$, 점 $(-4, 2)$

______

4. $p=3, q=-1$, 점 $(2, 3)$

______

5. $p=-3, q=2$, 점 $(-1, 3)$

______

6. $p=-4, q=-5$, 점 $(-1, 4)$

______

7. $p=4, q=-6$, 점 $(0, 2)$

______

8. $p=7, q=3$, 점 $(5, 1)$

______

이차함수 $y=a(x-p)^2+q$의 그래프의 평행이동

이차함수 $y=-3(x+1)^2+5$의 그래프를 x축의 방향으로 2만큼, y축의 방향으로 -4만큼 평행이동한 그래프의 식은

$y=-3(x+1-2)^2+5-4$

$=-3(x-1)^2+1$

따라서 꼭짓점의 좌표는 $(1,\ 1)$, 축의 방정식은 $x=1$이 돼.

■ 다음에 주어진 이차함수의 그래프를 x축의 방향으로 p만큼, y축의 방향으로 q만큼 평행이동한 그래프의 식을 구하여라.

1. $y=2(x-1)^2+3 \quad [p=-1,\ q=2]$

______

Help $y=2(x-1)^2+3$에서 $y=2(x-1-p)^2+3+q$

2. $y=-\frac{1}{2}(x-3)^2+4 \quad [p=3,\ q=1]$

______

3. $y=4(x+2)^2-1 \quad [p=-2,\ q=3]$

______

4. $y=-\frac{3}{5}(x-5)^2+1 \quad [p=1,\ q=-1]$

______

■ 다음에 주어진 이차함수의 그래프를 x축의 방향으로 p만큼, y축의 방향으로 q만큼 평행이동한 그래프의 꼭짓점의 좌표와 축의 방정식을 구하여라.

5. $y=-(x+1)^2-10 \quad [p=-3,\ q=1]$

꼭짓점의 좌표 ______

축의 방정식 ______

6. $y=\frac{3}{4}\left(x-\frac{1}{2}\right)^2+\frac{5}{2} \quad \left[p=\frac{3}{4},\ q=-\frac{3}{2}\right]$

꼭짓점의 좌표 ______

축의 방정식 ______

7. $y=-3(x+1)^2+5 \quad [p=3,\ q=2]$

꼭짓점의 좌표 ______

축의 방정식 ______

8. $y=\frac{1}{4}(x+4)^2-3 \quad [p=1,\ q=-5]$

꼭짓점의 좌표 ______

축의 방정식 ______

[1～4] 이차함수 $y=a(x-p)^2+q$의 그래프

1. 이차함수 $y=-4x^2$의 그래프를 x축의 방향으로 -1만큼, y축의 방향으로 3만큼 평행이동한 그래프를 나타내는 이차함수의 식은?

① $y=-4(x-1)^2-3$
② $y=-4(x+1)^2-3$
③ $y=4(x-1)^2+3$
④ $y=4(x+1)^2+3$
⑤ $y=-4(x+1)^2+3$

2. 이차함수 $y=\frac{1}{3}(x-5)^2+8$의 그래프는 $y=\frac{1}{3}x^2$의 그래프를 x축의 방향으로 p만큼, y축의 방향으로 q만큼 평행이동한 것이다. 이때 $p-q$의 값은?

① -6 ② -4 ③ -3
④ 2 ⑤ 3

적중률 90%

3. 이차함수 $y=-2(x-1)^2+3$의 그래프를 x축의 방향으로 1만큼, y축의 방향으로 4만큼 평행이동한 그래프의 꼭짓점의 좌표와 축의 방정식을 각각 구하여라.

앗! 실수

4. 이차함수 $y=-2x^2$의 그래프를 x축의 방향으로 3만큼, y축의 방향으로 a만큼 평행이동하면 두 점 $(4,\ 5)$, $(0,\ b)$를 지난다. 이때 $a+b$의 값은?

① -11 ② -9 ③ -5
④ -4 ⑤ -2

적중률 80%

[5～6] 이차함수 $y=a(x-p)^2+q$의 그래프의 평행이동

앗! 실수

5. 이차함수 $y=a(x+4)^2-3$의 그래프를 x축의 방향으로 2만큼, y축의 방향으로 1만큼 평행이동하였더니 $y=-2(x+b)^2+c$의 그래프와 일치하였다. 이때 $a+b+c$의 값을 구하여라. (단, a, b, c는 상수)

6. 이차함수 $y=(x-2)^2+3$의 그래프를 x축의 방향으로 -6만큼, y축의 방향으로 k만큼 평행이동하면 점 $(-3, 5)$를 지난다. 이때 k의 값은?

① 0 ② 1 ③ 2
④ 3 ⑤ 4

16 이차함수 $y=a(x-p)^2+q$의 그래프의 활용

● 이차함수 $y=a(x-p)^2+q$의 그래프에서 증가 또는 감소하는 범위

① $a>0$인 경우

$x<p$일 때 x의 값이 증가하면 y의 값은 감소한다.

$x>p$일 때 x의 값이 증가하면 y의 값은 증가한다.

② $a<0$인 경우

$x<p$일 때 x의 값이 증가하면 y의 값은 증가한다.

$x>p$일 때 x의 값이 증가하면 y의 값은 감소한다.

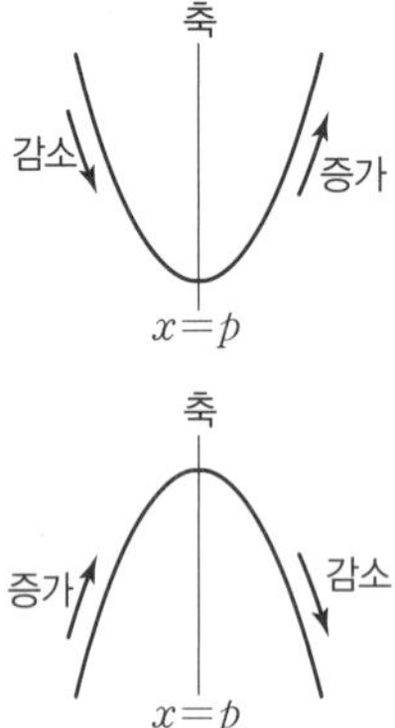

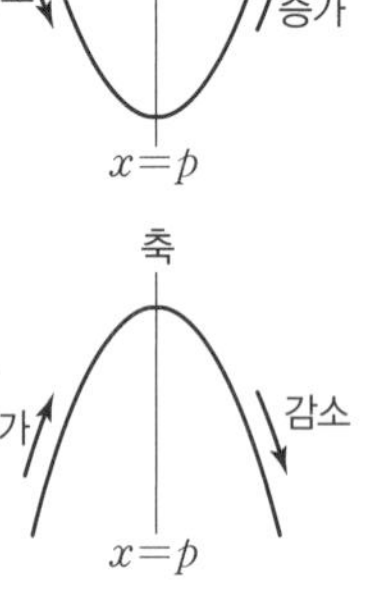

● 이차함수 $y=a(x-p)^2+q$의 식 구하기

꼭짓점의 좌표가 $(1,\ 2)$이고 점 $(0,\ 5)$를 지나는 포물선을 그래프로 하는 이차함수의 식을 구해 보자.

꼭짓점의 좌표가 $(1,\ 2)$이므로 이차함수의 식은 $y=a(x-1)^2+2$로 놓는다.

이 함수의 그래프가 점 $(0,\ 5)$를 지나므로 $x=0, y=5$를 대입하면 $a+2=5$ $\quad \therefore a=3$

따라서 구하는 이차함수의 식은 $y=3(x-1)^2+2$

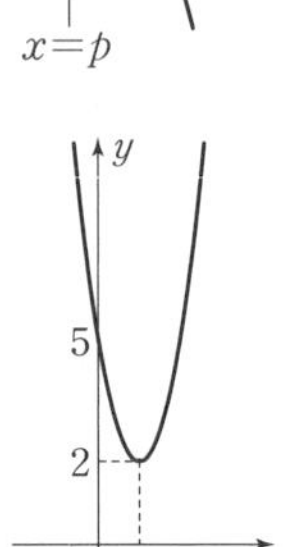

● 이차함수 $y=a(x-p)^2+q$의 그래프에서 a, p, q의 부호

① a의 부호 : 그래프의 모양에 따라 결정된다.

아래로 볼록 ⇨ $a>0$, 위로 볼록 ⇨ $a<0$

② p, q의 부호 : 꼭짓점의 위치에 따라 결정된다.

- 제1사분면 ⇨ $p>0, q>0$
- 제2사분면 ⇨ $p<0, q>0$
- 제3사분면 ⇨ $p<0, q<0$
- 제4사분면 ⇨ $p>0, q<0$

제 2사분면 $(-, +)$	제 1사분면 $(+, +)$
제 3사분면 $(-, -)$	제 4사분면 $(+, -)$

이차함수의 그래프가 주어질 때,

- 꼭짓점이 x축 위에 있다면 $y=a(x-p)^2$
- 꼭짓점이 y축 위에 있다면 $y=ax^2+q$
- 꼭짓점이 x축 또는 y축 위에 있지 않다면 $y=a(x-p)^2+q$로 놓은 후에 주어진 점을 대입하면 돼.

앗! 실수

증가, 감소가 많이 혼동되지? 그래프를 그리고 이해하는 것이 좋지만 잘 안된다면 한쪽만 외우고 반대쪽은 그 반대로 생각하자. $y=a(x-p)^2+q$에서 $a>0$이면 축의 오른쪽이 증가이고 $a<0$이면 축의 왼쪽이 증가라고 외우면 좀 간단해져.

이차함수 $y=a(x-p)^2+q$의 그래프에서 증가 또는 감소하는 범위

이차함수 $y=a(x-p)^2+q$의 그래프에서 축 $x=p$를 기준으로 증가, 감소가 달라져.

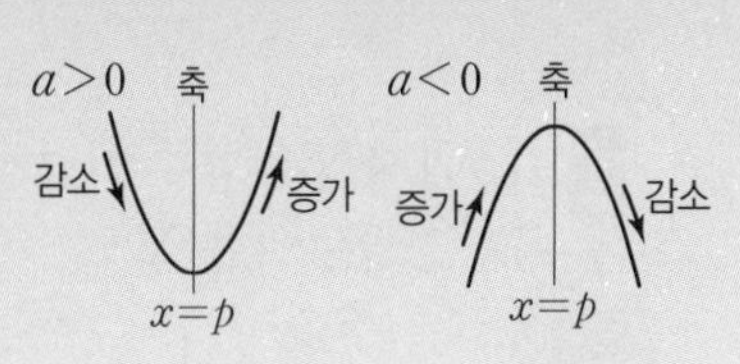

■ 이차함수 $y=3(x-1)^2+2$의 그래프에서 다음 □ 안에 증가 또는 감소를 써넣어라.

1. $x>1$일 때

   x의 값이 증가하면 y의 값이 □한다.

2. $x<1$일 때

   x의 값이 증가하면 y의 값이 □한다.

■ 이차함수 $y=-\frac{1}{2}(x+3)^2+1$의 그래프에서 다음 □ 안에 증가 또는 감소를 써넣어라.

3. $x>-3$일 때

   x의 값이 증가하면 y의 값이 □한다.

4. $x<-3$일 때

   x의 값이 증가하면 y의 값이 □한다.

■ 이차함수 $y=-5(x+2)^2-1$의 그래프에서 다음 □ 안에 > 또는 <를 써넣어라.

5. x□-2일 때

   x의 값이 증가하면 y의 값이 감소한다.

6. x□-2일 때

   x의 값이 증가하면 y의 값이 증가한다.

■ 이차함수 $y=\frac{2}{3}(x-5)^2+4$의 그래프에서 다음 □ 안에 > 또는 <를 써넣어라.

7. x□5일 때

   x의 값이 증가하면 y의 값이 증가한다.

8. x□5일 때

   x의 값이 증가하면 y의 값이 감소한다.

이차함수 $y=a(x-p)^2+q$의 그래프의 성질

이차함수 $y=a(x-p)^2+q$의 그래프에서
- 꼭짓점의 좌표는 $(p,\ q)$
- y축과 만나는 점의 좌표는 $x=0$을 대입 아하! 그렇구나~ 

■ 이차함수 $y=3(x+2)^2-4$의 그래프에 대한 다음 설명 중 옳은 것은 ○를, 옳지 않은 것은 ×를 하여라.

1. $y=3x^2$의 그래프를 x축의 방향으로 2만큼, y축의 방향으로 -4만큼 평행이동한 그래프이다. ______

2. $x>-2$일 때 x의 값이 증가하면 y의 값은 감소한다. ______

3. 아래로 볼록한 함수이다. ______

4. $x<-2$일 때 x의 값이 증가하면 y의 값은 증가한다. ______

5. 꼭짓점의 좌표는 $(-2,\ -4)$이다. ______

■ 이차함수 $y=-\frac{2}{3}(x-1)^2+5$의 그래프에 대한 다음 설명 중 옳은 것은 ○를, 옳지 않은 것은 ×를 하여라.

6. 이 그래프는 x축과 만나는 점이 없다. ______

7. $y=\frac{2}{3}x^2$의 그래프와 폭이 같다. ______

8. $y=-\frac{2}{3}x^2$의 그래프를 x축의 방향으로 -1만큼, y축의 방향으로 5만큼 평행이동한 그래프이다. ______

앗! 실수

9. $x>1$일 때 x의 값이 증가하면 y의 값도 증가한다. ______

앗! 실수

10. 이 그래프는 모든 사분면을 지난다. ______

이차함수의 식 구하기 1

이차함수 $y=a(x-p)^2+q$의 그래프가 오른쪽과 같다면 꼭짓점의 좌표가 $(2, 1)$이므로 $y=a(x-2)^2+1$이야. 또 점 $(0, 3)$을 지나므로

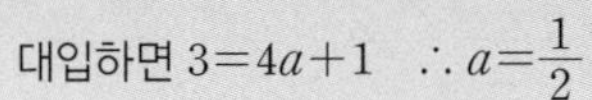

대입하면 $3=4a+1 \quad \therefore a=\frac{1}{2}$

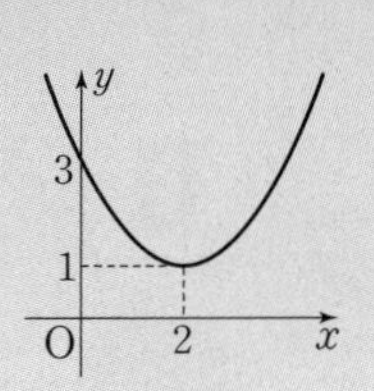

■ 이차함수 $y=a(x-p)^2+q$의 그래프가 다음과 같을 때, 이차함수의 식을 구하여라.

1.

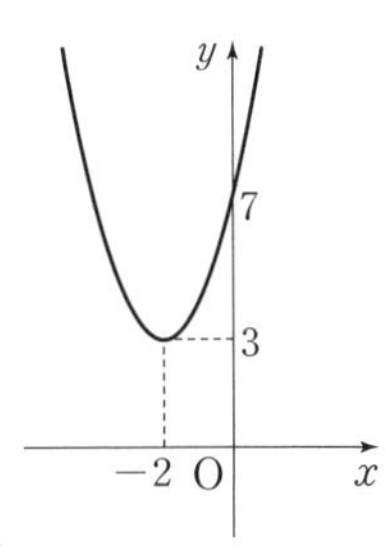

2.

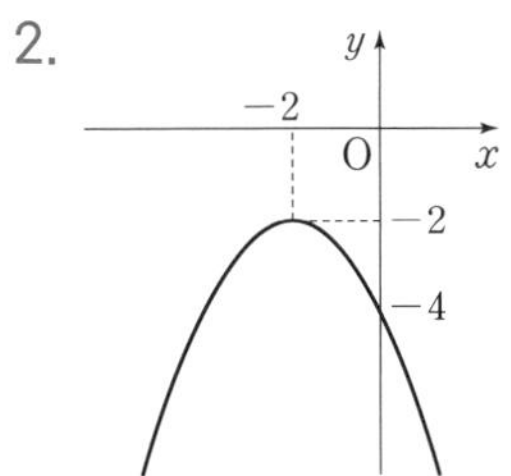

3.

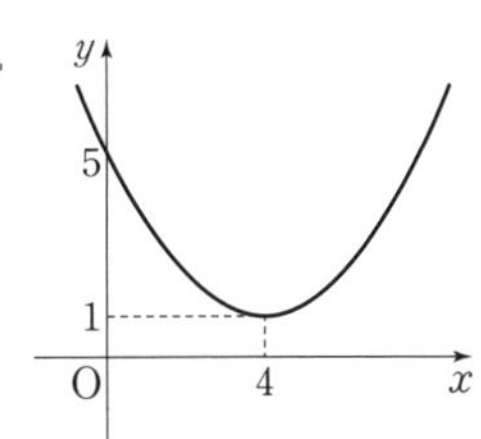

4.

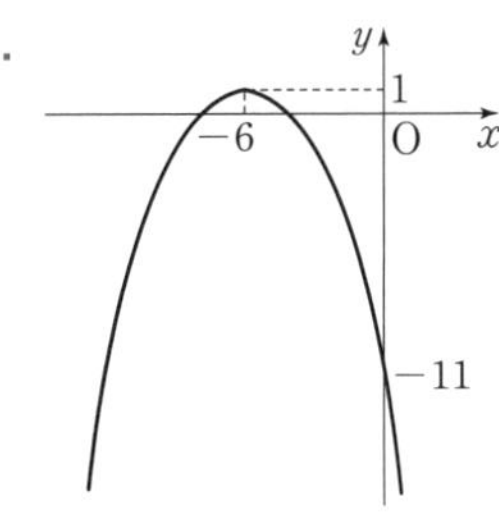

5.

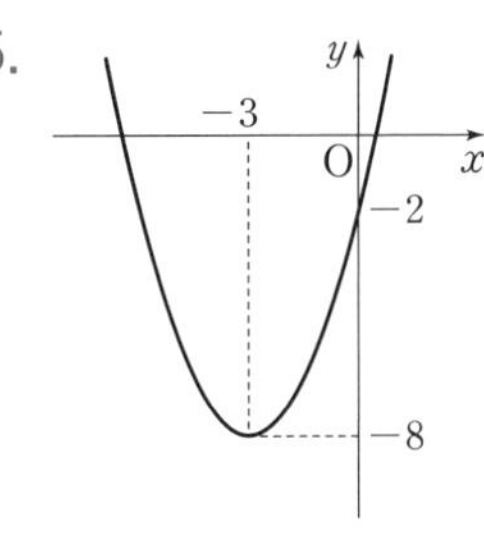

6.

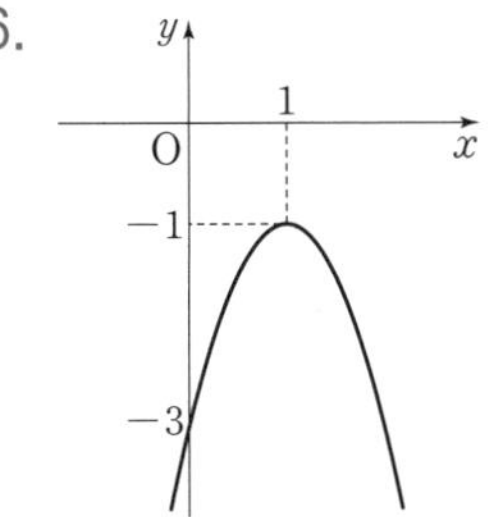

D 이차함수의 식 구하기 2

이차함수 $y=a(x-p)^2+q$에서 축의 방정식이 $x=p$이므로 축의 방정식이 $x=-2$이면 이차함수의 식을 $y=a(x+2)^2+q$로 놓고 문제를 풀 면 돼. 아하! 그렇구나~

■ 다음 이차함수 $y=a(x-p)^2+q$의 꼭짓점의 좌표와 한 점이 주어졌을 때, 이차함수의 식을 구하여라.

1. 꼭짓점의 좌표 $(2, -1)$, 점 $(1, 3)$

____

Help $y=a(x-2)^2-1$

2. 꼭짓점의 좌표 $(-3, 2)$, 점 $(-1, -2)$

____

3. 꼭짓점의 좌표 $(1, -4)$, 점 $(4, 5)$

____

4. 꼭짓점의 좌표 $(6, -3)$, 점 $(5, 7)$

____

■ 다음 직선을 축으로 하고 두 점을 지나는 포물선을 그래프로 하는 이차함수의 식을 $y=a(x-p)^2+q$라 할 때, 상수 a, p, q를 구하여라.

5. $x=1$, 두 점 $(2, 1)$, $(-1, 10)$

$a=$ ________, $p=$ ________, $q=$ ________

Help 축의 방정식이 $x=1$이므로 꼭짓점의 x좌표가 1이다. 따라서 $y=a(x-1)^2+q$이다.

6. $x=2$, 두 점 $(-1, -4)$, $(0, 6)$

$a=$ ________, $p=$ ________, $q=$ ________

7. $x=-1$, 두 점 $(-2, 1)$, $(1, -8)$

$a=$ ________, $p=$ ________, $q=$ ________

8. $x=3$, 두 점 $(0, 2)$, $(1, 1)$

$a=$ ________, $p=$ ________, $q=$ ________

이차함수 $y=a(x-p)^2+q$의 그래프에서 a, p, q의 부호

이차함수 $y=a(x-p)^2+q$의 그래프에서 꼭짓점이 속한 사분면이

- 제1사분면 ⇨ $p>0$, $q>0$
- 제2사분면 ⇨ $p<0$, $q>0$
- 제3사분면 ⇨ $p<0$, $q<0$
- 제4사분면 ⇨ $p>0$, $q<0$

■ 이차함수 $y=a(x-p)^2+q$의 그래프가 다음과 같을 때, □ 안에 > 또는 <를 써넣어라.

1. 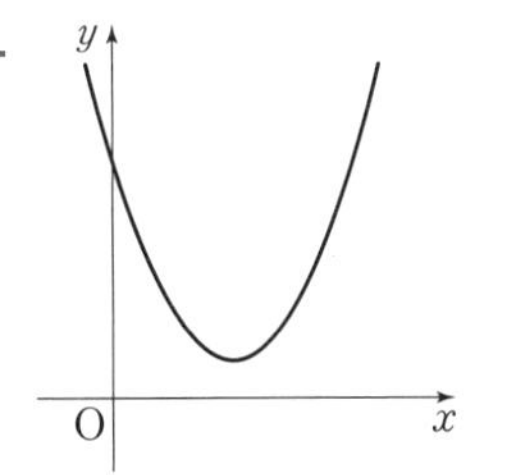

a□0, p□0, q□0

Help 아래로 볼록이므로 $a>0$

2. 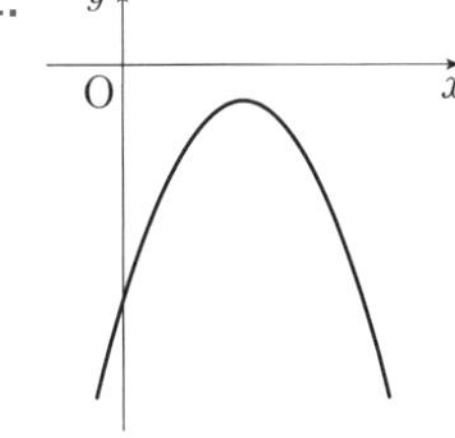

a□0, p□0, q□0

3. 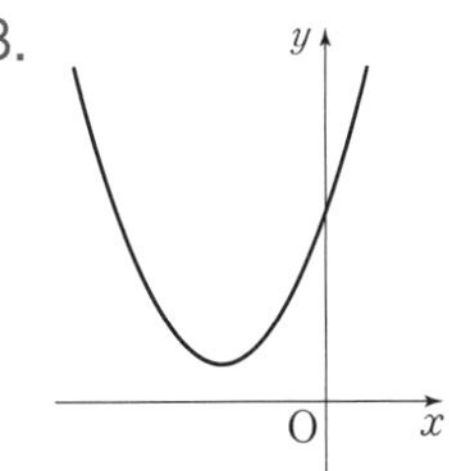

a□0, p□0, q□0

4. 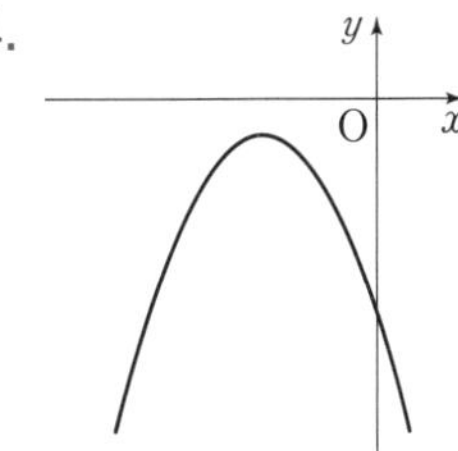

a□0, p□0, q□0

5. 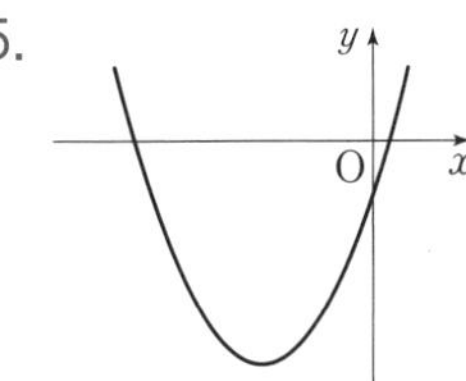

a□0, p□0, q□0

6. 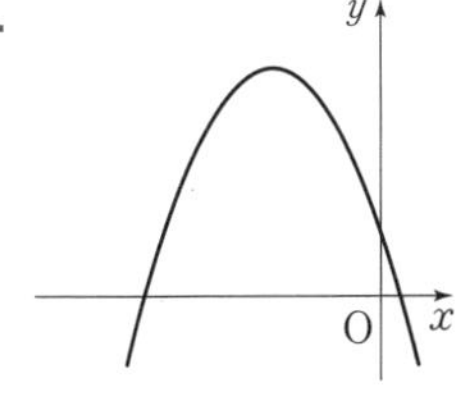

a□0, p□0, q□0

[1～2] 이차함수 $y=a(x-p)^2+q$의 그래프의 성질

1. 다음 중 이차함수 $y=-2(x-3)^2+6$의 그래프에서 x의 값이 증가할 때, y의 값은 감소하는 x의 값의 범위는?

① $x<3$　② $x>3$　③ $x>-3$
④ $x<-3$　⑤ $x<0$

적중률 100%

2. 다음 중 이차함수 $y=\frac{1}{3}(x-1)^2+4$의 그래프에 대한 설명으로 옳지 않은 것을 모두 고르면? (정답 2개)

① 축의 방정식은 $x=-1$이다.
② $y=\frac{1}{3}x^2$의 그래프를 x축의 방향으로 1만큼, y축의 방향으로 4만큼 평행이동한 것이다.
③ 그래프의 폭이 $y=3x^2$보다 넓다.
④ $x>1$일 때 x의 값이 증가하면 y의 값은 감소한다.
⑤ 꼭짓점의 좌표는 $(1, 4)$이다.

[3～4] $y=a(x-p)^2+q$ 꼴의 이차함수의 식

앗! 실수

3. 오른쪽 그림과 같은 포물선을 그래프로 하는 이차함수의 식을 $y=a(x-p)^2+q$의 꼴로 나타내어라.
(단, a, p, q는 상수)

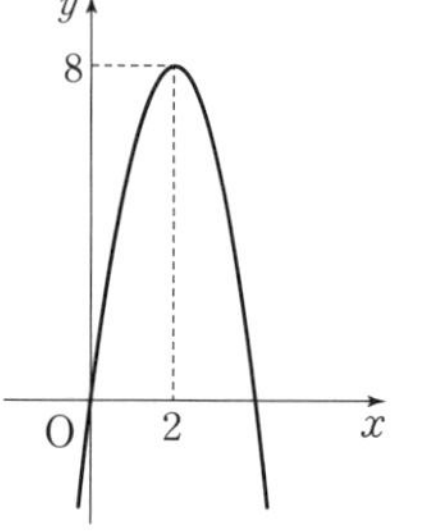

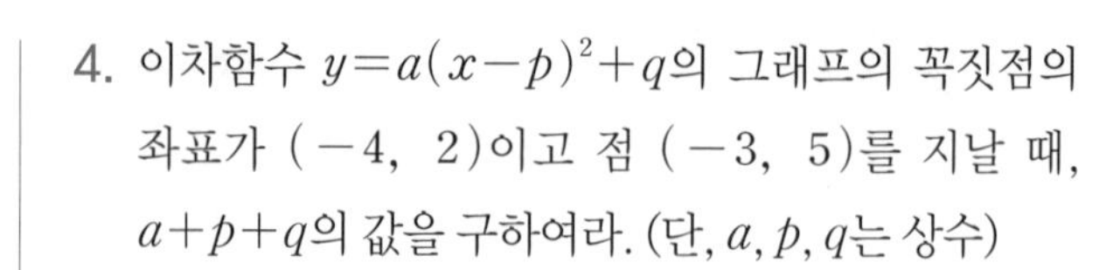

4. 이차함수 $y=a(x-p)^2+q$의 그래프의 꼭짓점의 좌표가 $(-4,\ 2)$이고 점 $(-3,\ 5)$를 지날 때, $a+p+q$의 값을 구하여라. (단, a, p, q는 상수)

적중률 80%

[5～6] 이차함수 $y=a(x-p)^2+q$의 그래프에서 a, p, q의 부호

앗! 실수

5. 이차함수 $y=a(x-p)^2+q$의 그래프가 오른쪽 그림과 같을 때, 상수 a, p, q의 부호는?

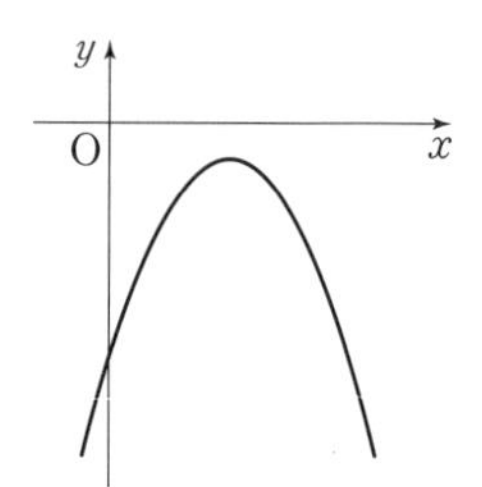

① $a<0, p<0, q>0$
② $a>0, p<0, q>0$
③ $a<0, p>0, q<0$
④ $a<0, p<0, q<0$
⑤ $a>0, p>0, q>0$

6. $a<0, p<0, q>0$일 때, 다음 중 이차함수 $y=a(x-p)^2+q$의 그래프로 적당한 것은?

①
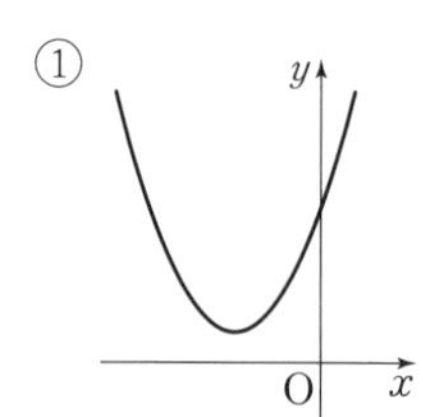

②
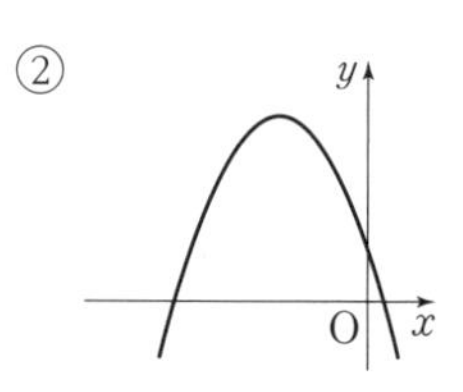

③
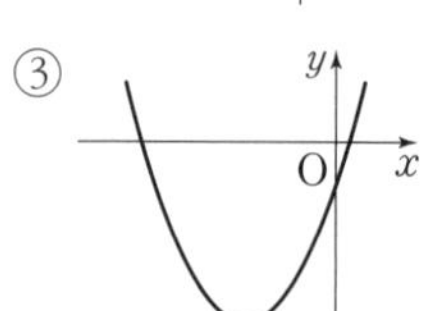

④
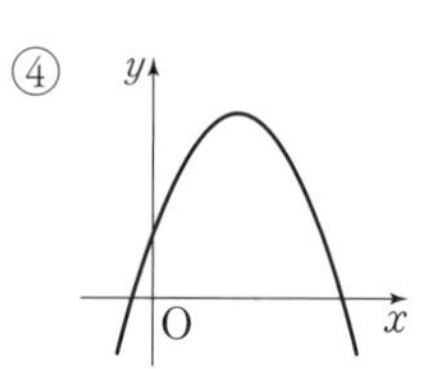

⑤
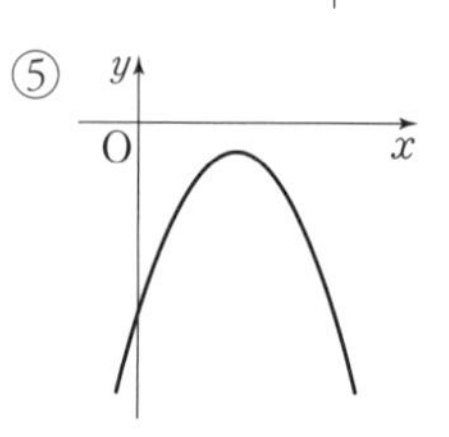

17 이차함수 $y=ax^2+bx+c$의 그래프의 꼭짓점의 좌표

● 이차함수 $y=ax^2+bx+c$의 그래프의 꼭짓점의 좌표와 축의 방정식

이차함수 $y=ax^2+bx+c$의 그래프는 $y=a(x-p)^2+q$의 꼴로 고친 후 a의 부호, 꼭짓점의 좌표, 축의 방정식을 구한다.

$$y=ax^2+bx+c \Rightarrow y=a\left(x+\frac{b}{2a}\right)^2-\frac{b^2-4ac}{4a}$$

① 꼭짓점의 좌표 : $\left(-\frac{b}{2a},\ -\frac{b^2-4ac}{4a}\right)$

② 축의 방정식 : $x=-\frac{b}{2a}$

$y=2x^2-4x+1$

$=2(x^2-2x)+1$ — 이차항의 계수 2로 일차항까지만 묶는다.

$=2(x^2-2x+1-1)+1$ — 괄호 안에서 완전제곱식이 되도록 상수항을 더하고 빼준다.

$=2(x-1)^2-2+1$ — -1이 괄호 밖으로 나오는데 괄호 앞의 2와 곱하여 나온다.

$=2(x-1)^2-1$

⇨ 꼭짓점의 좌표 : $(1,\ -1)$, 축의 방정식 : $x=1$

바빠 꿀팁!

$y=\frac{1}{3}x^2-4x+2$의 꼭짓점을 구해 보자.

이차항의 계수가 분수 $\frac{1}{3}$이므로 $\frac{1}{3}$로 묶으면 일차항의 계수는 분수의 분모, 분자를 바꾸어 일차항의 계수와 곱하면 돼.

$\frac{3}{1}\times(-4)=-12$이므로

$y=\frac{1}{3}(x^2-12x)+2$

$=\frac{1}{3}(x^2-12x+36-36)+2$

$=\frac{1}{3}(x-6)^2-10$

● 이차함수 $y=ax^2+bx+c$의 그래프의 축의 방정식이 주어졌을 때, 상수 구하기

$y=2x^2+px+5$의 그래프의 축의 방정식이 $x=-2$일 때, 상수 p의 값을 구해 보자.

$y=2\left(x^2+\frac{p}{2}x\right)+5=2\left(x^2+\frac{p}{2}x+\frac{p^2}{16}-\frac{p^2}{16}\right)+5$

$=2\left(x+\frac{p}{4}\right)^2-\frac{p^2}{8}+5$

축의 방정식이 $x=-2$이므로 $-\frac{p}{4}=-2$ $\quad\therefore p=8$

이차함수 $y=-x^2+4x+2$를 $y=a(x-p)^2+q$의 꼴로 나타낼 때, -1은 밖으로 꺼내어 $y=-(x^2-4x)+2$로 만들고 괄호 안을 완전제곱식으로 만들기 위해서 4가 필요한데 더해주기만 하면 식이 성립하지 않으므로 4를 더하고 다시 빼주는 거야.
따라서 $y=-(x^2-4x+4-4)+2=-(x-2)^2+4+2=-(x-2)^2+6$이야. 이때 괄호 안의 -4는 괄호 밖의 -1을 곱하여 밖으로 나와야 해. 이 과정이 가장 실수하기 쉬우니 주의해야 해.

이차함수 $y=ax^2+bx+c$를 $y=a(x-p)^2+q$ 꼴로 변형하기 1

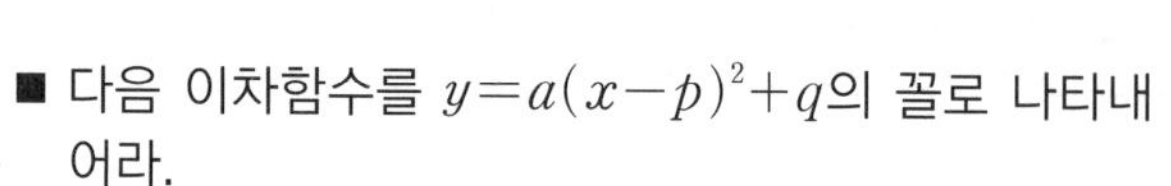

$y=-2x^2+8x+1$

$=-2(x^2-4x)+1$ — 이차항의 계수로 묶을 때는 상수항은 빼고

$=-2(x^2-4x+4-4)+1$ — 완전제곱식을 만들기 위해 4를 더하고 빼고

$=-2(x-2)^2+8+1$ — -4는 괄호 앞의 -2와 곱해서 괄호 밖으로

$=-2(x-2)^2+9$

■ 다음 이차함수를 $y=a(x-p)^2+q$의 꼴로 나타내어라.

1. $y=x^2+2x+3$

2. $y=x^2+4x-1$

3. $y=-x^2+6x-8$

Help -1로 묶을 때 상수항은 묶지 않는다.

4. $y=-x^2+12x-20$

앗실수

5. $y=2x^2+4x+1$

6. $y=-3x^2-18x-14$

7. $y=4x^2+16x+7$

8. $y=2x^2-16x+15$

이차함수 $y=ax^2+bx+c$를 $y=a(x-p)^2+q$ 꼴로 변형하기 2

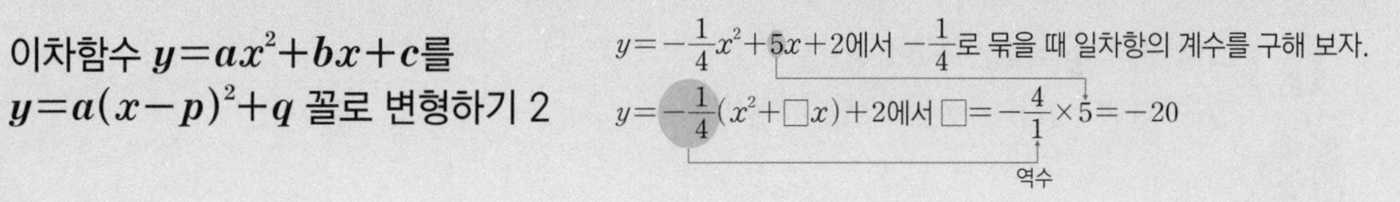

■ 다음 이차함수를 $y=a(x-p)^2+q$의 꼴로 나타내어라.

1. $y=\frac{1}{2}x^2-x+1$

Help $y=\frac{1}{2}(x^2+\square x)+1$에서 $\square=\frac{2}{1}\times(-1)$

2. $y=\frac{1}{3}x^2-2x-1$

Help $y=\frac{1}{3}(x^2+\square x)-1$에서 $\square=\frac{3}{1}\times(-2)$

3. $y=-\frac{1}{4}x^2+x+3$

4. $y=-\frac{1}{5}x^2+2x-2$

5. $y=-\frac{1}{2}x^2+3x-2$

6. $y=-\frac{1}{6}x^2-2x-4$

7. $y=\frac{1}{4}x^2-2x+7$

8. $y=-\frac{1}{3}x^2+6x-15$

이차함수 $y=ax^2+bx+c$를 $y=a(x-p)^2+q$ 꼴로 변형하기 3

$y=2x^2+3x+1$
$=2\left(x^2+\frac{3}{2}x\right)+1$ — 2로 묶으면 일차항의 계수는 $\frac{1}{2}\times3$
$=2\left(x^2+\frac{3}{2}x+\frac{9}{16}-\frac{9}{16}\right)+1$ — 일차항의 계수 $\frac{3}{2}$을 변형하여 $\left(\frac{3}{2}\div2\right)^2$을 더하고 빼야 돼.

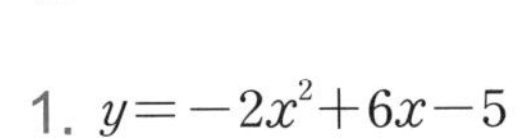

1. $y=-2x^2+6x-5$

Help $y=-2(x^2-3x)-5$에서 x^2-3x가 완전제곱식이 되기 위해서는 $(-3\div2)^2$을 더하고 빼준다.

2. $y=2x^2-10x+7$

3. $y=-3x^2+9x-8$

4. $y=5x^2+5x+2$

5. $y=3x^2+x+1$

Help $y=3\left(x^2+\frac{1}{3}x\right)+1$에서 $x^2+\frac{1}{3}x$가 완전제곱식이 되기 위해서는 $\left(\frac{1}{3}\div2\right)^2$을 더하고 빼준다.

6. $y=-5x^2+2x+1$

7. $y=2x^2-3x+2$

8. $y=-4x^2+2x-3$

이차함수 $y=ax^2+bx+c$의 꼭짓점의 좌표

$y=4x^2+ax+3$을 $y=a(x-p)^2+q$의 꼴로 변형해 보자.

$y=4\left(x^2+\frac{a}{4}x+\frac{a^2}{64}-\frac{a^2}{64}\right)+3 \leftarrow \left(\frac{a}{4}\times\frac{1}{2}\right)^2$을 더하고 빼.

$=4\left(x+\frac{a}{8}\right)^2-\frac{a^2}{16}+3$

■ 다음 이차함수의 그래프가 주어진 점을 지날 때, 이 그래프의 꼭짓점의 좌표를 구하여라. (단, a는 상수)

1. $y=x^2+ax-7$이 점 $(-1,\ -4)$를 지난다.

Help 점 $(-1,\ -4)$를 대입하여 a의 값을 먼저 구한다.

앗! 실수

2. $y=2x^2+ax-1$이 점 $(3,\ -7)$을 지난다.

3. $y=x^2+ax+1$이 점 $(1,\ 3)$을 지난다.

4. $y=-3x^2+ax+4$가 점 $(-2,\ -12)$를 지난다.

■ 다음 이차함수의 그래프의 꼭짓점의 좌표가 주어졌을 때, a, b의 값을 각각 구하여라. (단, b는 상수)

5. $y=x^2+4x+b$의 꼭짓점의 좌표가 $(a,\ -1)$이다.

Help $y=x^2+4x+4-4+b=(x+2)^2-4+b$

6. $y=x^2-6x+b$의 꼭짓점의 좌표가 $(a,\ 4)$이다.

7. $y=-2x^2+4x+b$의 꼭짓점의 좌표가 $(-a,\ 2)$이다.

앗! 실수

8. $y=5x^2-2x+b$의 꼭짓점의 좌표가 $\left(\frac{2}{5}a,\ \frac{4}{5}\right)$이다.

Help $y=5\left(x^2-\frac{2}{5}x+\frac{1}{25}-\frac{1}{25}\right)+b$

$=5\left(x-\frac{1}{5}\right)^2-\frac{1}{5}+b$

이차함수 $y=ax^2+bx+c$의 축의 방정식

$y=2x^2+px+5$의 그래프의 축의 방정식이 $x=1$일 때, 상수 p의 값을 구해 보자.

$y=2\left(x^2+\frac{p}{2}x+\frac{p^2}{16}-\frac{p^2}{16}\right)+5=2\left(x+\frac{p}{4}\right)^2-\frac{p^2}{8}+5$에서

축의 방정식이 $x=-\frac{p}{4}$이므로 $-\frac{p}{4}=1 \quad \therefore p=-4$

■ 다음 이차함수의 그래프의 축의 방정식을 구하여라.

1. $y=-2x^2+8x-3$

______

2. $y=3x^2+18x+2$

______

3. $y=5x^2+4x+3$

______

4. $y=-4x^2+2x+1$

______

■ 다음 이차함수의 그래프의 축의 방정식이 주어졌을 때, 상수 p의 값을 구하여라.

5. $y=-2x^2+px+3$의 그래프의 축의 방정식이 $x=-1$이다.

______

6. $y=3x^2-2px+4$의 그래프의 축의 방정식이 $x=4$이다.

______

7. $y=\frac{1}{4}x^2-px+5$의 그래프의 축의 방정식이 $x=-2$이다.

______

8. $y=\frac{1}{5}x^2+2px-2$의 그래프의 축의 방정식이 $x=3$이다.

______

적중률 100%

[1~2] $y=a(x-p)^2+q$ 꼴로 변형하기

1. 이차함수 $y=-2x^2-8x-5$를 $y=a(x-p)^2+q$의 꼴로 나타낼 때, 상수 a, p, q에 대하여 $a+p+q$의 값은?

① -2 ② -1 ③ 1
④ 3 ⑤ 5

2. 이차함수 $y=5x^2+4x$를 $y=a(x-p)^2+q$의 꼴로 나타낼 때, 상수 a, p, q에 대하여 apq의 값을 구하여라.

[3~4] 이차함수 $y=ax^2+bx+c$의 꼭짓점의 좌표

적중률 90%

3. 이차함수 $y=x^2+ax-2$의 그래프가 점 $(-1,\ 3)$을 지날 때, 이 그래프의 꼭짓점의 좌표는?

(단, a는 상수)

① $(2,\ -2)$ ② $(-2,\ -2)$ ③ $(2,\ -6)$
④ $(2,\ 6)$ ⑤ $(-2,\ -6)$

앗! 실수

4. 이차함수 $y=-x^2+6x+a$와 $y=\frac{1}{2}x^2-bx+\frac{3}{2}$의 그래프의 꼭짓점이 일치할 때, $a+b$의 값은?

(단, a, b는 상수)

① -12 ② -10 ③ -9
④ -5 ⑤ -3

[5~6] 이차함수 $y=ax^2+bx+c$의 축의 방정식

5. 이차함수 $y=2x^2-3x+1$의 그래프의 축의 방정식을 구하여라.

6. 이차함수 $y=-\frac{1}{6}x^2+px+2$의 그래프의 축의 방정식이 $x=-9$일 때, 상수 p의 값은?

① -7 ② -6 ③ -5
④ -4 ⑤ -3

18 이차함수 $y=ax^2+bx+c$의 그래프의 x축, y축과의 교점

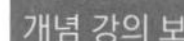

● 이차함수 $y=ax^2+bx+c$의 그래프의 x축, y축과의 교점

① x축과의 교점 : $y=0$일 때, x의 값을 구한다.

② y축과의 교점 : $x=0$일 때, y의 값을 구한다.

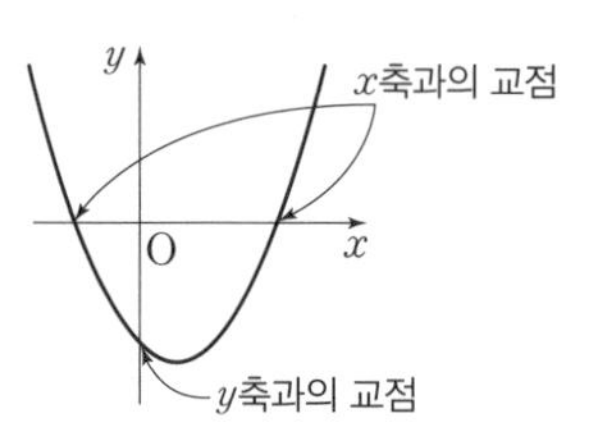

이차함수 $y=x^2-4x-5$의 그래프와 x축, y축과의 교점의 좌표를 구해 보자.

$y=0$을 대입하면 $x^2-4x-5=0$

$(x+1)(x-5)=0$

$\therefore x=-1$ 또는 $x=5$

따라서 x축과의 교점의 좌표는

$(-1,\ 0)$, $(5,\ 0)$이다.

$x=0$을 대입하면 $y=0^2-4\times0-5$

$\therefore y=-5$

따라서 y축과의 교점의 좌표는 $(0,\ -5)$이다.

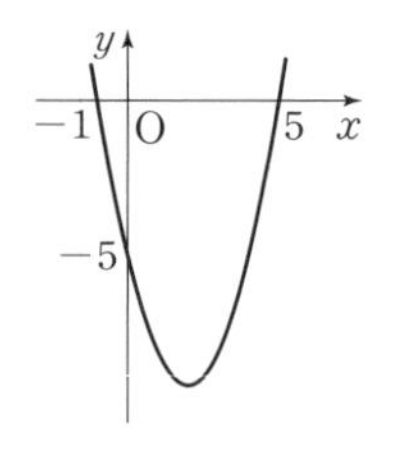

$y=ax^2+bx+c$의 그래프의 증가, 감소 또는 평행이동에 관한 문제는 $y=a(x-p)^2+q$의 꼴로 변형해야 풀 수 있어.

● 이차함수의 그래프가 x축과 만나는 두 점 사이의 거리

x축과 만나는 두 점 A, B 사이의 거리를 $\frac{1}{2}$하면 대칭축에서 점 A, B까지의 거리가 된다.

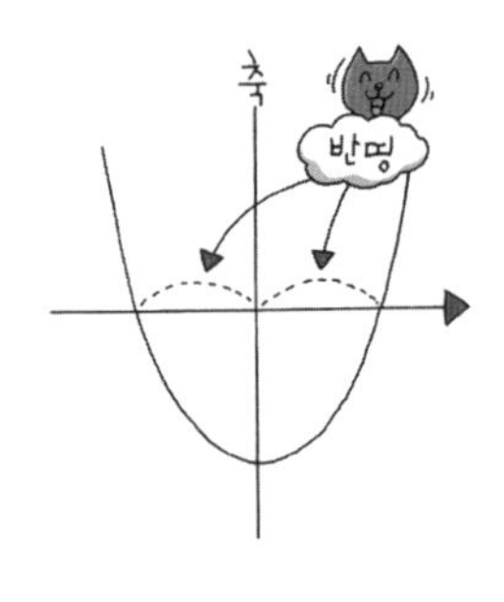

오른쪽 그림과 같이 이차함수 $y=x^2-2x+k$의 그래프와 x축과의 교점을 각각 A, B라 하면 $\overline{AB}=6$일 때, 상수 k의 값을 구해 보자.

$y=x^2-2x+k=x^2-2x+1-1+k$

$\quad=(x-1)^2-1+k$

축의 방정식이 $x=1$이고 $\overline{AB}=6$이므로

축에서 두 점 A, B까지의 거리는 3이다.

$\therefore$ A$(-2,\ 0)$, B$(4,\ 0)$

따라서 $y=x^2-2x+k$에 $x=-2$, $y=0$을 대입하면

$0=4+4+k \qquad \therefore k=-8$

이차함수 $y=ax^2+bx+c$에서 y축과의 교점의 좌표는 무조건 $(0,\ c)$야. 하지만 x축과의 교점이 언제나 있는 것은 아니야. 그래프의 모양에 따라 2개, 1개, 0개가 될 수 있어.

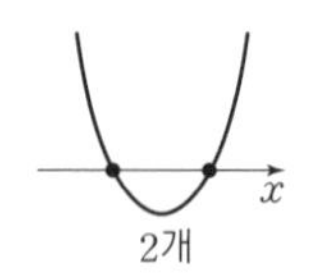

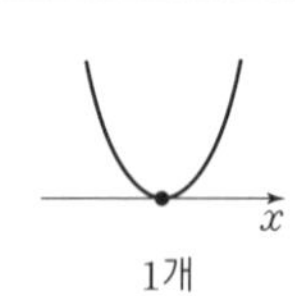

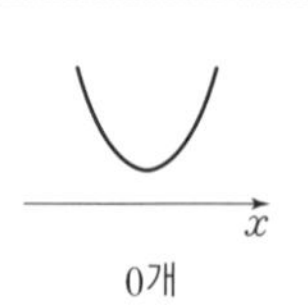

이차함수 $y=ax^2+bx+c$의 그래프의 증가 또는 감소하는 범위

이차함수 $y=ax^2+bx+c$를 $y=a(x-p)^2+q$로 변형하면
$a>0$이면 $x<p$일 때, x의 값이 증가하면 y의 값이 감소
$x>p$일 때, x의 값이 증가하면 y의 값이 증가
$a<0$이면 $x<p$일 때, x의 값이 증가하면 y의 값이 증가
$x>p$일 때, x의 값이 증가하면 y의 값이 감소

■ 다음 이차함수에서 x의 값이 증가할 때, y의 값도 증가하는 x의 값의 범위를 구하여라.

1. $y=x^2-2x-4$

2. $y=2x^2+10x+9$

앗! 실수

3. $y=-3x^2+4x+1$

4. $y=-5x^2+2x+1$

■ 다음 이차함수에서 x의 값이 증가할 때, y의 값이 감소하는 x의 값의 범위를 구하여라.

5. $y=-\frac{1}{2}x^2+x+4$

6. $y=\frac{1}{3}x^2-2x+2$

Help $y=\frac{1}{3}x^2-2x+2=\frac{1}{3}(x^2-6x)+2$

7. $y=-\frac{1}{4}x^2-3x+5$

8. $y=\frac{1}{5}x^2+4x+15$

이차함수 $y=ax^2+bx+c$의 그래프의 평행이동

$y=x^2-2x-3$의 그래프를 x축의 방향으로 3만큼, y축의 방향으로 -1만큼 평행이동한 그래프의 꼭짓점의 좌표를 구해 보자.
$y=x^2-2x-3=x^2-2x+1-1-3=(x-1)^2-4$
꼭짓점의 좌표는 $(1,\ -4)$이므로 꼭짓점의 좌표를 x축의 방향으로 3만큼, y축의 방향으로 -1만큼 평행이동하면 $(4,\ -5)$

■ 이차함수의 그래프를 다음과 같이 평행이동한 그래프의 꼭짓점의 좌표를 구하여라.

1. $y=x^2-2x-1$의 그래프를 x축의 방향으로 2만큼, y축의 방향으로 1만큼 평행이동

____

2. $y=2x^2-8x+1$의 그래프를 x축의 방향으로 -1만큼, y축의 방향으로 3만큼 평행이동

____

3. $y=-3x^2+18x-20$의 그래프를 x축의 방향으로 5만큼, y축의 방향으로 -2만큼 평행이동

____

4. $y=4x^2-20x+19$의 그래프를 x축의 방향으로 2만큼, y축의 방향으로 1만큼 평행이동

____

5. $y=3x^2-2x+1$의 그래프를 x축의 방향으로 1만큼, y축의 방향으로 -1만큼 평행이동

____

6. $y=2x^2+x+2$의 그래프를 x축의 방향으로 2만큼, y축의 방향으로 -2만큼 평행이동

____

7. $y=\frac{1}{10}x^2+x+2$의 그래프를 x축의 방향으로 3만큼, y축의 방향으로 1만큼 평행이동

____

8. $y=-\frac{1}{3}x^2-2x+4$의 그래프를 x축의 방향으로 1만큼, y축의 방향으로 -1만큼 평행이동

____

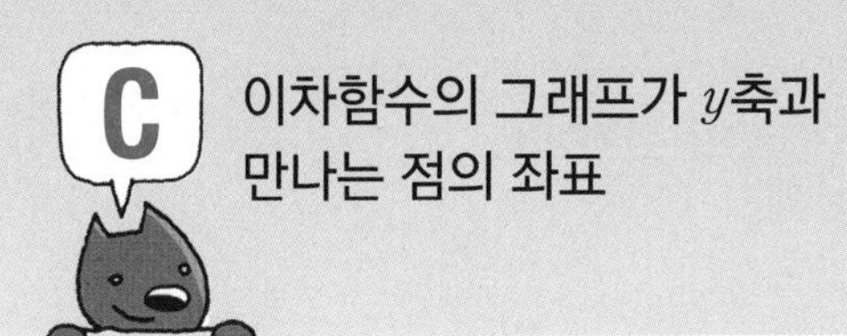

이차함수의 그래프가 y축과 만나는 점의 좌표

이차함수 $y=ax^2+bx+c$의 그래프가 y축과 만나는 점의 y좌표는 $x=0$을 대입하면 되므로 $y=c$
잊지 말자. 꼬~옥!

■ 다음 이차함수의 그래프가 y축과 만나는 점의 y좌표를 구하여라.

1. $y=2x^2+3x+1$

Help y축과 만나는 점의 y좌표는 $x=0$을 대입하여 구한다.

2. $y=x^2-4x-3$

3. $y=-4x^2+5x-9$

4. $y=10x^2-3x+12$

5. $y=2(x-1)^2+5$

Help y축과 만나는 점의 y좌표를 5라고 생각하지 않도록 한다. $x=0$을 대입하여 구한다.

6. $y=-3(x+2)^2-4$

7. $y=4(x-2)^2-11$

8. $y=-2(x+2)^2+9$

이차함수의 그래프가 x축과 만나는 점의 좌표

이차함수 $y=ax^2+bx+c$의 그래프가 x축과 만나는 점의 x좌표는 $y=0$을 대입하여 이차방정식을 풀면 돼.
잊지 말자. 꼬~옥!

■ 다음 이차함수의 그래프가 x축과 만나는 두 점의 x 좌표를 구하여라.

1. $y=x^2-4x-12$

______

Help $x^2-4x-12=0$

2. $y=x^2+7x+12$

______

3. $y=x^2-7x+10$

______

4. $y=x^2+3x-18$

______

5. $y=3x^2+5x+2$

______

6. $y=2x^2-7x+6$

______

7. $y=6x^2+11x-2$

______

8. $y=5x^2+12x-9$

______

이차함수의 그래프가 x축과 만나는 두 점 사이의 거리의 활용

이차함수 $y=x^2+2x+k$의 그래프와 x축과의 교점이 각각 A, B이고 $\overline{AB}=4$라 할 때, 상수 k의 값을 구해 보자.
$y=x^2+2x+k=(x+1)^2-1+k$의 축의 방정식이 $x=-1$이고 $\overline{AB}=4$이므로 축에서 두 점 A, B까지의 거리는 2인 거야. 즉, A$(-3,\ 0)$, B$(1,\ 0)$이고, 이 중 한 점을 대입하여 k의 값을 구하면 돼.

■ 다음 이차함수의 그래프와 x축과의 교점을 각각 A, B라 하자. 다음과 같이 $\overline{AB}$의 길이가 주어질 때, 상수 k의 값을 구하여라.

1. $y=x^2-4x+k$
$\overline{AB}=6$

Help 축에서 두 점 A, B까지의 거리는 3이다.

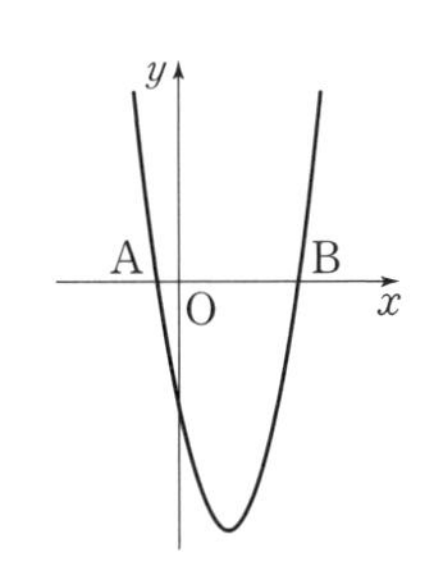

2. $y=-x^2+3x+k$
$\overline{AB}=5$

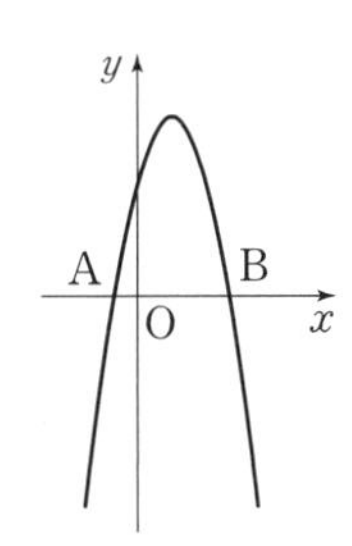

3. $y=x^2-6x+k$
$\overline{AB}=4$

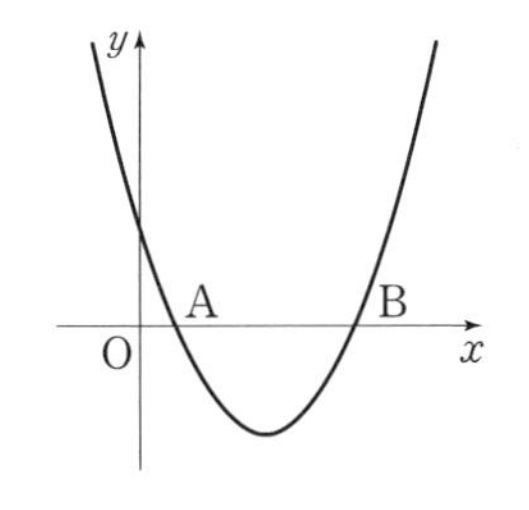

4. $y=-x^2+5x+k$
$\overline{AB}=1$

5. $y=x^2-8x+k$
$\overline{AB}=2$

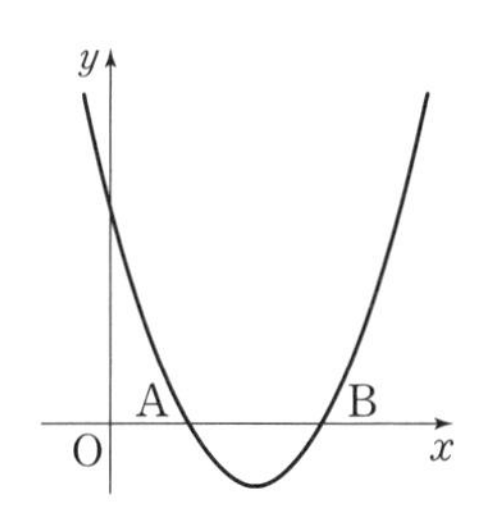

6. $y=-x^2+4x+k$
$\overline{AB}=8$

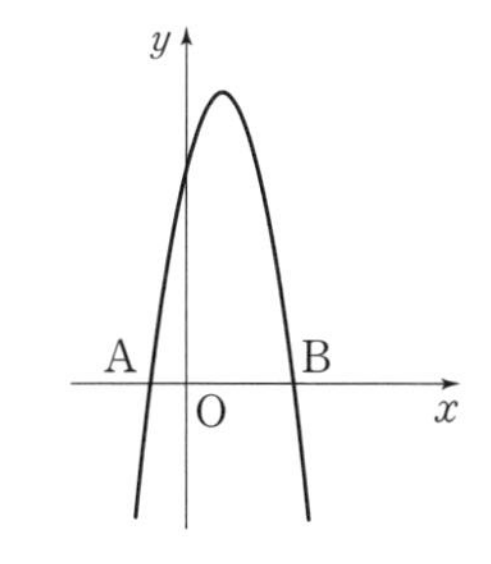

[1~3] 이차함수 $y=ax^2+bx+c$의 그래프

적중률 80%

1. 이차함수 $y=4x^2-16x+9$의 그래프에서 x의 값이 증가할 때, y의 값이 감소하는 x의 값의 범위는?

① $x<2$　② $x<3$　③ $x<4$
④ $x>4$　⑤ $x>2$

2. 이차함수 $y=2x^2-4x+10$의 그래프를 x축의 방향으로 -2만큼, y축의 방향으로 3만큼 평행이동한 그래프의 꼭짓점의 좌표를 구하여라.

앗! 실수 적중률 90%

3. 이차함수 $y=-x^2+8x-11$의 그래프를 x축의 방향으로 a만큼, y축의 방향으로 b만큼 평행이동하면 이차함수 $y=-x^2-2x+5$의 그래프와 일치한다. 이때 $a+b$의 값은?

① -5　② -4　③ -1
④ 2　⑤ 4

[4~6] 이차함수 $y=ax^2+bx+c$의 그래프의 x축, y축과의 교점

4. 이차함수 $y=x^2+3x-54$의 그래프와 x축과의 교점을 A, B라 할 때, 두 점 A, B 사이의 거리를 구하여라.

앗! 실수 적중률 90%

5. 이차함수 $y=4x^2+4x-3$의 그래프가 x축과 만나는 두 점의 x좌표가 p, q이고, y축과 만나는 점의 y좌표가 r일 때, $p+q+r$의 값은? (단, $p<q$)

① -8　② -5　③ -4
④ 1　⑤ 3

6. 오른쪽 그림과 같이 이차함수 $y=-x^2+ax-15$의 그래프가 점 $(2,\ -3)$을 지나고 x축과 두 점 A, B에서 만난다. $\overline{AB}$의 길이는?

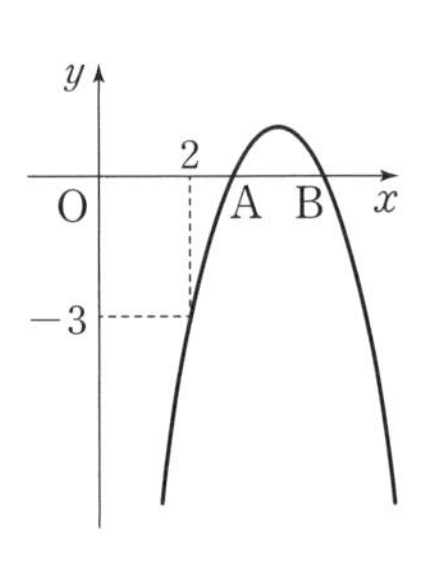

① 1　② 2
③ 3　④ 4
⑤ 5

19 이차함수 $y=ax^2+bx+c$의 그래프 그리기

개념 강의 보기

● 이차함수 $y=ax^2+bx+c$의 그래프 그리기

$y=ax^2+bx+c$에서

① $y=a(x-p)^2+q$ 꼴로 변형하여 꼭짓점의 좌표 (p, q)를 구한다.

② $a>0$이면 아래로 볼록, $a<0$이면 위로 볼록하다.

③ $x=0$을 대입하여 y축과의 교점을 구한다.

바빠 꿀팁!

• 이차함수의 그래프를 그릴 때는 꼭짓점의 좌표와 y축과의 교점을 구한 후, 그래프가 위로 볼록인지 아래로 볼록인지 알아내면 그릴 수 있지.

• 이차함수 $y=ax^2+bx+c$에서 b의 부호는 a의 부호와 대칭축의 위치를 알아야만 구할 수 있어.

● 이차함수 $y=ax^2+bx+c$의 그래프에서 a, b, c의 부호

① **a의 부호** : 그래프의 모양에 따라 결정된다.

- 아래로 볼록 ($\bigcup$) ⇨ $a>0$
- 위로 볼록 ($\bigcap$) ⇨ $a<0$

② **b의 부호** : 축의 위치에 따라 결정된다.

- 축이 y축의 왼쪽 ⇨ a와 b의 부호는 같다.
- 축이 y축 ⇨ $b=0$
- 축이 y축의 오른쪽 ⇨ a와 b의 부호는 다르다.

$y=ax^2+bx+c\,(a>0)$

a, b가 같은 부호　$b=0$　a, b가 다른 부호

③ **c의 부호** : y축과의 교점의 위치에 따라 결정된다.

- y축과의 교점이 x축보다 위쪽 ⇨ $c>0$
- y축과의 교점이 원점 ⇨ $c=0$
- y축과의 교점이 x축보다 아래쪽 ⇨ $c<0$

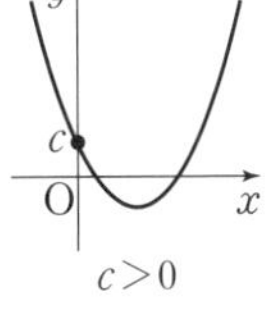

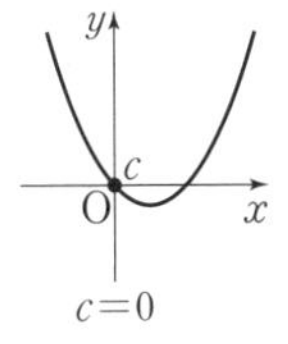

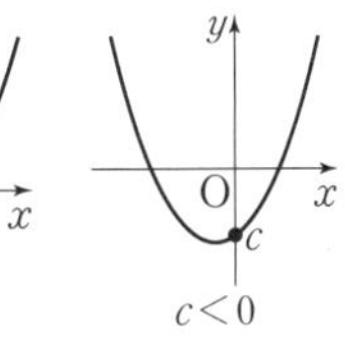

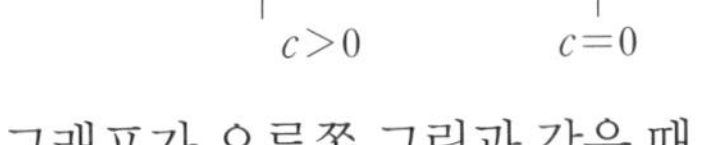

이차함수 $y=ax^2+bx+c$의 그래프가 오른쪽 그림과 같을 때

- 그래프의 모양 : 위로 볼록하므로 $a<0$
- 축의 위치 : y축의 오른쪽에 있으므로 a, b의 부호는 다르다.　　$\therefore b>0$
- y축과의 교점의 위치 : x축보다 아래쪽에 있으므로 $c<0$

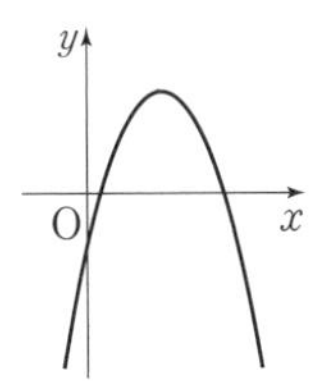

앗! 실수

이차함수의 부호 중 a, c의 부호는 바로 알 수 있는데 b의 부호는 실수하기 쉬워.

$y=ax^2+bx+c=a\left(x+\dfrac{b}{2a}\right)^2-\dfrac{b^2-4ac}{4a}$ 에서 축의 방정식이 $x=-\dfrac{b}{2a}$이므로

- 그래프의 축이 y축의 왼쪽에 있으면 $-\dfrac{b}{2a}<0$, 즉 $ab>0$이므로 a, b의 부호는 같아.
- 그래프의 축이 y축의 오른쪽에 있으면 $-\dfrac{b}{2a}>0$, 즉 $ab<0$이므로 a, b의 부호는 다른 거야.

이차함수 $y=ax^2+bx+c$의 그래프 그리기

$y=ax^2+bx+c$에서
- $y=a(x-p)^2+q$ 꼴로 변형 ⇨ 꼭짓점 $(p,\ q)$
- a의 부호 ⇨ 그래프의 모양을 결정
- c의 값 ⇨ y축과의 교점을 결정

잊지 말자. 꼬~옥!

■ 다음 이차함수의 그래프를 그려라.

1. $y=x^2-2x+3$

Help 꼭짓점의 좌표와 y축과의 교점을 구한다.

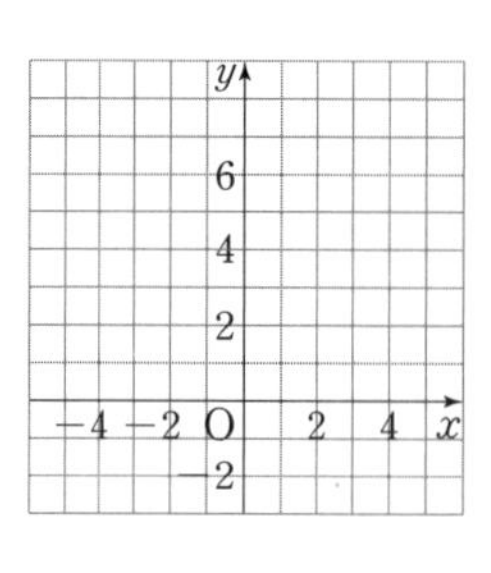

2. $y=-x^2+4x-2$

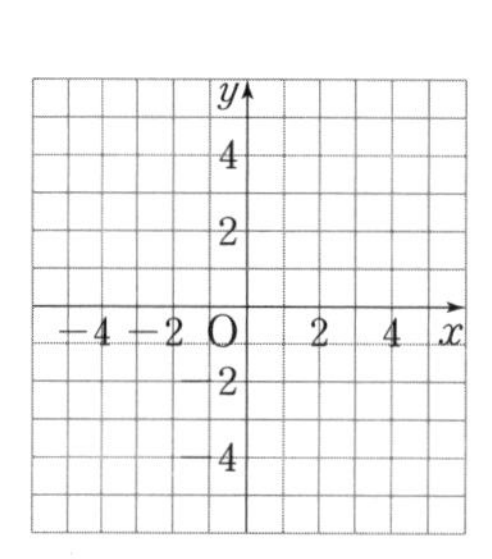

3. $y=-3x^2-6x-4$

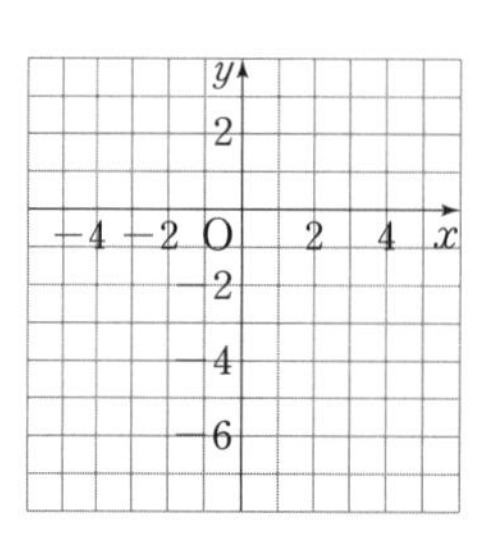

4. $y=\dfrac{1}{2}x^2+4x+3$

Help $y=\dfrac{1}{2}(x^2+8x)+3$

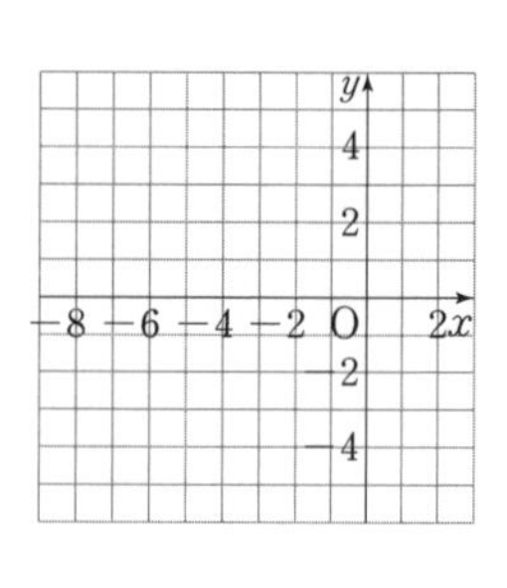

5. $y=\dfrac{1}{3}x^2-2x+1$

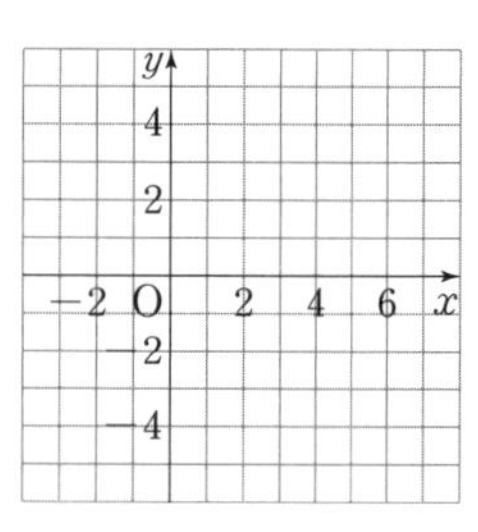

6. $y=-\dfrac{1}{4}x^2+3x-5$

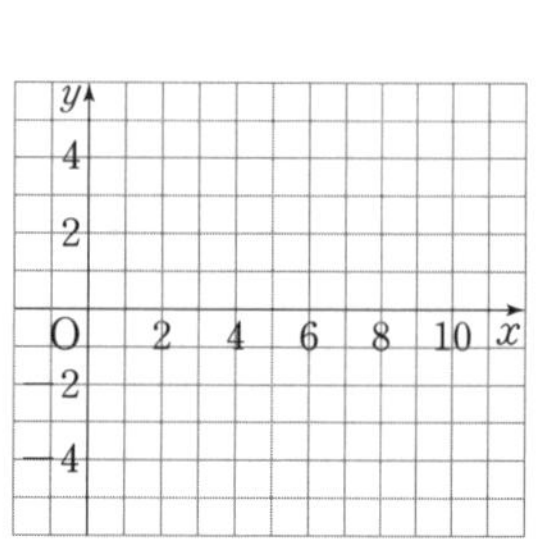

B 이차함수 $y=ax^2+bx+c$의 그래프의 성질

• 꼭짓점의 좌표와 축의 방정식 ⇨ $y=a(x-p)^2+q$로 변형
• x축과의 교점의 x좌표
⇨ $y=0$을 대입하여 얻은 이차방정식 $ax^2+bx+c=0$의 해
• 그래프가 지나는 사분면과 증가 또는 감소하는 범위
⇨ 그래프를 그린 후 축 $x=p$를 기준으로 생각하면 돼.

■ 이차함수 $y=2x^2+12x+10$의 그래프에 대한 설명으로 옳은 것은 ○를, 옳지 <u>않은</u> 것은 ×를 하여라.

1. x축과의 교점의 좌표는 $(-1,\ 0)$, $(-5,\ 0)$이다. ________

2. $x<-3$에서 x의 값이 증가할 때 y의 값도 증가한다. ________

3. 모든 사분면을 지난다. ________

4. x축과 만나는 두 점 사이의 거리는 4이다. ________

5. y축과 만나는 점의 y좌표는 10이다. ________

■ 이차함수 $y=-\frac{2}{3}x^2+4x-5$의 그래프에 대한 설명으로 옳은 것은 ○를, 옳지 <u>않은</u> 것은 ×를 하여라.

6. 꼭짓점의 좌표는 $(3,\ 1)$이다. ________

7. $x>3$일 때, x의 값이 증가하면 y의 값도 증가한다. ________

8. 제2사분면을 지나지 않는다. ________

9. 축의 방정식이 $x=-3$이다. ________

10. x축과 두 점에서 만난다. ________

이차함수 $y=ax^2+bx+c$의 그래프에서 삼각형의 넓이

$y=x^2-2x-3$의 그래프에서 x축과의 교점은
$x^2-2x-3=0$에서 $x=-1$ 또는 $x=3$
y축과의 교점은 $x=0$을 대입하면 $y=-3$
따라서 $\triangle ACB$의 넓이는 $\frac{1}{2}\times4\times3=6$

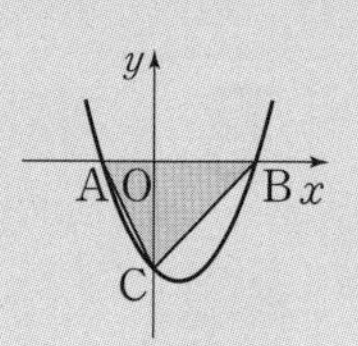

■ 다음 이차함수의 그래프가 x축과 두 점 A, B에서 만나고 y축과 만나는 점이 C일 때, $\triangle ACB$의 넓이를 구하여라.

1. $y=x^2+x-6$

____

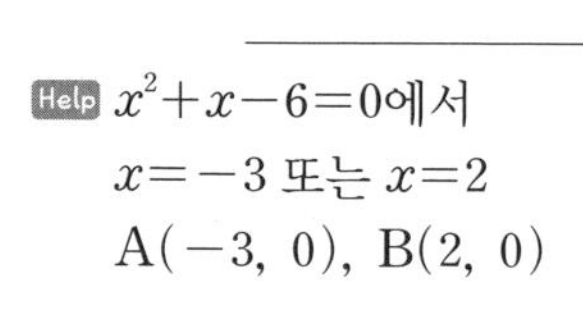
Help $x^2+x-6=0$에서
$x=-3$ 또는 $x=2$
$A(-3,\ 0),\ B(2,\ 0)$

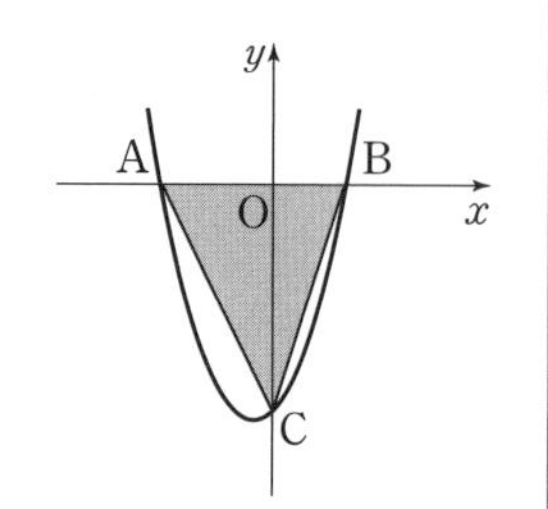

2. $y=-x^2-4x-3$

____

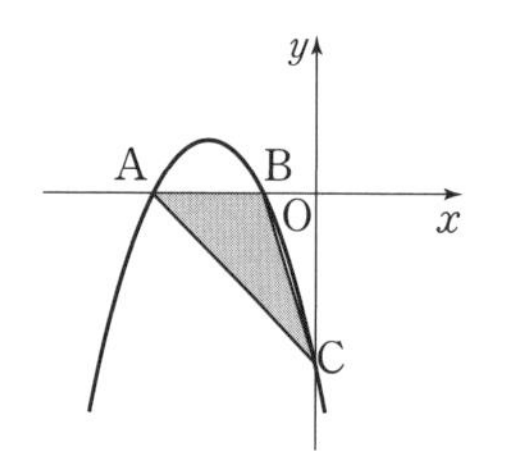

3. $y=\frac{1}{2}x^2-x-4$

____

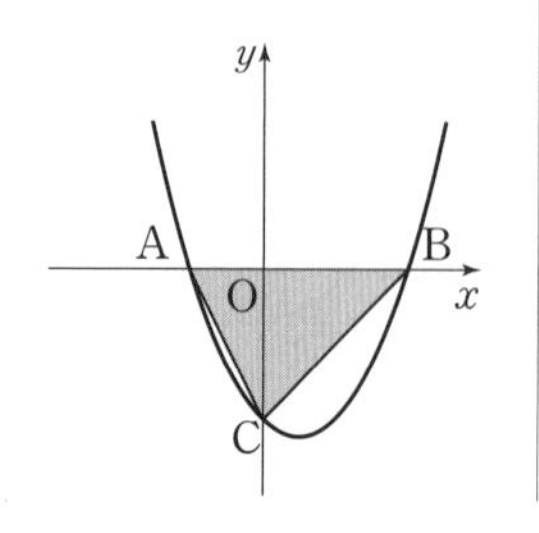

■ 다음 이차함수의 그래프가 x축과 두 점 A, B에서 만나고 꼭짓점이 C일 때, $\triangle ABC$ 또는 $\triangle ACB$의 넓이를 구하여라.

4. $y=-x^2+6x-5$

____

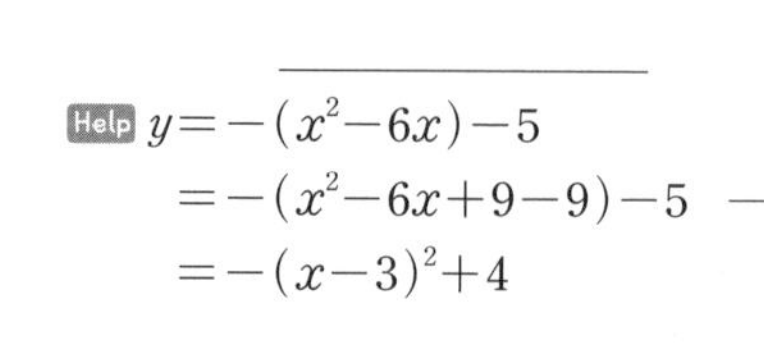
Help $y=-(x^2-6x)-5$
$=-(x^2-6x+9-9)-5$
$=-(x-3)^2+4$

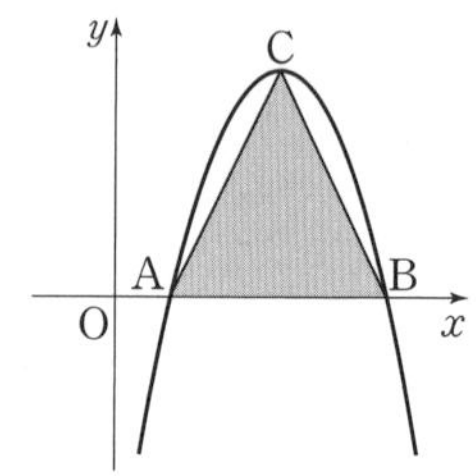

5. $y=x^2-4x-5$

____

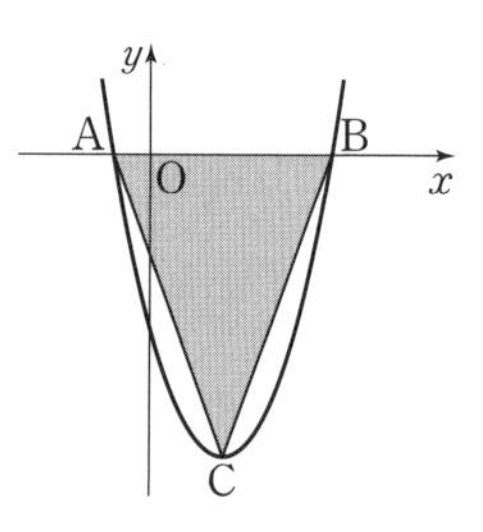

6. $y=-\frac{1}{4}x^2+x+3$

____

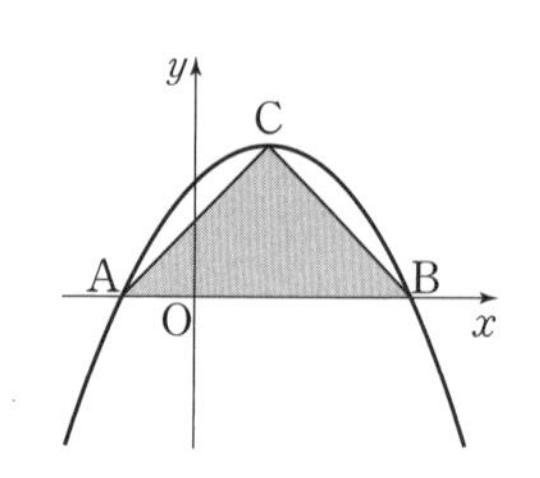

이차함수 $y=ax^2+bx+c$의 그래프에서 a, b, c의 부호

$y=ax^2+bx+c\,(a>0)$에서
b의 부호는 축의 위치에 따라 결정돼.
- 축이 y축의 왼쪽 ⇨ a, b가 같은 부호
- 축이 y축 ⇨ $b=0$
- 축이 y축의 오른쪽 ⇨ a, b가 다른 부호

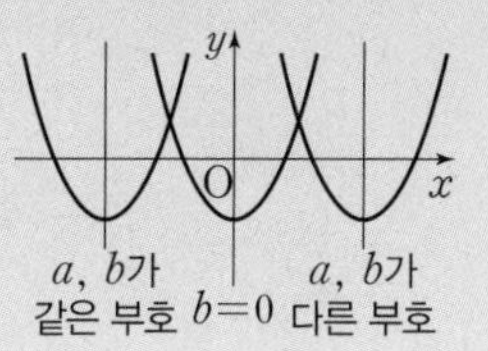

■ 이차함수 $y=ax^2+bx+c$의 그래프가 다음과 같을 때, 상수 a, b, c의 부호를 각각 구하여라.

1.

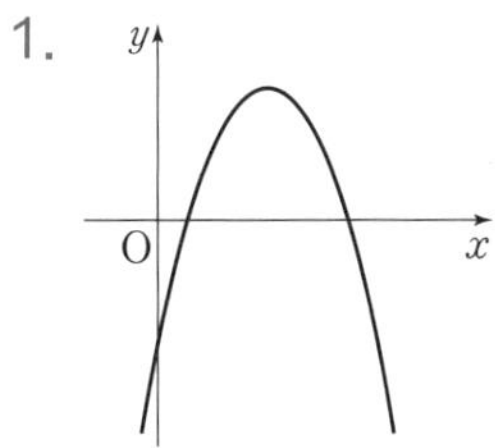

____

Help 위로 볼록하므로 $a<0$
축이 y축의 오른쪽에 있으므로 a와 b는 다른 부호이다.

2.

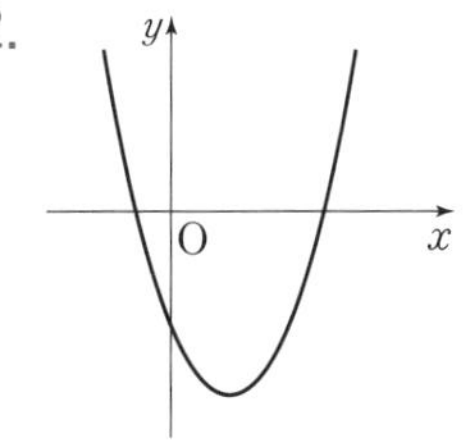

____

3.

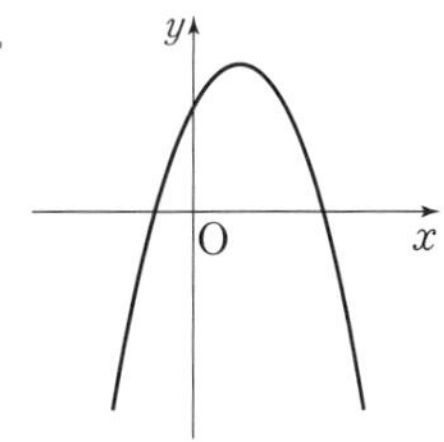

____

앗! 실수

4.

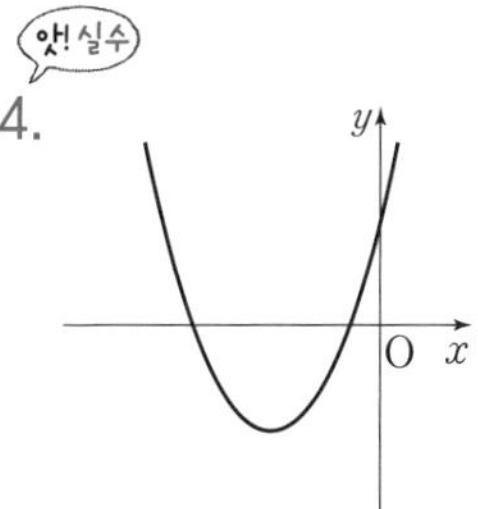

____

Help 아래로 볼록하므로 $a>0$
축이 y축의 왼쪽에 있으므로 a와 b는 같은 부호이다.

5.

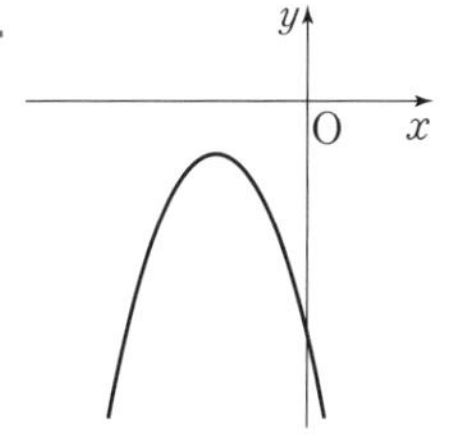

____

6.

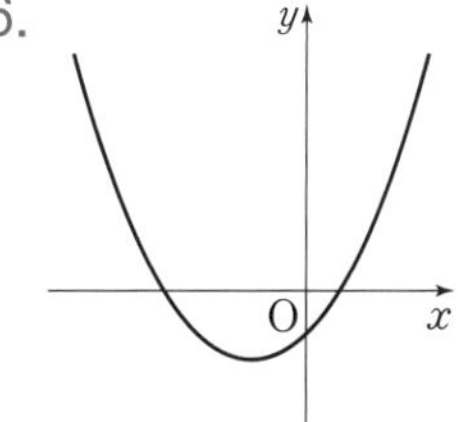

____

[1～4] 이차함수 $y=ax^2+bx+c$의 그래프 그리기

1. 다음 중 이차함수 $y=x^2-4x+1$의 그래프는?

①
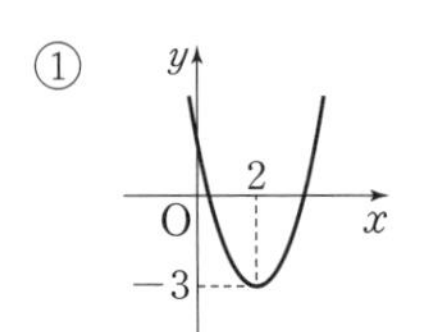

②
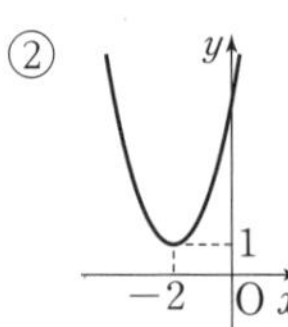

③
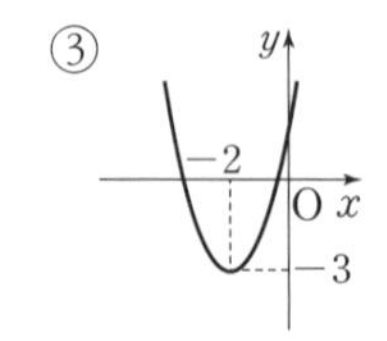

④
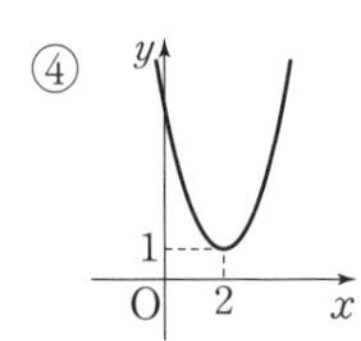

⑤
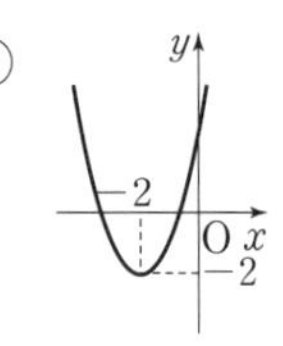

적중률 90%

2. 이차함수 $y=-\frac{1}{5}x^2+2x-3$의 그래프가 지나지 않는 사분면은?

① 제1사분면　　② 제2사분면

③ 제3사분면　　④ 제4사분면

⑤ 없다.

적중률 100%

3. 다음 중 이차함수 $y=3x^2-6x-24$의 그래프에 대한 설명으로 옳지 않은 것은?

① 꼭짓점의 좌표는 $(1,\ -27)$이다.

② y축과의 교점의 좌표는 $(0,\ -24)$이다.

③ x축과의 교점의 좌표는 $(-2,\ 0)$, $(4,\ 0)$이다.

④ 축의 방정식은 $x=-1$이다.

⑤ 모든 사분면을 지난다.

적중률 80%

4. 오른쪽 그림과 같이 이차함수 $y=x^2-3x-10$의 그래프와 x축의 교점을 각각 A, B, y축과 만나는 점의 좌표를 C라 할 때, △ACB의 넓이를 구하여라.

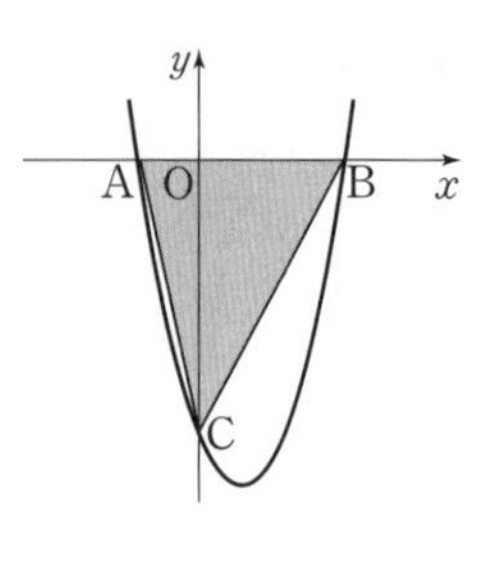

[5～6] 이차함수 $y=ax^2+bx+c$의 그래프에서 a, b, c의 부호

앗! 실수

5. 이차함수 $y=ax^2+bx+c$의 그래프가 오른쪽 그림과 같을 때, a, b, c의 부호는?

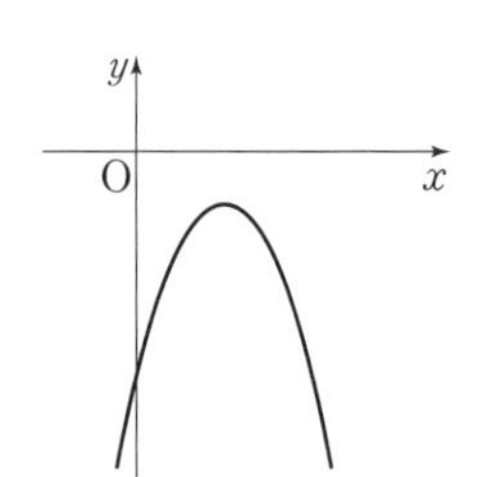

① $a<0$, $b>0$, $c>0$

② $a>0$, $b<0$, $c<0$

③ $a<0$, $b>0$, $c<0$

④ $a>0$, $b>0$, $c>0$

⑤ $a<0$, $b<0$, $c>0$

앗! 실수

6. $a>0$, $b<0$, $c>0$일 때, 이차함수 $y=ax^2+bx+c$의 그래프가 항상 지나지 않는 사분면을 말하여라.

20 이차함수의 식 구하기

이차함수의 식을 구할 때 다음과 같이 주어진 값에 따라 여러 가지 방법으로 구할 수 있다.

● **꼭짓점과 그래프 위의 다른 한 점의 좌표가 주어지는 경우**

이차함수의 그래프의 꼭짓점의 좌표가 (p, q)이고, 다른 한 점 (m, n)을 지날 때,

- 꼭짓점의 좌표가 (p, q)이므로 이차함수의 식을 $y=a(x-p)^2+q$로 놓는다.
- $y=a(x-p)^2+q$에 $x=m, y=n$을 대입하여 a의 값을 구한다.

● **축의 방정식과 그래프 위의 서로 다른 두 점의 좌표가 주어지는 경우**

이차함수의 그래프의 축의 방정식이 $x=p$이고, 서로 다른 두 점을 지날 때,

- 꼭짓점의 x좌표가 p이므로 $y=a(x-p)^2+q$로 놓는다.
- 두 점의 좌표를 대입하여 a, q의 값을 구한다.

● **x축과의 두 교점과 그래프 위의 다른 한 점의 좌표가 주어지는 경우**

이차함수의 그래프가 x축과 두 점 $(\alpha, 0)$, $(\beta, 0)$에서 만나고 다른 한 점을 지날 때,

- 이차함수의 식을 $y=a(x-\alpha)(x-\beta)$로 놓는다.
- 다른 한 점의 좌표를 대입하여 a의 값을 구한다.

● **y축과의 교점과 두 점이 주어지는 경우**

이차함수의 그래프가 y축과 점 $(0, k)$에서 만나고, 그래프 위의 서로 다른 두 점을 지날 때

- 이차함수의 식을 $y=ax^2+bx+k$로 놓는다.
- 두 점의 좌표를 대입하여 a, b의 값을 구한다.

이차함수의 식을 구할 때, 다음과 같이 두 가지로 놓을 수 있어.

- 꼭짓점의 좌표를 알면 ⇨ $y=a(x-p)^2+q$
- 꼭짓점의 좌표를 모르면 ⇨ $y=ax^2+bx+c$

이렇게 주어진 값에 따라 따로 놓아도 $y=a(x-p)^2+q$의 꼴은 전개하면 $y=ax^2+bx+c$의 꼴이 되므로 같은 거야.

- 이차함수의 식을 구할 때, 꼭짓점의 좌표가 $(5,\ 3)$이라면 식을 $y=(x-5)^2+3$으로 놓는 경우가 많아. 하지만 꼭짓점의 좌표가 같더라도 그래프의 폭은 다를 수 있으므로 반드시 $y=a(x-5)^2+3$으로 놓고 a의 값을 구해야 해.
- 꼭짓점과 그래프 위의 다른 한 점의 좌표가 주어질 때나 축의 방정식과 그래프 위의 서로 다른 두 점의 좌표가 주어질 때 이차함수의 식을 $y=a(x-p)^2+q$로 놓지 않고 $y=ax^2+bx+c$로 놓으면 이차함수의 식을 구할 수 없어.
따라서 위와 같이 4가지 경우에 대해서 이차함수를 어떤 모양으로 놓을지 외우는 것이 실수를 피할 수 있어.

꼭짓점과 다른 한 점을 알 때 이차함수의 식 구하기

꼭짓점과 다른 한 점이 주어질 때, 이차함수의 식을 구해 보자.
꼭짓점 $(2,\ 4)$와 다른 한 점 $(-1,\ -5)$가 주어질 때
$y=a(x-2)^2+4$에 점 $(-1,\ -5)$를 대입하면 $a=-1$
$\therefore\ y=-(x-2)^2+4$
아하! 그렇구나~

■ 다음과 같이 이차함수의 그래프의 꼭짓점과 다른 한 점이 주어졌을 때, 이차함수의 식을 $y=a(x-p)^2+q$의 꼴로 나타내어라.

1. 꼭짓점 $(1,\ 3)$과 다른 한 점 $(2,\ 5)$

2. 꼭짓점 $(-2,\ 2)$와 다른 한 점 $(-3,\ -2)$

3. 꼭짓점 $(7,\ 2)$와 다른 한 점 $(5,\ -10)$

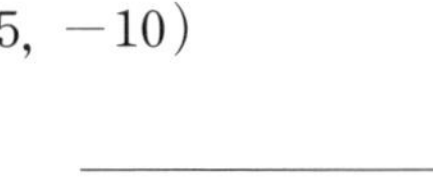

■ 다음과 같이 이차함수의 그래프가 주어졌을 때, 이차함수의 식을 $y=a(x-p)^2+q$의 꼴로 나타내어라.

4.

5.

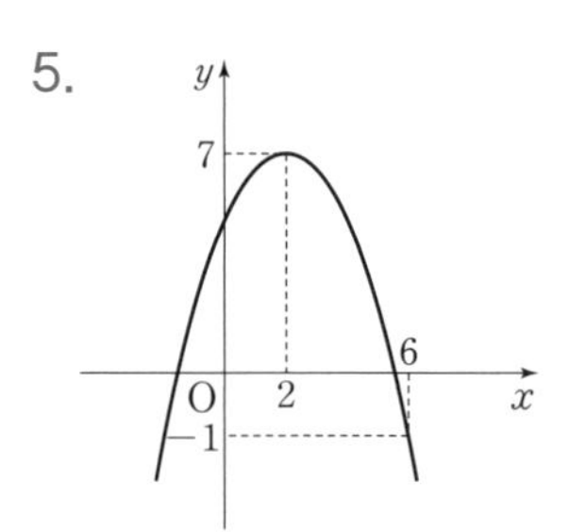

6.

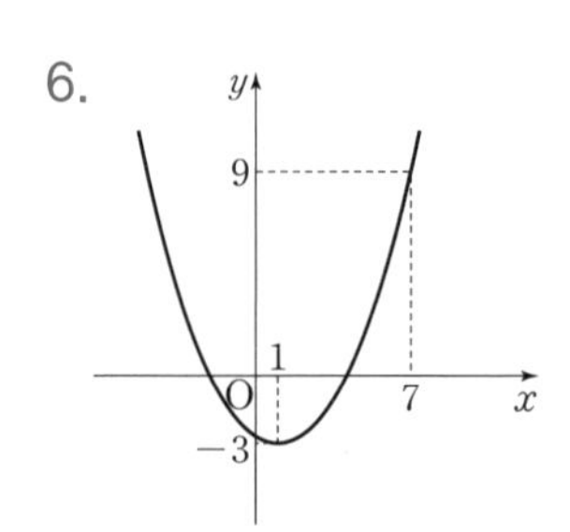

B 축의 방정식과 두 점을 알 때 이차함수의 식 구하기

축의 방정식이 $x=-1$이고, 두 점 $(0,\ -2)$, $(1,\ 4)$를 지나는 이차함수의 식을 구해 보자.
축의 방정식이 $x=-1$이므로 $y=a(x+1)^2+q$로 놓고 두 점 $(0,\ -2)$, $(1,\ 4)$를 대입하면 $a+q=-2$, $4a+q=4$
$\therefore a=2, q=-4 \quad \therefore y=2(x+1)^2-4$

■ 다음과 같이 이차함수의 그래프의 축의 방정식과 그래프 위의 두 점의 좌표가 주어졌을 때, 이차함수의 식을 $y=a(x-p)^2+q$의 꼴로 나타내어라.

앗! 실수

1. 축의 방정식 $x=1$, 두 점 $(0,\ 6)$, $(3,\ -3)$

2. 축의 방정식 $x=-2$, 두 점 $(0,\ 4)$, $(-5,\ -1)$

3. 축의 방정식 $x=3$, 두 점 $(0,\ -3)$, $(-1,\ 4)$

■ 다음과 같이 이차함수의 축과 그래프가 주어졌을 때, 이차함수의 식을 $y=a(x-p)^2+q$의 꼴로 나타내어라.

4.

5.

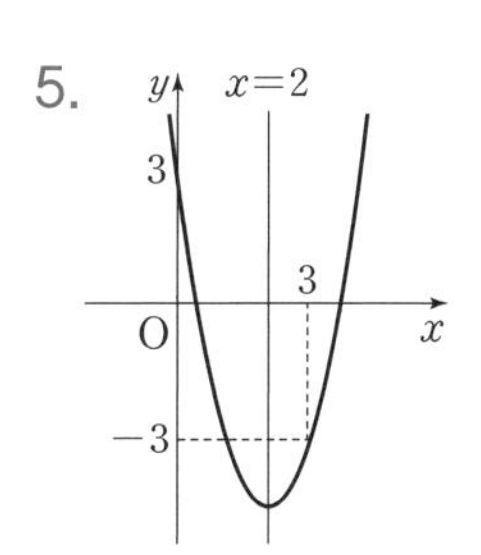

6.

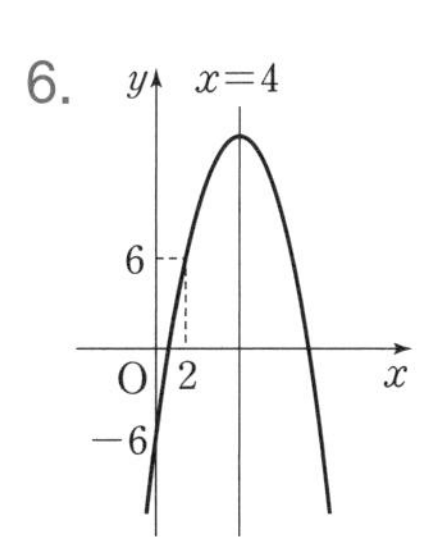

x축과의 두 교점과 다른 한 점을 알 때 이차함수의 식 구하기

x축과 만나는 점의 좌표가 $(-2,\ 0)$, $(1,\ 0)$이고 다른 한 점의 좌표가 $(-3,\ -4)$일 때, 이차함수의 식을 구해 보자.
x축과 만나는 점의 좌표가 $(-2,\ 0)$, $(1,\ 0)$이므로
$y=a(x+2)(x-1)$로 놓고 $x=-3$, $y=-4$를 대입하면 $a=-1$
$\therefore y=-x^2-x+2$

■ 다음과 같이 이차함수의 그래프가 x축과 만나는 두 점과 다른 한 점의 좌표가 주어졌을 때, 이차함수의 식을 $y=ax^2+bx+c$의 꼴로 나타내어라.

1. x축과 만나는 점 : $(1,\ 0)$, $(-5,\ 0)$
   다른 한 점 : $(-1,\ 16)$

2. x축과 만나는 점 : $(-3,\ 0)$, $(-4,\ 0)$
   다른 한 점 : $(-2,\ 6)$

3. x축과 만나는 점 : $(2,\ 0)$, $(6,\ 0)$
   다른 한 점 : $(3,\ 12)$

■ 다음과 같이 이차함수의 그래프가 주어졌을 때, 이차함수의 식을 $y=ax^2+bx+c$의 꼴로 나타내어라.

4.
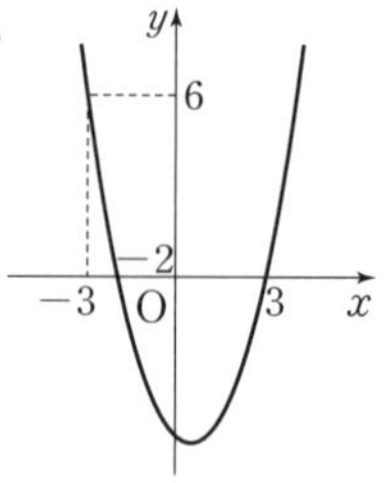

5.
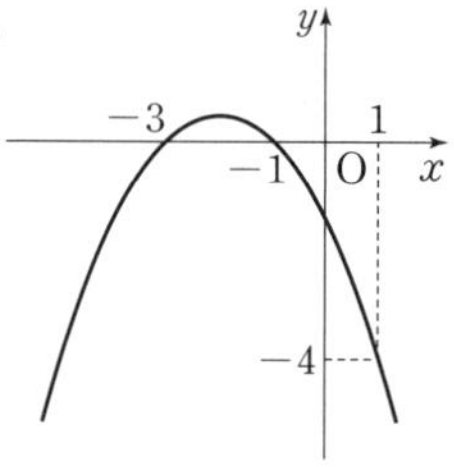

6.
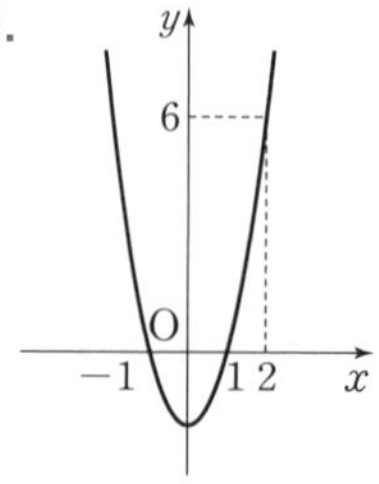

y축과의 교점과 두 점을 알 때 이차함수의 식 구하기

$(0,\ -4)$와 두 점 $(-2,\ -6)$, $(1,\ 3)$이 주어질 때, 이차함수의 식을 구해 보자.
y축과의 교점의 y좌표가 -4이므로
$y=ax^2+bx-4$에 두 점 $(-2,\ -6)$, $(1,\ 3)$을 대입하면
$4a-2b-4=-6$, $a+b-4=3$
따라서 $a=2$, $b=5$이므로 $y=2x^2+5x-4$

■ 다음과 같이 이차함수의 그래프가 지나는 y축과의 교점과 두 점이 주어졌을 때, 이차함수의 식을 $y=ax^2+bx+c$의 꼴로 나타내어라.

앗! 실수

1. $(0,\ 3)$, $(-1,\ 9)$, $(2,\ -3)$

____

Help y축과의 교점의 y좌표가 3이므로 $y=ax^2+bx+3$에 두 점 $(-1,\ 9)$, $(2,\ -3)$을 대입한다.

2. $(0,\ 1)$, $(-2,\ -9)$, $(-1,\ -3)$

____

3. $(0,\ 5)$, $(3,\ -10)$, $(-2,\ -15)$

____

4. $(0,\ 10)$, $(2,\ -4)$, $(3,\ -8)$

____

5. $(0,\ -4)$, $(1,\ -3)$, $(-1,\ 3)$

____

6. $(0,\ -2)$, $(1,\ -3)$, $(2,\ -12)$

____

[1～6] 이차함수의 식 구하기

적중률 90%

1. 꼭짓점의 좌표가 $(2,\ -3)$이고, y축과의 교점의 y좌표가 5인 포물선을 그래프로 하는 이차함수의 식을 $y=ax^2+bx+c$라 할 때, 상수 a, b, c에 대하여 $a+b+c$의 값은?

① -5　② -3　③ -1　④ 1　⑤ 5

적중률 80%

2. 꼭짓점의 좌표가 $(1,\ 5)$이고, 점 $(2,\ 0)$을 지나는 포물선이 y축과 만나는 점의 y좌표는?

① -2　② -1　③ 0　④ 1　⑤ 2

앗! 실수

3. 오른쪽 그림과 같이 $x=2$를 축으로 하는 이차함수의 그래프를 평행이동하면 함수 $y=-3x^2$의 그래프와 완전히 포개어진다. 이 그래프의 꼭짓점의 좌표를 구하여라.

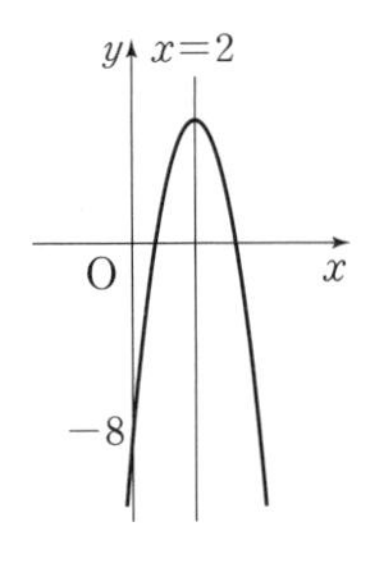

4. x축과 두 점 $(-3,\ 0)$, $(1,\ 0)$에서 만나고 점 $(0,\ 6)$을 지나는 포물선의 꼭짓점의 좌표는?

① $(-1,\ 8)$　② $(2,\ 6)$　③ $(2,\ 8)$　④ $(-1,\ 6)$　⑤ $(-2,\ -5)$

5. 오른쪽 그림과 같은 이차함수의 그래프의 꼭짓점의 좌표는?

y
8
-5　O　1　3　x

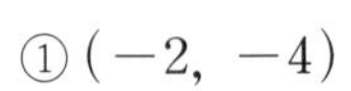
① $(-2,\ -4)$

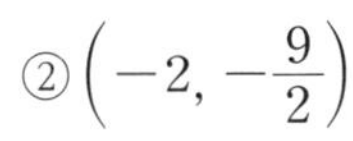
② $\left(-2,\ -\frac{9}{2}\right)$

③ $(-2,\ -5)$

④ $\left(-2,\ -\frac{11}{2}\right)$

⑤ $(-2,\ -6)$

6. 이차함수 $y=ax^2+bx+c$의 그래프가 y축과의 교점 $(0,\ 3)$과 두 점 $(-2,\ 5)$, $(1,\ 5)$를 지날 때, 상수 a, b, c에 대하여 $a-b+c$의 값을 구하여라.

허세 없는 기본 문제집

바쁜 중3을 위한 빠른 중학연산

스쿨피아 연구소
임미연 지음

정답 및 해설

이지스에듀

바쁘니까
'바빠 중학연산' 이다~

01 이차방정식의 뜻과 해

A 이차방정식의 뜻 13쪽

1 × 2 × 3 ○ 4 ×
5 ○ 6 ○ 7 ○ 8 ×
9 ○ 10 ×

B 이차방정식이 되는 조건 14쪽

1 $a\neq0$ 2 $a\neq0$ 3 $a\neq0$ 4 $a\neq1$
5 $a\neq-5$ 6 $a\neq-1$ 7 $a\neq3$ 8 $a\neq-2$
9 $a\neq2$ 10 $a\neq\frac{1}{7}$

C 이차방정식의 해 15쪽

1 ○ 2 × 3 × 4 ○
5 ○ 6 ○ 7 × 8 ×
9 ○ 10 ○

1 $x^2-1=0$에 $x=1$을 대입하면 $1^2-1=0$이 성립하므로 $x=1$은 해이다.
2 $2x^2+x+1=0$에 $x=-1$을 대입하면 $2\times(-1)^2+(-1)+1=2\neq0$이므로 $x=-1$은 해가 아니다.
5 $3x^2-2x-1=0$에 $x=1$을 대입하면 $3\times1^2-2\times1-1=0$이 성립하므로 $x=1$은 해이다.
7 $(x+5)(3x-2)=0$에 $x=3$을 대입하면 $(3+5)(9-2)=56\neq0$이므로 $x=3$은 해가 아니다.

D 이차방정식의 한 근이 주어질 때 미지수의 값 구하기 16쪽

1 -2 2 -6 3 4 4 16
5 $a=-2$, $b=9$ 6 $a=-1$, $b=5$
7 $a=-2$, $b=-1$ 8 $a=-3$, $b=-10$

1 이차방정식 $x^2+ax+1=0$의 한 근이 $x=1$이므로 x에 대입하면 $1^2+a\times1+1=0$ $\therefore a=-2$
3 이차방정식 $ax^2+x-3=0$의 한 근이 $x=-1$이므로 x에 대입하면 $a\times(-1)^2+(-1)-3=0$ $\therefore a=4$
5 이차방정식 $3x^2+ax-8=0$의 한 근이 $x=2$이므로 x에 대입하면 $3\times2^2+a\times2-8=0$
$2a=-4$ $\therefore a=-2$
이차방정식 $-2x^2+7x+b=0$의 한 근이 $x=-1$이므로 x에 대입하면 $-2\times(-1)^2+7\times(-1)+b=0$ $\therefore b=9$
7 이차방정식 $-x^2+ax+3=0$의 한 근이 $x=-3$이므로 x에 대입하면 $-(-3)^2+a\times(-3)+3=0$
$-3a=6$ $\therefore a=-2$
이차방정식 $bx^2-2x+3=0$의 한 근이 $x=-3$이므로 x에 대입하면 $b\times(-3)^2-2\times(-3)+3=0$
$9b=-9$ $\therefore b=-1$

E 이차방정식의 한 근이 문자로 주어질 때 식의 값 구하기 17쪽

1 -3 2 -1 3 3 4 4
5 -6 6 3 7 -2 8 -10
9 5 10 9

1 $x^2+x-2=0$에 $x=a$를 대입하면 $a^2+a-2=0$이므로
$a^2+a=2$
$\therefore a^2+a-5=2-5=-3$
2 $x^2-4x-5=0$에 $x=a$를 대입하면 $a^2-4a-5=0$이므로
$a^2-4a=5$
$\therefore a^2-4a-6=5-6=-1$
3 $x^2-6x+7=0$에 $x=a$를 대입하면 $a^2-6a+7=0$이므로
$a^2-6a=-7$
$\therefore a^2-6a+10=-7+10=3$
4 $-3x^2+x+1=0$에 $x=a$를 대입하면 $-3a^2+a+1=0$이므로 $-3a^2+a=-1$
$\therefore -3a^2+a+5=-1+5=4$
5 $6x^2-5x-4=0$에 $x=a$를 대입하면 $6a^2-5a-4=0$이므로 $6a^2-5a=4$
$\therefore 6a^2-5a-10=4-10=-6$
6 $x^2-3x+1=0$에 $x=a$를 대입하면 $a^2-3a+1=0$이므로
양변을 a로 나누면
$a-3+\frac{1}{a}=0$ $\therefore a+\frac{1}{a}=3$
7 $x^2+2x-1=0$에 $x=a$를 대입하면 $a^2+2a-1=0$이므로
양변을 a로 나누면
$a+2-\frac{1}{a}=0$ $\therefore a-\frac{1}{a}=-2$
8 $x^2+10x-2=0$에 $x=a$를 대입하면 $a^2+10a-2=0$이므로
양변을 a로 나누면
$a+10-\frac{2}{a}=0$ $\therefore a-\frac{2}{a}=-10$
9 $x^2-5x+3=0$에 $x=a$를 대입하면 $a^2-5a+3=0$이므로
양변을 a로 나누면
$a-5+\frac{3}{a}=0$ $\therefore a+\frac{3}{a}=5$
10 $x^2-9x+5=0$에 $x=a$를 대입하면 $a^2-9a+5=0$이므로
양변을 a로 나누면
$a-9+\frac{5}{a}=0$ $\therefore a+\frac{5}{a}=9$

거저먹는 시험 문제 18쪽

1 ② 2 ④ 3 ③ 4 -2
5 ② 6 ⑤

1 ② $(2x+1)(x-4)=2x^2$에서 $2x^2-7x-4=2x^2$이므로
$-7x-4=0$
따라서 이차방정식이 아니다.

2 $ax^2-3=(4x+2)(x-1)$에서 $ax^2-3=4x^2-2x-2$이므로 이차방정식이 되기 위해서는 $a\neq4$이어야 한다.

4 $3x^2+ax-2a-5=0$의 한 근이 $x=1$이므로
$3\times1^2+a\times1-2a-5=0$
$-a=2 \quad \therefore a=-2$

5 $x=-1$이 이차방정식 $-4x^2+x+a=0$의 한 근이므로 대입하면 $a=5$
$x=-1$이 이차방정식 $x^2+bx-10=0$의 한 근이므로 대입하면 $b=-9$
$\therefore a+b=-4$

6 a, b가 이차방정식 $x^2-7x+5=0$의 두 근이므로 대입하면
$a^2-7a=-5$, $b^2-7b=-5$
$\therefore (a^2-7a+6)(b^2-7b+1)+9=(-5+6)(-5+1)+9$
$=5$

02 인수분해를 이용한 이차방정식의 풀이

A $AB=0$의 성질을 이용한 이차방정식의 풀이 20쪽

1 $x=0$ 또는 $x=1$
2 $x=-1$ 또는 $x=1$
3 $x=-5$ 또는 $x=3$
4 $x=-8$ 또는 $x=-2$
5 $x=-7$ 또는 $x=10$
6 $x=-\frac{1}{3}$ 또는 $x=\frac{1}{2}$
7 $x=\frac{1}{2}$ 또는 $x=2$
8 $x=\frac{1}{5}$ 또는 $x=3$
9 $x=-\frac{1}{2}$ 또는 $x=-\frac{1}{4}$
10 $x=-6$ 또는 $x=5$

B 인수분해를 이용한 이차방정식의 풀이 1 21쪽

1 $x=0$ 또는 $x=-2$
2 $x=0$ 또는 $x=5$
3 $x=0$ 또는 $x=-\frac{1}{2}$
4 $x=0$ 또는 $x=9$
5 $x=0$ 또는 $x=-3$
6 $x=0$ 또는 $x=\frac{1}{2}$
7 $x=0$ 또는 $x=-3$
8 $x=0$ 또는 $x=\frac{3}{2}$
9 $x=0$ 또는 $x=2$
10 $x=0$ 또는 $x=-4$

1 $x^2+2x=0$에서 $x(x+2)=0$
$\therefore x=0$ 또는 $x=-2$

2 $x^2-5x=0$에서 $x(x-5)=0$
$\therefore x=0$ 또는 $x=5$

3 $x^2+\frac{1}{2}x=0$에서 $x\left(x+\frac{1}{2}\right)=0$
$\therefore x=0$ 또는 $x=-\frac{1}{2}$

4 $-x^2+9x=0$에서 $-x(x-9)=0$
$\therefore x=0$ 또는 $x=9$

5 $-x^2-3x=0$에서 $-x(x+3)=0$
$\therefore x=0$ 또는 $x=-3$

6 $4x^2-2x=0$에서 $2x(2x-1)=0$
$\therefore x=0$ 또는 $x=\frac{1}{2}$

7 $3x^2+9x=0$에서 $3x(x+3)=0$
$\therefore x=0$ 또는 $x=-3$

8 $2x^2-3x=0$에서 $x(2x-3)=0$
$\therefore x=0$ 또는 $x=\frac{3}{2}$

9 $5x^2=10x$, $5x^2-10x=0$에서 $5x(x-2)=0$
$\therefore x=0$ 또는 $x=2$

10 $16x=-4x^2$, $4x^2+16x=0$에서 $4x(x+4)=0$
$\therefore x=0$ 또는 $x=-4$

C 인수분해를 이용한 이차방정식의 풀이 2 22쪽

1 $x=-1$ 또는 $x=1$
2 $x=-4$ 또는 $x=4$
3 $x=-\frac{1}{2}$ 또는 $x=\frac{1}{2}$
4 $x=-\frac{1}{5}$ 또는 $x=\frac{1}{5}$
5 $x=-\frac{1}{3}$ 또는 $x=\frac{1}{3}$
6 $x=-\frac{3}{2}$ 또는 $x=\frac{3}{2}$
7 $x=-\frac{5}{4}$ 또는 $x=\frac{5}{4}$
8 $x=-\frac{7}{6}$ 또는 $x=\frac{7}{6}$
9 $x=-\frac{2}{7}$ 또는 $x=\frac{2}{7}$
10 $x=-\frac{5}{9}$ 또는 $x=\frac{5}{9}$

1 $x^2-1=0$에서 $x^2-1^2=0$
$(x+1)(x-1)=0$
$\therefore x=-1$ 또는 $x=1$

2 $x^2-16=0$에서 $x^2-4^2=0$
$(x+4)(x-4)=0$
$\therefore x=-4$ 또는 $x=4$

3 $x^2-\frac{1}{4}=0$에서 $x^2-\left(\frac{1}{2}\right)^2=0$
$\left(x+\frac{1}{2}\right)\left(x-\frac{1}{2}\right)=0$
$\therefore x=-\frac{1}{2}$ 또는 $x=\frac{1}{2}$

4 $25x^2=1$, $25x^2-1=0$에서 $(5x)^2-1^2=0$
$(5x+1)(5x-1)=0$
$\therefore x=-\frac{1}{5}$ 또는 $x=\frac{1}{5}$
5 $9x^2=1$, $9x^2-1=0$에서 $(3x)^2-1^2=0$
$(3x+1)(3x-1)=0$
$\therefore x=-\frac{1}{3}$ 또는 $x=\frac{1}{3}$
6 $4x^2-9=0$에서 $(2x)^2-3^2=0$
$(2x+3)(2x-3)=0$
$\therefore x=-\frac{3}{2}$ 또는 $x=\frac{3}{2}$
7 $16x^2-25=0$에서 $(4x)^2-5^2=0$
$(4x+5)(4x-5)=0$
$\therefore x=-\frac{5}{4}$ 또는 $x=\frac{5}{4}$
8 $36x^2-49=0$에서 $(6x)^2-7^2=0$
$(6x+7)(6x-7)=0$
$\therefore x=-\frac{7}{6}$ 또는 $x=\frac{7}{6}$
9 $49x^2=4$, $49x^2-4=0$에서 $(7x)^2-2^2=0$
$(7x+2)(7x-2)=0$
$\therefore x=-\frac{2}{7}$ 또는 $x=\frac{2}{7}$
10 $81x^2=25$, $81x^2-25=0$에서 $(9x)^2-5^2=0$
$(9x+5)(9x-5)=0$
$\therefore x=-\frac{5}{9}$ 또는 $x=\frac{5}{9}$

D 인수분해를 이용한 이차방정식의 풀이 3 23쪽

1 $x=-2$ 또는 $x=-1$
2 $x=-3$ 또는 $x=-1$
3 $x=1$ 또는 $x=5$
4 $x=2$ 또는 $x=3$
5 $x=-3$ 또는 $x=2$
6 $x=-5$ 또는 $x=1$
7 $x=-3$ 또는 $x=5$
8 $x=-2$ 또는 $x=5$
9 $x=-1$ 또는 $x=8$
10 $x=-2$ 또는 $x=6$

---

1 $x^2+3x+2=0$에서 $(x+2)(x+1)=0$
$\therefore x=-2$ 또는 $x=-1$
2 $x^2+4x+3=0$에서 $(x+3)(x+1)=0$
$\therefore x=-3$ 또는 $x=-1$
3 $x^2-6x+5=0$에서 $(x-1)(x-5)=0$
$\therefore x=1$ 또는 $x=5$
4 $x^2-5x+6=0$에서 $(x-2)(x-3)=0$
$\therefore x=2$ 또는 $x=3$
5 $x^2+x-6=0$에서 $(x+3)(x-2)=0$
$\therefore x=-3$ 또는 $x=2$
6 $x^2+4x-5=0$에서 $(x+5)(x-1)=0$
$\therefore x=-5$ 또는 $x=1$
7 $x^2-2x-15=0$에서 $(x+3)(x-5)=0$
$\therefore x=-3$ 또는 $x=5$
8 $x^2-3x-10=0$에서 $(x+2)(x-5)=0$
$\therefore x=-2$ 또는 $x=5$
9 $x^2-7x-8=0$에서 $(x+1)(x-8)=0$
$\therefore x=-1$ 또는 $x=8$
10 $x^2-4x-12=0$에서 $(x+2)(x-6)=0$
$\therefore x=-2$ 또는 $x=6$

E 인수분해를 이용한 이차방정식의 풀이 4 24쪽

1 $x=-1$ 또는 $x=\frac{3}{2}$
2 $x=-1$ 또는 $x=-\frac{1}{5}$
3 $x=\frac{1}{3}$ 또는 $x=1$
4 $x=-\frac{3}{5}$ 또는 $x=1$
5 $x=1$ 또는 $x=\frac{7}{2}$
6 $x=-2$ 또는 $x=\frac{5}{3}$
7 $x=-\frac{1}{2}$ 또는 $x=4$
8 $x=-3$ 또는 $x=\frac{2}{3}$
9 $x=-\frac{1}{2}$ 또는 $x=\frac{3}{2}$
10 $x=-\frac{4}{5}$ 또는 $x=2$

---

1 $2x^2-x-3=0$에서 $(x+1)(2x-3)=0$
$\therefore x=-1$ 또는 $x=\frac{3}{2}$
2 $5x^2+6x+1=0$에서 $(x+1)(5x+1)=0$
$\therefore x=-1$ 또는 $x=-\frac{1}{5}$
3 $3x^2-4x+1=0$에서 $(3x-1)(x-1)=0$
$\therefore x=\frac{1}{3}$ 또는 $x=1$
4 $5x^2-2x-3=0$에서 $(5x+3)(x-1)=0$
$\therefore x=-\frac{3}{5}$ 또는 $x=1$
5 $2x^2-9x+7=0$에서 $(x-1)(2x-7)=0$
$\therefore x=1$ 또는 $x=\frac{7}{2}$
6 $3x^2+x-10=0$에서 $(x+2)(3x-5)=0$
$\therefore x=-2$ 또는 $x=\frac{5}{3}$
7 $2x^2-7x-4=0$에서 $(2x+1)(x-4)=0$
$\therefore x=-\frac{1}{2}$ 또는 $x=4$
8 $3x^2+7x-6=0$에서 $(x+3)(3x-2)=0$
$\therefore x=-3$ 또는 $x=\frac{2}{3}$
9 $4x^2-4x-3=0$에서 $(2x+1)(2x-3)=0$
$\therefore x=-\frac{1}{2}$ 또는 $x=\frac{3}{2}$
10 $5x^2-6x-8=0$에서 $(5x+4)(x-2)=0$
$\therefore x=-\frac{4}{5}$ 또는 $x=2$

거저먹는 시험 문제

25쪽

1 ② 2 ⑤ 3 ①

4 (1) $x=-\frac{7}{4}$ 또는 $x=\frac{7}{4}$ (2) $x=0$ 또는 $x=\frac{1}{4}$

5 $-\frac{1}{2}$ 6 ④

2 ⑤ $(2x-5)(2x-11)=0$

$\therefore x=\frac{5}{2}$ 또는 $x=\frac{11}{2}$

따라서 두 근의 합은 $\frac{5}{2}+\frac{11}{2}=8$

3 $(3x-5)(x-7)=0$

$\therefore x=\frac{5}{3}$ 또는 $x=7$

$\frac{5}{3}<7$이므로 $a=\frac{5}{3}$, $b=7$

$\therefore 3a-b=3\times\frac{5}{3}-7=-2$

4 (1) $16x^2-49=0$, $(4x)^2-7^2=0$에서

$(4x+7)(4x-7)=0$

$\therefore x=-\frac{7}{4}$ 또는 $x=\frac{7}{4}$

(2) $-64x^2+16x=0$에서 $-16x(4x-1)=0$

$\therefore x=0$ 또는 $x=\frac{1}{4}$

5 $2x^2+x-6=0$에서 $(x+2)(2x-3)=0$

$\therefore x=-2$ 또는 $x=\frac{3}{2}$

따라서 두 근의 합은 $-2+\frac{3}{2}=-\frac{1}{2}$

6 ① $x^2-x=0$에서 $x(x-1)=0$

$\therefore x=0$ 또는 $x=1$

② $x^2-4=0$, $x^2-2^2=0$에서 $(x+2)(x-2)=0$

$\therefore x=-2$ 또는 $x=2$

③ $x^2+6x+8=0$에서 $(x+4)(x+2)=0$

$\therefore x=-4$ 또는 $x=-2$

④ $x^2-3x-4=0$에서 $(x+1)(x-4)=0$

$\therefore x=-1$ 또는 $x=4$

⑤ $2x^2-5x+2=0$에서 $(2x-1)(x-2)=0$

$\therefore x=\frac{1}{2}$ 또는 $x=2$

03 인수분해를 이용한 이차방정식의 풀이의 응용

A 식을 정리한 후 인수분해를 이용한 이차방정식의 풀이

27쪽

1 $x=2$ 또는 $x=3$ 2 $x=-4$ 또는 $x=1$

3 $x=2$ 또는 $x=4$ 4 $x=-6$ 또는 $x=1$

5 $x=-5$ 또는 $x=-2$ 6 $x=-2$ 또는 $x=3$

7 $x=-1$ 또는 $x=\frac{9}{2}$ 8 $x=-\frac{1}{3}$ 또는 $x=1$

1 $x(x-3)+6=2x$

$x^2-3x+6-2x=0$, $x^2-5x+6=0$

$\therefore (x-2)(x-3)=0$

$\therefore x=2$ 또는 $x=3$

2 $(x+2)(x-2)+3x=0$

$x^2-4+3x=0$, $x^2+3x-4=0$

$\therefore (x+4)(x-1)=0$

$\therefore x=-4$ 또는 $x=1$

3 $(x-1)(x-8)+3x=0$

$x^2-9x+8+3x=0$, $x^2-6x+8=0$

$\therefore (x-2)(x-4)=0$

$\therefore x=2$ 또는 $x=4$

4 $(x-2)(x-3)=2x^2$

$x^2-5x+6=2x^2$, $x^2+5x-6=0$

$\therefore (x+6)(x-1)=0$

$\therefore x=-6$ 또는 $x=1$

5 $(x+3)^2=-x-1$

$x^2+6x+9=-x-1$, $x^2+7x+10=0$

$\therefore (x+5)(x+2)=0$

$\therefore x=-5$ 또는 $x=-2$

6 $(x-2)^2+3x-10=0$

$x^2-4x+4+3x-10=0$, $x^2-x-6=0$

$\therefore (x+2)(x-3)=0$

$\therefore x=-2$ 또는 $x=3$

7 $x(x-7)+(x+3)(x-3)=0$

$x^2-7x+x^2-9=0$, $2x^2-7x-9=0$

$\therefore (x+1)(2x-9)=0$

$\therefore x=-1$ 또는 $x=\frac{9}{2}$

8 $x(x+2)-(2x+1)(2x-1)=0$

$x^2+2x-4x^2+1=0$, $3x^2-2x-1=0$

$\therefore (3x+1)(x-1)=0$

$\therefore x=-\frac{1}{3}$ 또는 $x=1$

B 두 이차방정식의 공통인 근 28쪽

1 $x=0$ 2 $x=-3$ 3 $x=1$
4 $x=-5$ 5 $x=-1$ 6 $x=3$
7 $x=5$ 8 $x=\frac{1}{2}$

1 $x^2-3x=0$에서 $x(x-3)=0$
$\therefore x=0$ 또는 $x=3$
$x^2+6x=0$에서 $x(x+6)=0$
$\therefore x=0$ 또는 $x=-6$
따라서 공통인 근은 $x=0$

2 $x^2+5x+6=0$에서 $(x+3)(x+2)=0$
$\therefore x=-3$ 또는 $x=-2$
$x^2-x-12=0$에서 $(x+3)(x-4)=0$
$\therefore x=-3$ 또는 $x=4$
따라서 공통인 근은 $x=-3$

3 $x^2+4x-5=0$에서 $(x+5)(x-1)=0$
$\therefore x=-5$ 또는 $x=1$
$x^2-4x+3=0$에서 $(x-1)(x-3)=0$
$\therefore x=1$ 또는 $x=3$
따라서 공통인 근은 $x=1$

4 $x^2+7x+10=0$에서 $(x+5)(x+2)=0$
$\therefore x=-5$ 또는 $x=-2$
$x^2+2x-15=0$에서 $(x+5)(x-3)=0$
$\therefore x=-5$ 또는 $x=3$
따라서 공통인 근은 $x=-5$

5 $x^2+x=0$에서 $x(x+1)=0$
$\therefore x=0$ 또는 $x=-1$
$2x^2+7x+5=0$에서 $(2x+5)(x+1)=0$
$\therefore x=-\frac{5}{2}$ 또는 $x=-1$
따라서 공통인 근은 $x=-1$

6 $x^2-x-6=0$에서 $(x+2)(x-3)=0$
$\therefore x=-2$ 또는 $x=3$
$2x^2-5x-3=0$에서 $(2x+1)(x-3)=0$
$\therefore x=-\frac{1}{2}$ 또는 $x=3$
따라서 공통인 근은 $x=3$

7 $3x^2-14x-5=0$에서 $(3x+1)(x-5)=0$
$\therefore x=-\frac{1}{3}$ 또는 $x=5$
$4x^2-17x-15=0$에서 $(4x+3)(x-5)=0$
$\therefore x=-\frac{3}{4}$ 또는 $x=5$
따라서 공통인 근은 $x=5$

8 $2x^2+9x-5=0$에서 $(x+5)(2x-1)=0$
$\therefore x=-5$ 또는 $x=\frac{1}{2}$
$4x^2+4x-3=0$에서 $(2x+3)(2x-1)=0$
$\therefore x=-\frac{3}{2}$ 또는 $x=\frac{1}{2}$
따라서 공통인 근은 $x=\frac{1}{2}$

C 한 근이 주어질 때 미지수 구하기 29쪽

1 $-2, 3$ 2 $-1, 10$ 3 $-\frac{3}{2}, 3$
4 $0, \frac{1}{4}$ 5 $-2, 4$ 6 $-3, 6$
7 $-2, \frac{3}{2}$ 8 $1, \frac{7}{4}$

1 $x^2+2x-3a=6$에 $x=a$를 대입하면
$a^2-a-6=0$ $\therefore (a+2)(a-3)=0$
$\therefore a=-2$ 또는 $a=3$

2 $x^2-4x-5a=10$에 $x=a$를 대입하면
$a^2-9a-10=0$ $\therefore (a+1)(a-10)=0$
$\therefore a=-1$ 또는 $a=10$

3 $x^2+a^2-x-2a=9$에 $x=a$를 대입하면
$2a^2-3a-9=0$ $\therefore (2a+3)(a-3)=0$
$\therefore a=-\frac{3}{2}$ 또는 $a=3$

4 $x^2-2x+3a^2=-a$에 $x=a$를 대입하면
$4a^2-a=0$ $\therefore a(4a-1)=0$
$\therefore a=0$ 또는 $a=\frac{1}{4}$

5 $a^2+x^2+5x-2a=4$에 $x=-1$을 대입하면
$a^2+(-1)^2+5\times(-1)-2a=4$
$a^2-2a-8=0$ $\therefore (a+2)(a-4)=0$
$\therefore a=-2$ 또는 $a=4$

6 $x^2+a^2+2x-3a=18$에 $x=-2$를 대입하면
$(-2)^2+a^2+2\times(-2)-3a=18$
$a^2-3a-18=0$ $\therefore (a+3)(a-6)=0$
$\therefore a=-3$ 또는 $a=6$

7 $x^2-5x+a+2a^2=0$에 $x=2$를 대입하면
$2^2-5\times2+a+2a^2=0$
$2a^2+a-6=0$ $\therefore (a+2)(2a-3)=0$
$\therefore a=-2$ 또는 $a=\frac{3}{2}$

8 $4a^2+x^2-3x-11a=-3$에 $x=-1$을 대입하면
$4a^2+(-1)^2-3\times(-1)-11a=-3$
$4a^2-11a+7=0$ $\therefore (a-1)(4a-7)=0$
$\therefore a=1$ 또는 $a=\frac{7}{4}$

D 한 근이 주어질 때 다른 한 근 구하기 30쪽

1 $x=9$　　2 $x=-6$　　3 $x=-2$
4 $x=0$　　5 $x=2$　　6 $x=-5$
7 $x=\frac{2}{3}$　　8 $x=-\frac{7}{2}$

1 $x^2+2ax-3a=6$에 $x=1$을 대입하면
$1^2+2a\times1-3a=6$, $1-a=6$　　$\therefore a=-5$
$a=-5$를 식에 대입하면 $x^2-10x+9=0$
$\therefore (x-1)(x-9)=0$
$\therefore x=1$ 또는 $x=9$
따라서 다른 한 근은 $x=9$

2 $x^2+4x-2a=a$에 $x=2$를 대입하면
$2^2+4\times2-2a=a$, $12-2a=a$　　$\therefore a=4$
$a=4$를 식에 대입하면 $x^2+4x-12=0$
$\therefore (x+6)(x-2)=0$
$\therefore x=-6$ 또는 $x=2$
따라서 다른 한 근은 $x=-6$

3 $x^2+ax+2(a-1)=2$에 $x=-1$을 대입하면
$(-1)^2+a\times(-1)+2a-2-2=0$, $a-3=0$　　$\therefore a=3$
$a=3$을 식에 대입하면 $x^2+3x+2=0$
$\therefore (x+2)(x+1)=0$
$\therefore x=-2$ 또는 $x=-1$
따라서 다른 한 근은 $x=-2$

4 $x^2+2(a+3)x-a=2$에 $x=-2$를 대입하면
$(-2)^2+2\times(a+3)\times(-2)-a=2$
$-8-5a=2$　　$\therefore a=-2$
$a=-2$를 식에 대입하면 $x^2+2x=0$
$\therefore x(x+2)=0$
$\therefore x=0$ 또는 $x=-2$
따라서 다른 한 근은 $x=0$

5 $x^2-5ax-3=-9a$에 $x=3$을 대입하면
$3^2-5a\times3-3=-9a$, $6-15a=-9a$　　$\therefore a=1$
$a=1$을 식에 대입하면 $x^2-5x+6=0$
$\therefore (x-2)(x-3)=0$
$\therefore x=2$ 또는 $x=3$
따라서 다른 한 근은 $x=2$

6 $x^2+(3+a)x+10=-a$에 $x=-3$을 대입하면
$(-3)^2+(3+a)\times(-3)+10=-a$
$10-3a=-a$　　$\therefore a=5$
$a=5$를 식에 대입하면 $x^2+8x+15=0$
$\therefore (x+5)(x+3)=0$
$\therefore x=-5$ 또는 $x=-3$
따라서 다른 한 근은 $x=-5$

7 $ax^2+(a+1)x-3=1$에 $x=-2$를 대입하면
$(-2)^2a-2a-2-3=1$, $2a-5=1$　　$\therefore a=3$
$a=3$을 식에 대입하면 $3x^2+4x-4=0$
$\therefore (x+2)(3x-2)=0$
$\therefore x=-2$ 또는 $x=\frac{2}{3}$
따라서 다른 한 근은 $x=\frac{2}{3}$

8 $ax^2+(2a+1)x-a=5$에 $x=1$을 대입하면
$a+2a+1-a=5$, $2a=4$　　$\therefore a=2$
$a=2$를 식에 대입하면 $2x^2+5x-7=0$
$\therefore (2x+7)(x-1)=0$
$\therefore x=-\frac{7}{2}$ 또는 $x=1$
따라서 다른 한 근은 $x=-\frac{7}{2}$

거저먹는 시험 문제 31쪽

1 ②　　2 ③　　3 $x=-\frac{1}{4}$ 또는 $x=\frac{1}{2}$
4 $x=5$　　5 ①, ③　　6 ①

1 $(x-3)(x-5)=2(x+3)$에서
$x^2-8x+15=2x+6$, $x^2-10x+9=0$
$(x-1)(x-9)=0$이므로
$a=-1$, $b=-9$ 또는 $a=-9$, $b=-1$
$\therefore ab=9$

2 $(x-6)(x+1)=-4x$에서
$x^2-5x-6=-4x$, $x^2-x-6=0$
$(x+2)(x-3)=0$이고 $a>b$이므로 $a=3$, $b=-2$
$\therefore 2a-b=6+2=8$

3 $(3x+1)(3x-1)-x(x+2)=0$에서
$9x^2-1-x^2-2x=0$, $8x^2-2x-1=0$
$(4x+1)(2x-1)=0$
$\therefore x=-\frac{1}{4}$ 또는 $x=\frac{1}{2}$

4 $x^2-3x-10=0$에서 $(x+2)(x-5)=0$
$\therefore x=-2$ 또는 $x=5$
$2x^2-7x-15=0$에서 $(2x+3)(x-5)=0$
$\therefore x=-\frac{3}{2}$ 또는 $x=5$
따라서 공통인 근은 $x=5$

5 $x^2+5x-4a-3=-1$에 $x=a$를 대입하면
$a^2+a-2=0$　　$\therefore (a+2)(a-1)=0$
$\therefore a=-2$ 또는 $a=1$

6 $ax^2-(a+5)x+4=0$에 $x=2$를 대입하면
$4a-2a-10+4=0$에서　　$\therefore a=3$
$a=3$을 식에 대입하면 $3x^2-8x+4=0$
$(3x-2)(x-2)=0$　　$\therefore x=\frac{2}{3}$ 또는 $x=2$
따라서 다른 한 근은 $x=\frac{2}{3}$

04 이차방정식의 중근

A 이차방정식의 중근 1 (33쪽)

1 $x=1$ (중근)
2 $x=-3$ (중근)
3 $x=-2$ (중근)
4 $x=\frac{1}{4}$ (중근)
5 $x=\frac{2}{5}$ (중근)
6 $x=-\frac{3}{2}$ (중근)
7 $x=\frac{2}{5}$ (중근)
8 $x=\frac{1}{2}$ (중근)
9 $x=\frac{7}{3}$ (중근)
10 $x=-2$ (중근)

B 이차방정식의 중근 2 (34쪽)

1 Help 1 / $x=-1$ (중근)
2 $x=3$ (중근)
3 $x=-5$ (중근)
4 $x=-7$ (중근)
5 $x=-2$ (중근)
6 Help 6, 1 / $x=\frac{1}{6}$ (중근)
7 $x=-\frac{1}{10}$ (중근)
8 $x=\frac{3}{2}$ (중근)
9 $x=\frac{4}{3}$ (중근)
10 $x=\frac{5}{4}$ (중근)

---

1 $x^2+2x+1=0$에서 $(x+1)^2=0$
$\therefore x=-1$ (중근)
2 $x^2-6x+9=0$에서 $(x-3)^2=0$
$\therefore x=3$ (중근)
3 $x^2+10x+25=0$에서 $(x+5)^2=0$
$\therefore x=-5$ (중근)
4 $x^2+14x+49=0$에서 $(x+7)^2=0$
$\therefore x=-7$ (중근)
5 $x^2+4x+4=0$에서 $(x+2)^2=0$
$\therefore x=-2$ (중근)
6 $36x^2-12x+1=0$에서 $(6x-1)^2=0$
$\therefore x=\frac{1}{6}$ (중근)
7 $100x^2+20x+1=0$에서 $(10x+1)^2=0$
$\therefore x=-\frac{1}{10}$ (중근)
8 $4x^2-12x+9=0$에서 $(2x-3)^2=0$
$\therefore x=\frac{3}{2}$ (중근)
9 $9x^2-24x+16=0$에서 $(3x-4)^2=0$
$\therefore x=\frac{4}{3}$ (중근)
10 $16x^2-40x+25=0$에서 $(4x-5)^2=0$
$\therefore x=\frac{5}{4}$ (중근)

C 이차방정식이 중근을 가질 조건 1 (35쪽)

1 $-6, 9$
2 $18, 81$
3 $-5, \frac{25}{4}$
4 $3, \frac{9}{4}$
5 $-7, \frac{49}{4}$
6 $-4, 4$
7 $-8, 8$
8 $-10, 10$
9 $\frac{9}{4}, \frac{9}{4}, -3, 3$
10 $\frac{49}{16}, \frac{49}{16}, -\frac{7}{2}, \frac{7}{2}$

D 이차방정식이 중근을 가질 조건 2 (36쪽)

1 $1, 1$
2 $4, 2$
3 $25, -5$
4 $\frac{9}{4}, \frac{3}{2}$
5 $\frac{25}{4}, -\frac{5}{2}$
6 $18, -3$
7 $32, 4$
8 $2, 1$
9 $12, -\frac{3}{2}$
10 $10, -\frac{5}{2}$

---

1 $x^2-2x+k=0$에서 $k=\left(\frac{-2}{2}\right)^2=1$
$\therefore (x-1)^2=0 \quad \therefore x=1$ (중근)
2 $x^2-4x+k=0$에서 $k=\left(\frac{-4}{2}\right)^2=4$
$\therefore (x-2)^2=0 \quad \therefore x=2$ (중근)
3 $x^2+10x+k=0$에서 $k=\left(\frac{10}{2}\right)^2=25$
$\therefore (x+5)^2=0 \quad \therefore x=-5$ (중근)
4 $x^2-3x+k=0$에서 $k=\left(\frac{-3}{2}\right)^2=\frac{9}{4}$
$\therefore \left(x-\frac{3}{2}\right)^2=0 \quad \therefore x=\frac{3}{2}$ (중근)
5 $x^2+5x+k=0$에서 $k=\left(\frac{5}{2}\right)^2=\frac{25}{4}$
$\therefore \left(x+\frac{5}{2}\right)^2=0 \quad \therefore x=-\frac{5}{2}$ (중근)
6 $2x^2+12x+k=0$의 양변을 2로 나누면
$x^2+6x+\frac{k}{2}=0 \quad \therefore \frac{k}{2}=\left(\frac{6}{2}\right)^2, k=18$
$\therefore (x+3)^2=0 \quad \therefore x=-3$ (중근)
7 $2x^2-16x+k=0$의 양변을 2로 나누면
$x^2-8x+\frac{k}{2}=0 \quad \therefore \frac{k}{2}=\left(\frac{-8}{2}\right)^2, k=32$
$\therefore (x-4)^2=0 \quad \therefore x=4$ (중근)
8 $3x^2-6x+k+1=0$의 양변을 3으로 나누면
$x^2-2x+\frac{k+1}{3}=0 \quad \therefore \frac{k+1}{3}=\left(\frac{-2}{2}\right)^2, k=2$
$\therefore (x-1)^2=0 \quad \therefore x=1$ (중근)

9 $4x^2+12x+k-3=0$의 양변을 4로 나누면

$x^2+3x+\frac{k-3}{4}=0$에서 $\frac{k-3}{4}=\left(\frac{3}{2}\right)^2$, $k=12$

$\therefore \left(x+\frac{3}{2}\right)^2=0 \quad \therefore x=-\frac{3}{2}$ (중근)

10 $8x^2+40x+5k=0$의 양변을 8로 나누면

$x^2+5x+\frac{5k}{8}=0 \quad \therefore \frac{5k}{8}=\left(\frac{5}{2}\right)^2$, $k=10$

$\therefore \left(x+\frac{5}{2}\right)^2=0 \quad \therefore x=-\frac{5}{2}$ (중근)

E 이차방정식이 중근을 가질 조건 3 37쪽

1 ±2	2 ±6	3 ±10	4 ±12
5 ±20	6 $\pm\frac{1}{2}$	7 $\pm\frac{2}{5}$	8 $\pm\frac{4}{3}$
9 ±1	10 $\pm\frac{1}{3}$		

1 $x^2+kx+1=0$에서 $\left(\frac{k}{2}\right)^2=1 \quad \therefore k^2=4$

$\therefore k=\pm2$

2 $x^2-kx+9=0$에서 $\left(\frac{-k}{2}\right)^2=9 \quad \therefore k^2=36$

$\therefore k=\pm6$

3 $x^2+kx+25=0$에서 $\left(\frac{k}{2}\right)^2=25 \quad \therefore k^2=100$

$\therefore k=\pm10$

4 $x^2-kx+36=0$에서 $\left(\frac{-k}{2}\right)^2=36 \quad \therefore k^2=144$

$\therefore k=\pm12$

5. $x^2+kx+100=0$에서 $\left(\frac{k}{2}\right)^2=100 \quad \therefore k^2=400$

$\therefore k=\pm20$

6 $x^2+kx+\frac{1}{16}=0$에서 $\left(\frac{k}{2}\right)^2=\frac{1}{16} \quad \therefore k^2=\frac{1}{4}$

$\therefore k=\pm\frac{1}{2}$

7 $x^2+kx+\frac{1}{25}=0$에서 $\left(\frac{k}{2}\right)^2=\frac{1}{25} \quad \therefore k^2=\frac{4}{25}$

$\therefore k=\pm\frac{2}{5}$

8 $x^2+2kx+\frac{16}{9}=0$에서 $\left(\frac{2k}{2}\right)^2=\frac{16}{9} \quad \therefore k^2=\frac{16}{9}$

$\therefore k=\pm\frac{4}{3}$

9 $x^2-3kx+\frac{9}{4}=0$에서 $\left(\frac{-3k}{2}\right)^2=\frac{9}{4} \quad \therefore k^2=1$

$\therefore k=\pm1$

10 $x^2+5kx+\frac{25}{36}=0$에서 $\left(\frac{5k}{2}\right)^2=\frac{25}{36} \quad \therefore k^2=\frac{1}{9}$

$\therefore k=\pm\frac{1}{3}$

거저먹는 시험 문제 38쪽

1 ②, ④	2 ③	3 $x=-3$ (중근)
4 ①	5 ①, ⑤	6 5

1 ① $x^2-6x+1=0$

② $x^2-2x+1=0 \quad \therefore (x-1)^2=0$

④ $x^2-12x+36=0 \quad \therefore (x-6)^2=0$

⑤ $x^2-4x-2=0$

2 $(x-2)^2=0$에서 $x^2-4x+4=0$

$\therefore a=-4,\ b=4 \quad \therefore a+b=0$

3 $x^2+6x+9=0$, $(x+3)^2=0$

$\therefore x=-3$ (중근)

4 $7-2k=\left(\frac{6}{2}\right)^2$에서 $7-2k=9 \quad \therefore k=-1$

5 $\frac{1}{4}x^2+kx+81=0$에서 $\left(\frac{1}{2}x\right)^2+kx+9^2=0$

$\therefore k=\pm2\times\frac{1}{2}\times9=\pm9$

6 $x^2+5(2x-1)+3a=0$에서 $x^2+10x-5+3a=0$이므로

$-5+3a=\left(\frac{10}{2}\right)^2$, $3a=30 \quad \therefore a=10$

따라서 $(x+5)^2=0$이므로 $x=-5 \quad \therefore b=-5$

$\therefore a+b=10-5=5$

05 제곱근을 이용한 이차방정식의 풀이

A 제곱근을 이용한 이차방정식의 풀이 1 40쪽

1 $x=\pm2$	2 $x=\pm3$
3 $x=\pm2\sqrt{2}$	4 $x=\pm\frac{\sqrt{10}}{5}$
5 $x=\pm\frac{3\sqrt{2}}{2}$	6 $x=1$ 또는 $x=-7$
7 $x=-6$ 또는 $x=10$	8 $x=2$ 또는 $x=8$
9 $x=-1\pm\frac{\sqrt{30}}{3}$	10 $x=4\pm\frac{\sqrt{2}}{2}$

2 $4x^2=36$의 양변을 4로 나누면 $x^2=9$

$\therefore x=\pm3$

4 $5x^2-2=0$의 양변을 5로 나누면 $x^2=\frac{2}{5}$

$\therefore x=\pm\sqrt{\frac{2}{5}}=\pm\frac{\sqrt{10}}{5}$

6 $(x+3)^2=16$에서 $x+3=\pm4$, $x=-3\pm4$

$\therefore x=1$ 또는 $x=-7$

8 $2(x-5)^2=18$에서 $(x-5)^2=9$, $x-5=\pm3$

$x=5\pm3$ $\therefore x=2$ 또는 $x=8$

10 $-2(x-4)^2=-1$에서 $(x-4)^2=\frac{1}{2}$

$x-4=\pm\sqrt{\frac{1}{2}}$ $\therefore x=4\pm\frac{\sqrt{2}}{2}$

B 제곱근을 이용한 이차방정식의 풀이 2 41쪽

1 $k>0$ 2 $k>-3$ 3 $k>0$ 4 $k<1$
5 $k<-5$ 6 0 7 0 8 1
9 -5 10 4

---

2 $k+3>0$ $\therefore k>-3$

4 $\frac{k-1}{-2}>0$ $\therefore k<1$

5 $\frac{k+5}{-6}>0$ $\therefore k<-5$

8 $k-1=0$ $\therefore k=1$

9 $\frac{k+5}{3}=0$ $\therefore k=-5$

10 $\frac{k-4}{5}=0$ $\therefore k=4$

C $x^2+ax+b=0$을 $(x+p)^2=q$의 꼴로 나타내기 42쪽

1 16, 16, 16, 4, 6 2 36, 36, 36, 6, 40
3 9, 9, 9, 3, 14 4 $(x+1)^2=6$
5 $(x-2)^2=13$ 6 $(x+6)^2=33$
7 $\left(x-\frac{3}{2}\right)^2=\frac{13}{4}$ 8 $\left(x+\frac{5}{2}\right)^2=\frac{1}{4}$

---

4 $x^2+2x-5=0$에서
좌변의 -5를 이항하면 $x^2+2x=5$
좌변을 완전제곱식으로 만들기 위해 양변에 $\left(\frac{2}{2}\right)^2=1$을 더하면 $x^2+2x+1=5+1$
좌변을 완전제곱식으로 바꾸면 $(x+1)^2=6$

5 $x^2-4x-9=0$에서
좌변의 -9를 이항하면 $x^2-4x=9$
좌변을 완전제곱식으로 만들기 위해 양변에 $\left(\frac{-4}{2}\right)^2=4$를 더하면 $x^2-4x+4=9+4$
좌변을 완전제곱식으로 바꾸면 $(x-2)^2=13$

6 $x^2+12x+3=0$에서
좌변의 3을 이항하면 $x^2+12x=-3$
좌변을 완전제곱식으로 만들기 위해 양변에 $\left(\frac{12}{2}\right)^2=36$을 더하면 $x^2+12x+36=-3+36$
좌변을 완전제곱식으로 바꾸면 $(x+6)^2=33$

7 $x^2-3x-1=0$에서
좌변의 -1을 이항하면 $x^2-3x=1$
좌변을 완전제곱식으로 만들기 위해 양변에 $\left(\frac{-3}{2}\right)^2=\frac{9}{4}$를 더하면 $x^2-3x+\frac{9}{4}=1+\frac{9}{4}$
좌변을 완전제곱식으로 바꾸면 $\left(x-\frac{3}{2}\right)^2=\frac{13}{4}$

8 $x^2+5x+6=0$에서
좌변의 6을 이항하면 $x^2+5x=-6$
좌변을 완전제곱식으로 만들기 위해 양변에 $\left(\frac{5}{2}\right)^2=\frac{25}{4}$를 더하면 $x^2+5x+\frac{25}{4}=-6+\frac{25}{4}$
좌변을 완전제곱식으로 바꾸면 $\left(x+\frac{5}{2}\right)^2=\frac{1}{4}$

D 완전제곱식을 이용한 이차방정식의 풀이 1 43쪽

1 4, 4, 4, 11, $\pm\sqrt{11}$, $2\pm\sqrt{11}$
2 64, 64, 64, 62, $\pm\sqrt{62}$, $-8\pm\sqrt{62}$
3 $\frac{81}{4}$, $\frac{81}{4}$, $\frac{81}{4}$, $\frac{21}{4}$, $\pm\frac{\sqrt{21}}{2}$, $\frac{9}{2}\pm\frac{\sqrt{21}}{2}$
4 $x=2\pm\sqrt{7}$ 5 $x=-\frac{1}{2}\pm\frac{\sqrt{21}}{2}$
6 $x=-4\pm\sqrt{14}$ 7 $x=\frac{5}{2}\pm\frac{\sqrt{5}}{2}$
8 $x=-5\pm\sqrt{10}$

---

4 $x^2-4x-3=0$에서 $x^2-4x=3$
좌변을 완전제곱식으로 만들기 위해 양변에 $\left(\frac{-4}{2}\right)^2=4$를 더하면 $x^2-4x+4=3+4$
$(x-2)^2=7$ $\therefore x=2\pm\sqrt{7}$

6 $x^2+8x+2=0$에서 $x^2+8x=-2$
좌변을 완전제곱식으로 만들기 위해 양변에 $\left(\frac{8}{2}\right)^2=16$을 더하면 $x^2+8x+16=-2+16$
$(x+4)^2=14$ $\therefore x=-4\pm\sqrt{14}$

8 $x^2+10x+15=0$에서 $x^2+10x=-15$
좌변을 완전제곱식으로 만들기 위해 양변에 $\left(\frac{10}{2}\right)^2=25$를 더하면 $x^2+10x+25=-15+25$
$(x+5)^2=10$ $\therefore x=-5\pm\sqrt{10}$

E 완전제곱식을 이용한 이차방정식의 풀이 2 44쪽

1 $x=1\pm\frac{\sqrt{21}}{3}$ 2 $x=2\pm\frac{3\sqrt{2}}{2}$
3 $x=-1\pm\frac{\sqrt{10}}{5}$ 4 $x=-\frac{3}{2}\pm\sqrt{3}$
5 $x=-\frac{1}{3}\pm\frac{\sqrt{19}}{3}$ 6 $x=\frac{5}{4}\pm\frac{\sqrt{41}}{4}$
7 $x=\frac{1}{8}\pm\frac{\sqrt{33}}{8}$ 8 $x=\frac{2}{3}\pm\frac{\sqrt{10}}{3}$

1 $3x^2-6x-4=0$에서 양변을 3으로 나누고 상수항을 이항하면

$x^2-2x=\frac{4}{3}$

좌변을 완전제곱식으로 만들기 위해 양변에 $\left(\frac{-2}{2}\right)^2=1$을

더하면 $x^2-2x+1=\frac{4}{3}+1$

$(x-1)^2=\frac{7}{3}$ $\quad\therefore x=1\pm\frac{\sqrt{21}}{3}$

3 $5x^2+10x+3=0$에서 양변을 5로 나누고 상수항을 이항하면

$x^2+2x=-\frac{3}{5}$

좌변을 완전제곱식으로 만들기 위해 양변에 $\left(\frac{2}{2}\right)^2=1$을

더하면 $x^2+2x+1=-\frac{3}{5}+1$

$(x+1)^2=\frac{2}{5}$ $\quad\therefore x=-1\pm\frac{\sqrt{10}}{5}$

5 $3x^2+2x-6=0$에서 양변을 3으로 나누고 상수항을 이항하면

$x^2+\frac{2}{3}x=2$

좌변을 완전제곱식으로 만들기 위해 양변에 $\left(\frac{2}{3}\times\frac{1}{2}\right)^2=\frac{1}{9}$을

더하면 $x^2+\frac{2}{3}x+\frac{1}{9}=2+\frac{1}{9}$

$\left(x+\frac{1}{3}\right)^2=\frac{19}{9}$ $\quad\therefore x=-\frac{1}{3}\pm\frac{\sqrt{19}}{3}$

7 $-4x^2+x+2=0$에서 양변을 -4로 나누고 상수항을 이항

하면 $x^2-\frac{1}{4}x=\frac{1}{2}$

좌변을 완전제곱식으로 만들기 위해 양변에

$\left(-\frac{1}{4}\times\frac{1}{2}\right)^2=\frac{1}{64}$을 더하면

$x^2-\frac{1}{4}x+\frac{1}{64}=\frac{1}{2}+\frac{1}{64}$

$\left(x-\frac{1}{8}\right)^2=\frac{33}{64}$ $\quad\therefore x=\frac{1}{8}\pm\frac{\sqrt{33}}{8}$

거저먹는 시험 문제

45쪽

1 ⑤ 2 ② 3 $k<\frac{1}{2}$ 4 ⑤

5 ④ 6 $x=\frac{2}{5}\pm\frac{\sqrt{14}}{5}$

1 $4(x+3)^2=24$에서 $(x+3)^2=6$

$\therefore x=-3\pm\sqrt{6}$

따라서 $a=-3, b=6$이므로

$a+b=3$

3 $(x-5)^2=2k-1$이 해를 갖지 않으려면

$2k-1<0$ $\quad\therefore k<\frac{1}{2}$

4 $x^2-8x+2=0$에서 $x^2-8x+16=-2+16$

$(x-4)^2=14$

따라서 $p=-4, q=14$이므로 $p+q=10$

5 $2x^2-12x+5=0$에서 $x^2-6x=-\frac{5}{2}$

$x^2-6x+9=-\frac{5}{2}+9$

$(x-3)^2=\frac{13}{2}$ $\quad\therefore k=\frac{13}{2}$

6 $5x^2-4x-2=0$에서 $x^2-\frac{4}{5}x=\frac{2}{5}$

$x^2-\frac{4}{5}x+\frac{4}{25}=\frac{2}{5}+\frac{4}{25}$

$\left(x-\frac{2}{5}\right)^2=\frac{14}{25}$ $\quad\therefore x=\frac{2}{5}\pm\frac{\sqrt{14}}{5}$

06 이차방정식의 근의 공식

A 이차방정식의 근의 공식

47쪽

1 $-3, -2, -3, -2, 1, \frac{3\pm\sqrt{17}}{2}$

2 $-5, 3, -5, 3, 1, \frac{5\pm\sqrt{13}}{2}$

3 $2, -5, 2, -5, 2, \frac{1\pm\sqrt{41}}{4}$

4 $3, 1, -1, 3, -3, \frac{-1\pm\sqrt{37}}{6}$

5 $2, -7, 2, 7, 2, 2, \frac{7\pm\sqrt{33}}{4}$

6 $3, -1, -5, -1, -5, 6, \frac{1\pm\sqrt{61}}{6}$

7 $4, -7, 1, 7, 1, 8, \frac{7\pm\sqrt{33}}{8}$

8 $5, 3, -1, -3, 5, -1, 10, \frac{-3\pm\sqrt{29}}{10}$

1 $x^2-3x-2=0$에서 $a=1, b=-3, c=-2$

근의 공식에 대입하면

$x=\frac{3\pm\sqrt{(-3)^2-4\times1\times(-2)}}{2\times1}=\frac{3\pm\sqrt{17}}{2}$

2 $x^2-5x+3=0$에서 $a=1, b=-5, c=3$

근의 공식에 대입하면

$x=\frac{5\pm\sqrt{(-5)^2-4\times1\times3}}{2\times1}=\frac{5\pm\sqrt{13}}{2}$

3 $2x^2-x-5=0$에서 $a=2, b=-1, c=-5$

근의 공식에 대입하면

$x=\frac{1\pm\sqrt{(-1)^2-4\times2\times(-5)}}{2\times2}=\frac{1\pm\sqrt{41}}{4}$

4 $3x^2+x-3=0$에서 $a=3, b=1, c=-3$

근의 공식에 대입하면

$x=\frac{-1\pm\sqrt{1^2-4\times3\times(-3)}}{2\times3}=\frac{-1\pm\sqrt{37}}{6}$

5 $2x^2-7x+2=0$에서 $a=2, b=-7, c=2$

근의 공식에 대입하면

$x=\dfrac{7\pm\sqrt{(-7)^2-4\times2\times2}}{2\times2}=\dfrac{7\pm\sqrt{33}}{4}$

6 $3x^2-x-5=0$에서 $a=3, b=-1, c=-5$
근의 공식에 대입하면
$x=\dfrac{1\pm\sqrt{(-1)^2-4\times3\times(-5)}}{2\times3}=\dfrac{1\pm\sqrt{61}}{6}$

7 $4x^2-7x+1=0$에서 $a=4, b=-7, c=1$
근의 공식에 대입하면
$x=\dfrac{7\pm\sqrt{(-7)^2-4\times4\times1}}{2\times4}=\dfrac{7\pm\sqrt{33}}{8}$

8 $5x^2+3x-1=0$에서 $a=5, b=3, c=-1$
근의 공식에 대입하면
$x=\dfrac{-3\pm\sqrt{3^2-4\times5\times(-1)}}{2\times5}=\dfrac{-3\pm\sqrt{29}}{10}$

B 근의 공식을 이용한 이차방정식의 풀이 1 48쪽

1 $x=\dfrac{-3\pm\sqrt{5}}{2}$
2 $x=\dfrac{5\pm\sqrt{17}}{2}$
3 $x=\dfrac{-5\pm\sqrt{33}}{4}$
4 $x=\dfrac{7\pm\sqrt{17}}{8}$
5 $x=3\pm\sqrt{6}$
6 $x=-2\pm\sqrt{11}$
7 $x=\dfrac{1\pm\sqrt{13}}{3}$
8 $x=\dfrac{2\pm\sqrt{14}}{5}$

1 $x^2+3x+1=0$에서 $a=1, b=3, c=1$
근의 공식에 대입하면
$x=\dfrac{-3\pm\sqrt{3^2-4\times1\times1}}{2\times1}=\dfrac{-3\pm\sqrt{5}}{2}$

2 $x^2-5x+2=0$에서 $a=1, b=-5, c=2$
근의 공식에 대입하면
$x=\dfrac{5\pm\sqrt{(-5)^2-4\times1\times2}}{2\times1}=\dfrac{5\pm\sqrt{17}}{2}$

3 $2x^2+5x-1=0$에서 $a=2, b=5, c=-1$
근의 공식에 대입하면
$x=\dfrac{-5\pm\sqrt{5^2-4\times2\times(-1)}}{2\times2}=\dfrac{-5\pm\sqrt{33}}{4}$

4 $4x^2-7x+2=0$에서 $a=4, b=-7, c=2$
근의 공식에 대입하면
$x=\dfrac{7\pm\sqrt{(-7)^2-4\times4\times2}}{2\times4}=\dfrac{7\pm\sqrt{17}}{8}$

5 $x^2-6x+3=0$에서 $a=1, b=-6, c=3$
근의 공식에 대입하면
$x=\dfrac{6\pm\sqrt{(-6)^2-4\times1\times3}}{2\times1}=\dfrac{6\pm\sqrt{24}}{2}$
$=\dfrac{6\pm2\sqrt{6}}{2}=3\pm\sqrt{6}$

6 $x^2+4x-7=0$에서 $a=1, b=4, c=-7$
근의 공식에 대입하면
$x=\dfrac{-4\pm\sqrt{4^2-4\times1\times(-7)}}{2\times1}=\dfrac{-4\pm\sqrt{44}}{2}$
$=\dfrac{-4\pm2\sqrt{11}}{2}=-2\pm\sqrt{11}$

7 $3x^2-2x-4=0$에서 $a=3, b=-2, c=-4$
근의 공식에 대입하면
$x=\dfrac{2\pm\sqrt{(-2)^2-4\times3\times(-4)}}{2\times3}=\dfrac{2\pm\sqrt{52}}{6}$
$=\dfrac{2\pm2\sqrt{13}}{6}=\dfrac{1\pm\sqrt{13}}{3}$

8 $5x^2-4x-2=0$에서 $a=5, b=-4, c=-2$
근의 공식에 대입하면
$x=\dfrac{4\pm\sqrt{(-4)^2-4\times5\times(-2)}}{2\times5}=\dfrac{4\pm\sqrt{56}}{10}$
$=\dfrac{4\pm2\sqrt{14}}{10}=\dfrac{2\pm\sqrt{14}}{5}$

C 근의 공식을 이용한 이차방정식의 풀이 2 49쪽

1 $x=-1\pm\sqrt{2}$
2 $x=2\pm\sqrt{10}$
3 $x=3\pm\sqrt{5}$
4 $x=-3\pm\sqrt{11}$
5 $x=\dfrac{-1\pm\sqrt{11}}{2}$
6 $x=\dfrac{3\pm\sqrt{15}}{2}$
7 $x=\dfrac{-4\pm\sqrt{13}}{3}$
8 $x=\dfrac{-2\pm\sqrt{14}}{5}$

1 $x^2+2x-1=0$에서 b가 짝수이므로 $b'=1$에서
$a=1, b'=1, c=-1$을
근의 공식 $x=\dfrac{-b'\pm\sqrt{b'^2-ac}}{a}$에 대입하면
$x=\dfrac{-1\pm\sqrt{1^2-1\times(-1)}}{1}=-1\pm\sqrt{2}$

2 $x^2-4x-6=0$에서 b가 짝수이므로 $b'=-2$에서
$a=1, b'=-2, c=-6$을
근의 공식 $x=\dfrac{-b'\pm\sqrt{b'^2-ac}}{a}$에 대입하면
$x=\dfrac{2\pm\sqrt{(-2)^2-1\times(-6)}}{1}=2\pm\sqrt{10}$

3 $x^2-6x+4=0$에서 b가 짝수이므로 $b'=-3$ 에서
$a=1, b'=-3, c=4$를
근의 공식 $x=\dfrac{-b'\pm\sqrt{b'^2-ac}}{a}$에 대입하면
$x=\dfrac{3\pm\sqrt{(-3)^2-1\times4}}{1}=3\pm\sqrt{5}$

4 $x^2+6x-2=0$에서 b가 짝수이므로 $b'=3$에서
$a=1, b'=3, c=-2$를
근의 공식 $x=\dfrac{-b'\pm\sqrt{b'^2-ac}}{a}$에 대입하면
$x=\dfrac{-3\pm\sqrt{3^2-1\times(-2)}}{1}=-3\pm\sqrt{11}$

5 $2x^2+2x-5=0$에서 b가 짝수이므로 $b'=1$에서
$a=2, b'=1, c=-5$를

근의 공식 $x=\frac{-b'\pm\sqrt{b'^2-ac}}{a}$에 대입하면

$x=\frac{-1\pm\sqrt{1^2-2\times(-5)}}{2}=\frac{-1\pm\sqrt{11}}{2}$

6 $2x^2-6x-3=0$에서 b가 짝수이므로 $b'=-3$에서

$a=2$, $b'=-3$, $c=-3$을

근의 공식 $x=\frac{-b'\pm\sqrt{b'^2-ac}}{a}$에 대입하면

$x=\frac{3\pm\sqrt{(-3)^2-2\times(-3)}}{2}=\frac{3\pm\sqrt{15}}{2}$

7 $3x^2+8x+1=0$에서 b가 짝수이므로 $b'=4$에서

$a=3$, $b'=4$, $c=1$을

근의 공식 $x=\frac{-b'\pm\sqrt{b'^2-ac}}{a}$에 대입하면

$x=\frac{-4\pm\sqrt{4^2-3\times1}}{3}=\frac{-4\pm\sqrt{13}}{3}$

8 $5x^2+4x-2=0$에서 b가 짝수이므로 $b'=2$에서

$a=5$, $b'=2$, $c=-2$를

근의 공식 $x=\frac{-b'\pm\sqrt{b'^2-ac}}{a}$에 대입하면

$x=\frac{-2\pm\sqrt{2^2-5\times(-2)}}{5}=\frac{-2\pm\sqrt{14}}{5}$

9 $(x+4)^2=15$를 제곱근을 이용한 풀이 방법으로 풀면

$x+4=\pm\sqrt{15}$ $\quad\therefore x=-4\pm\sqrt{15}$

D 가장 간편한 방법을 이용한 이차방정식의 풀이 1 50쪽

1 $x=-5$ 또는 $x=8$ 2 $x=-1\pm\sqrt{13}$

3 $x=-2\pm\sqrt{7}$ 4 $x=3$ 또는 $x=-7$

5 $x=3\pm\sqrt{5}$ 6 $x=2$ 또는 $x=8$

7 $x=\frac{5\pm\sqrt{13}}{2}$ 8 $x=\frac{-7\pm\sqrt{17}}{2}$

9 $x=-4\pm\sqrt{15}$ 10 $x=\frac{3\pm\sqrt{29}}{2}$

1 $x^2-3x-40=0$은 좌변이 인수분해되므로

$(x+5)(x-8)=0$

$\therefore x=-5$ 또는 $x=8$

2 $x^2+2x=12$에서 $x^2+2x-12=0$은 좌변이 인수분해되지 않고 일차항의 계수가 짝수이므로 $x=\frac{-b'\pm\sqrt{b'^2-ac}}{a}$에 대입하면

$x=\frac{-1\pm\sqrt{1^2-1\times(-12)}}{1}=-1\pm\sqrt{13}$

5 $(x-3)^2=5$를 제곱근을 이용한 풀이 방법으로 풀면

$x-3=\pm\sqrt{5}$ $\quad\therefore x=3\pm\sqrt{5}$

6 $x^2-10x+16=0$은 좌변이 인수분해되므로

$(x-2)(x-8)=0$

$\therefore x=2$ 또는 $x=8$

8 $x^2+7x+8=0$은 좌변이 인수분해되지 않으므로 근의 공식에 대입하면

$x=\frac{-7\pm\sqrt{7^2-4\times1\times8}}{2\times1}=\frac{-7\pm\sqrt{17}}{2}$

E 가장 간편한 방법을 이용한 이차방정식의 풀이 2 51쪽

1 $x=1$ 또는 $x=\frac{1}{2}$ 2 $x=\frac{1\pm\sqrt{17}}{4}$

3 $x=-2$ 또는 $x=\frac{2}{3}$ 4 $x=1$ 또는 $x=\frac{1}{3}$

5 $x=\frac{1\pm\sqrt{33}}{8}$ 6 $x=3$ 또는 $x=-\frac{1}{6}$

7 $x=\frac{7\pm\sqrt{37}}{6}$ 8 $x=\frac{3\pm\sqrt{29}}{2}$

9 $x=-1$ 또는 $x=\frac{3}{5}$ 10 $x=\frac{3}{2}$ 또는 $x=-\frac{2}{3}$

1 $2x^2-3x+1=0$에서 $(x-1)(2x-1)=0$

$\therefore x=1$ 또는 $x=\frac{1}{2}$

2 $2x^2-x-2=0$은 좌변이 인수분해되지 않으므로 근의 공식에 대입하면

$x=\frac{1\pm\sqrt{(-1)^2-4\times2\times(-2)}}{2\times2}=\frac{1\pm\sqrt{17}}{4}$

3 $3x^2+4x-4=0$에서 $(x+2)(3x-2)=0$

$\therefore x=-2$ 또는 $x=\frac{2}{3}$

4 $3x^2-4x+1=0$에서 $(x-1)(3x-1)=0$

$\therefore x=1$ 또는 $x=\frac{1}{3}$

6 $6x^2-17x-3=0$에서 $(x-3)(6x+1)=0$

$\therefore x=3$ 또는 $x=-\frac{1}{6}$

8 $x^2-3x-5=0$은 좌변이 인수분해되지 않으므로 근의 공식에 대입하면

$x=\frac{3\pm\sqrt{(-3)^2-4\times1\times(-5)}}{2\times1}=\frac{3\pm\sqrt{29}}{2}$

9 $5x^2+2x-3=0$에서 $(x+1)(5x-3)=0$

$\therefore x=-1$ 또는 $x=\frac{3}{5}$

10 $6x^2-5x-6=0$에서 $(2x-3)(3x+2)=0$

$\therefore x=\frac{3}{2}$ 또는 $x=-\frac{2}{3}$

거저먹는 시험 문제 52쪽

1 ② 2 ④ 3 12 4 ③

5 (1) $x=2$ 또는 $x=18$ (2) $x=\frac{6\pm2\sqrt{6}}{3}$

(3) $x=2\pm\sqrt{3}$

1 $A=5, B=17$ $\quad \therefore A-B=-12$

2 $x^2-9x+5k-1=0$에서 근의 공식에 대입하면

$x=\frac{9\pm\sqrt{(-9)^2-4\times1\times(5k-1)}}{2\times1}$

$=\frac{9\pm\sqrt{85-20k}}{2}=\frac{9\pm\sqrt{5}}{2}$

따라서 $85-20k=5$이므로 $k=4$

3 $ax^2-7x+2=0$에서 근의 공식에 대입하면

$x=\frac{7\pm\sqrt{(-7)^2-4\times a\times2}}{2\times a}$

$=\frac{7\pm\sqrt{49-8a}}{2a}=\frac{7\pm\sqrt{17}}{b}$

따라서 $49-8a=17$이므로 $a=4$

$2a=b$이므로 $b=8$

$\therefore a+b=12$

4 $5x^2+6x=(2x+1)^2$에서

$5x^2+6x=4x^2+4x+1$, $x^2+2x-1=0$

일차항의 계수가 짝수이므로

$x=\frac{-1\pm\sqrt{1^2-1\times(-1)}}{1}=-1\pm\sqrt{2}$

$\therefore p=-1,\ q=2$ $\quad \therefore p+q=1$

07 복잡한 이차방정식의 풀이

A 계수가 분수인 이차방정식의 풀이 54쪽

1 Help 6 / $x=-3$ 또는 $x=-2$

2 $x=-2$ 또는 $x=5$

3 $x=\frac{6\pm4\sqrt{3}}{3}$

4 $x=\frac{2\pm\sqrt{22}}{3}$

5 $x=\frac{-3\pm\sqrt{13}}{4}$

6 $x=\frac{2\pm\sqrt{10}}{3}$

7 $x=-1$ 또는 $x=-\frac{3}{5}$

8 $x=2\pm\sqrt{19}$

1 $\frac{1}{6}x^2+\frac{5}{6}x+1=0$의 양변에 분모 6을 곱하면

$x^2+5x+6=0$, $(x+3)(x+2)=0$

$\therefore x=-3$ 또는 $x=-2$

3 $\frac{1}{4}x^2-x-\frac{1}{3}=0$의 양변에 분모의 최소공배수 12를 곱하면 $3x^2-12x-4=0$

$\therefore x=\frac{6\pm\sqrt{(-6)^2-3\times(-4)}}{3}=\frac{6\pm4\sqrt{3}}{3}$

5 $\frac{2}{3}x^2+x-\frac{1}{6}=0$의 양변에 분모의 최소공배수 6을 곱하면

$4x^2+6x-1=0$

$\therefore x=\frac{-3\pm\sqrt{3^2-4\times(-1)}}{4}=\frac{-3\pm\sqrt{13}}{4}$

7 $\frac{5}{12}x^2+\frac{2}{3}x+\frac{1}{4}=0$의 양변에 분모의 최소공배수 12를 곱하면 $5x^2+8x+3=0$

$(x+1)(5x+3)=0$

$\therefore x=-1$ 또는 $x=-\frac{3}{5}$

B 계수가 소수인 이차방정식의 풀이 55쪽

1 $x=-5$ 또는 $x=-2$

2 $x=\frac{7\pm\sqrt{17}}{4}$

3 $x=-\frac{5}{4}$ 또는 $x=2$

4 $x=5\pm\sqrt{13}$

5 $x=\frac{-5\pm\sqrt{43}}{9}$

6 $x=-\frac{1}{5}$ 또는 $x=\frac{1}{2}$

7 $x=-1$ 또는 $x=\frac{3}{4}$

8 $x=\frac{5\pm\sqrt{17}}{8}$

1 $0.1x^2+0.7x+1=0$의 양변에 10을 곱하면 $x^2+7x+10=0$에서 $(x+5)(x+2)=0$

$\therefore x=-2$ 또는 $x=-5$

3 $0.4x^2-0.3x-1=0$의 양변에 10을 곱하면

$4x^2-3x-10=0$에서 $(x-2)(4x+5)=0$

$\therefore x=2$ 또는 $x=-\frac{5}{4}$

5 $0.9x^2+x-0.2=0$의 양변에 10을 곱하면

$9x^2+10x-2=0$

$\therefore x=\frac{-5\pm\sqrt{5^2-9\times(-2)}}{9}=\frac{-5\pm\sqrt{43}}{9}$

8 $0.8x^2-x+0.1=0$의 양변에 10을 곱하면

$8x^2-10x+1=0$

$\therefore x=\frac{5\pm\sqrt{(-5)^2-8\times1}}{8}=\frac{5\pm\sqrt{17}}{8}$

C 계수가 분수 또는 소수인 이차방정식의 풀이 56쪽

1 $x=1$ 또는 $x=6$

2 $x=\frac{3\pm\sqrt{21}}{2}$

3 $x=-\frac{6}{5}$ 또는 $x=2$

4 $x=\frac{-1\pm\sqrt{6}}{5}$

5 $x=-1$ 또는 $x=\frac{5}{2}$

6 $x=1$ 또는 $x=5$

7 $x=\frac{-9\pm3\sqrt{5}}{2}$

8 $x=3$ 또는 $x=-\frac{4}{3}$

1 $(x-1)^2-5x+5=0$에서 $x^2-7x+6=0$

$(x-1)(x-6)=0$

$\therefore x=1$ 또는 $x=6$

3 $\frac{1}{4}x^2-0.2x=\frac{3}{5}$의 양변에 20을 곱하면

$5x^2-4x-12=0$, $(5x+6)(x-2)=0$

$\therefore x=-\frac{6}{5}$ 또는 $x=2$

4 $3x^2=(4x-1)(2x+1)$에서 $3x^2=8x^2+2x-1$

$5x^2+2x-1=0$

$\therefore x=\frac{-1\pm\sqrt{1^2-5\times(-1)}}{5}=\frac{-1\pm\sqrt{6}}{5}$

5 $0.2x^2-0.3x-\frac{1}{2}=0$의 양변에 10을 곱하면

$2x^2-3x-5=0$, $(x+1)(2x-5)=0$

$\therefore x=-1$ 또는 $x=\frac{5}{2}$

6 $0.4(x-1)^2=\frac{(x+3)(x-1)}{5}$의 양변에 5를 곱하면

$2(x-1)^2=(x+3)(x-1)$, $2(x^2-2x+1)=x^2+2x-3$

$x^2-6x+5=0$, $(x-1)(x-5)=0$

$\therefore x=1$ 또는 $x=5$

7 $(x+4)^2+x-7=0$에서 $x^2+9x+9=0$

$\therefore x=\frac{-9\pm\sqrt{9^2-4\times1\times9}}{2}=\frac{-9\pm3\sqrt{5}}{2}$

D 치환을 이용한 이차방정식의 풀이 57쪽

1 $x=1$ 또는 $x=7$ 2 $x=\frac{1}{2}$ 또는 $x=\frac{3}{2}$

3 $x=-2$ 또는 $x=-\frac{3}{2}$ 4 $x=\frac{9}{2}$ 또는 $x=\frac{13}{3}$

5 $x=-\frac{4}{3}$ 또는 $x=\frac{1}{6}$ 6 $x=\frac{9}{2}$ (중근)

7 $x=0$ 또는 $x=\frac{5}{2}$ 8 $x=0$ (중근)

---

1 $(x-2)^2-4(x-2)-5=0$에서 $x-2=A$로 치환하면

$A^2-4A-5=0$, $(A+1)(A-5)=0$

따라서 $A=-1$ 또는 $A=5$이므로

$x-2=-1$ 또는 $x-2=5$

$\therefore x=1$ 또는 $x=7$

3 $2(x+3)^2-5(x+3)+3=0$에서 $x+3=A$로 치환하면

$2A^2-5A+3=0$, $(A-1)(2A-3)=0$

따라서 $A=1$ 또는 $A=\frac{3}{2}$이므로

$x+3=1$ 또는 $x+3=\frac{3}{2}$

$\therefore x=-2$ 또는 $x=-\frac{3}{2}$

5 $2\left(x+\frac{1}{3}\right)^2-1=-\left(x+\frac{1}{3}\right)$에서 $x+\frac{1}{3}=A$로 치환하면

$2A^2+A-1=0$, $(A+1)(2A-1)=0$

따라서 $A=-1$ 또는 $A=\frac{1}{2}$이므로

$x+\frac{1}{3}=-1$ 또는 $x+\frac{1}{3}=\frac{1}{2}$

$\therefore x=-\frac{4}{3}$ 또는 $x=\frac{1}{6}$

6 $0.4(x-6)^2+1.2(x-6)=-0.9$에서 $x-6=A$로 치환하면

$0.4A^2+1.2A+0.9=0$

양변에 10을 곱하면 $4A^2+12A+9=0$, $(2A+3)^2=0$

따라서 $A=-\frac{3}{2}$이므로 $x-6=-\frac{3}{2}$ $\therefore x=\frac{9}{2}$ (중근)

8 $0.2(3x-1)^2+\frac{2}{5}(3x-1)=-0.2$에서 $3x-1=A$로 치환

하면 $0.2A^2+\frac{2}{5}A+0.2=0$

양변에 5를 곱하면 $A^2+2A+1=0$, $(A+1)^2=0$

따라서 $A=-1$이므로 $3x-1=-1$ $\therefore x=0$ (중근)

거저먹는 시험 문제 58쪽

1 $x=-1$ 또는 $x=\frac{8}{5}$ 2 ① 3 ②

4 ③ 5 ⑤ 6 $x=-\frac{9}{2}$ 또는 $x=-\frac{2}{3}$

2 $0.8x^2+0.6x-0.5=0$의 양변에 10을 곱하면

$8x^2+6x-5=0$, $(2x-1)(4x+5)=0$

$\therefore x=\frac{1}{2}$ 또는 $x=-\frac{5}{4}$

두 근을 α, β라 할 때 $\alpha<\beta$이므로 $\alpha=-\frac{5}{4}$, $\beta=\frac{1}{2}$

$\therefore 4\alpha+2\beta=-5+1=-4$

3 $p=2$, $q=14$ $\therefore q-10p=-6$

4 $0.3(x-2)^2=\frac{(x-4)(x-1)}{3}$의 양변에 30을 곱하면

$9(x-2)^2=10(x-4)(x-1)$

$9(x^2-4x+4)=10(x^2-5x+4)$

$x^2-14x+4=0$

$\therefore x=\frac{7\pm\sqrt{(-7)^2-1\times4}}{1}$

$=7\pm\sqrt{45}=7\pm3\sqrt{5}$

따라서 두 근의 차는 $7+3\sqrt{5}-(7-3\sqrt{5})=6\sqrt{5}$

6 $0.3(2x+1)^2+\frac{5}{2}(2x+1)=-0.8$에서

$2x+1=A$로 치환하면 $0.3A^2+\frac{5}{2}A+0.8=0$

양변에 10을 곱하면 $3A^2+25A+8=0$

$(A+8)(3A+1)=0$

따라서 $A=-8$ 또는 $A=-\frac{1}{3}$이므로

$2x+1=-8$ 또는 $2x+1=-\frac{1}{3}$

$\therefore x=-\frac{9}{2}$ 또는 $x=-\frac{2}{3}$

08 이차방정식의 근의 개수

A 이차방정식의 근의 개수 1 　60쪽

1 >, 2개　2 =, 1개　3 >, 2개
4 <, 없다.　5 <, 없다.　6 =, 1개
7 <, 없다.　8 >, 2개

B 이차방정식의 근의 개수 2 　61쪽

1 2개　2 없다.　3 2개　4 1개
5 없다.　6 2개　7 없다.　8 1개

1 $x^2-2x-4=0$에서 $a=1, b=-2, c=-4$이므로
$b^2-4ac=(-2)^2-4\times1\times(-4)=20>0$
따라서 근이 2개이다.

3 $3x^2-2x-1=0$에서 $a=3, b=-2, c=-1$이므로
$b^2-4ac=(-2)^2-4\times3\times(-1)=16>0$
따라서 근이 2개이다.

5 $x^2+4x+6=0$에서 $a=1, b=4, c=6$이므로
$b^2-4ac=4^2-4\times1\times6=-8<0$
따라서 근이 없다.

7 $2x^2-8x+9=0$에서 $a=2, b=-8, c=9$이므로
$b^2-4ac=(-8)^2-4\times2\times9=-8<0$
따라서 근이 없다.

C 이차방정식이 중근을 가질 조건 　62쪽

1 0, 4　2 $1, -\frac{1}{3}$　3 8　4 $2, -\frac{10}{9}$
5 $-\frac{5}{3}$　6 $-2, -\frac{2}{3}$　7 -3　8 $\frac{5}{2}$

1 $(k-2)^2-4=0$에서
$k^2-4k=0, k(k-4)=0$
$\therefore k=0$ 또는 $k=4$

3 $k^2-4\times4\times(k-4)=0$에서
$k^2-16k+64=0, (k-8)^2=0$
$\therefore k=8$

5 $4(k+3)^2-4(k^2-1)=0$에서
$4k^2+24k+36-4k^2+4=0, 24k+40=0$
$\therefore k=-\frac{5}{3}$

7 $4(x+1)^2=k+3$에서 $4x^2+8x-k+1=0$이므로
$64-4\times4\times(-k+1)=0,\ 16k+48=0$
$\therefore k=-3$

D 이차방정식의 근의 개수에 따른 미지수의 범위 　63쪽

1 $k<\frac{25}{4}$　2 $k>-5$　3 $k<-\frac{11}{12}$
4 $k<3$　5 $k<\frac{2}{3}$　6 $k>6$
7 $k>\frac{3}{2}$　8 $k>-1$

1 이차방정식 $x^2-5x+k=0$이 서로 다른 두 근을 가질 조건은
$25-4k>0\quad \therefore k<\frac{25}{4}$

3 이차방정식 $3x^2-x+k+1=0$이 서로 다른 두 근을 가질 조건은
$1-4\times3\times(k+1)>0\quad \therefore k<-\frac{11}{12}$

5 이차방정식 $3x^2+2x-k+1=0$이 근을 갖지 않을 조건은
$2^2-4\times3\times(-k+1)<0\quad \therefore k<\frac{2}{3}$

7 이차방정식 $2x^2+x+\frac{k-1}{4}=0$이 근을 갖지 않을 조건은
$1^2-4\times2\times\frac{k-1}{4}<0\quad \therefore k>\frac{3}{2}$

거저먹는 시험 문제 　64쪽

1 ④　2 ③　3 ①, ③
4 $x=-1$ 또는 $x=-\frac{1}{3}$　5 ⑤　6 ④

2 ①, ②, ④, ⑤ 2개　③ 근이 없다.

3 이차방정식 $x^2-2(k+4)x-2k=0$이 중근을 가지므로
$4(k+4)^2-4\times1\times(-2k)=0$
$4k^2+40k+64=0, 4(k+8)(k+2)=0$
$\therefore k=-8$ 또는 $x=-2$

4 이차방정식 $9x^2+6x-k=0$이 중근을 가지므로
$6^2-4\times9\times(-k)=0\quad \therefore k=-1$
$3x^2-4kx+2k+3=0$에 $k=-1$을 대입하면
$3x^2+4x+1=0, (x+1)(3x+1)=0$
$\therefore x=-1$ 또는 $x=-\frac{1}{3}$

5 이차방정식 $2x^2-5x+m+3=0$이 서로 다른 두 근을 가질 조건은 $25-4\times2\times(m+3)>0, 25-8m-24>0$
$\therefore m<\frac{1}{8}$

6 이차방정식 $x^2-2x+\frac{k-1}{4}=0$이 근을 갖지 않을 때
$2^2-4\times\frac{k-1}{4}<0,\ 4-k+1<0\quad \therefore k>5$

09 두 근이 주어질 때 이차방정식 구하기

A 두 근이 주어질 때 이차방정식 구하기 1 66쪽

1 Help 2 / $x^2-3x+2=0$ 2 $x^2-5x+6=0$
3 $x^2-4x-5=0$ 4 $x^2+8x+12=0$
5 Help 5 / $x^2-10x+25=0$ 6 $x^2+16x+64=0$
7 $x^2+x+\frac{2}{9}=0$ 8 $x^2-\frac{1}{4}x-\frac{3}{8}=0$

1 1, 2가 이차방정식의 근이므로
$(x-1)(x-2)=0$ $\therefore x^2-3x+2=0$
3 -1, 5가 이차방정식의 근이므로
$(x+1)(x-5)=0$ $\therefore x^2-4x-5=0$
5 5가 이차방정식의 중근이므로
$(x-5)^2=0$ $\therefore x^2-10x+25=0$
7 $-\frac{2}{3}$, $-\frac{1}{3}$이 이차방정식의 근이므로
$\left(x+\frac{2}{3}\right)\left(x+\frac{1}{3}\right)=0$ $\therefore x^2+x+\frac{2}{9}=0$

B 두 근이 주어질 때 이차방정식 구하기 2 67쪽

1 $2x^2-3x+1=0$ 2 $3x^2-x-4=0$
3 $4x^2+9x+2=0$ 4 $3x^2+x-2=0$
5 $10x^2+7x+1=0$ 6 $6x^2-x-1=0$
7 $8x^2-18x+9=0$ 8 $12x^2+5x-3=0$

1 $\frac{1}{2}$, 1이 이차방정식의 근이고 이차항의 계수가 2이므로
$2\left(x-\frac{1}{2}\right)(x-1)=0$, $2\left(x^2-\frac{3}{2}x+\frac{1}{2}\right)=0$
$\therefore 2x^2-3x+1=0$
3 -2, $-\frac{1}{4}$이 이차방정식의 근이고 이차항의 계수가 4이므로
$4(x+2)\left(x+\frac{1}{4}\right)=0$, $4\left(x^2+\frac{9}{4}x+\frac{1}{2}\right)=0$
$\therefore 4x^2+9x+2=0$
5 $-\frac{1}{2}$, $-\frac{1}{5}$이 이차방정식의 근이고 이차항의 계수가 10이므로
$10\left(x+\frac{1}{2}\right)\left(x+\frac{1}{5}\right)=0$, $10\left(x^2+\frac{7}{10}x+\frac{1}{10}\right)=0$
$\therefore 10x^2+7x+1=0$
7 $\frac{3}{2}$, $\frac{3}{4}$이 이차방정식의 근이고 이차항의 계수가 8이므로
$8\left(x-\frac{3}{2}\right)\left(x-\frac{3}{4}\right)=0$, $8\left(x^2-\frac{9}{4}x+\frac{9}{8}\right)=0$
$\therefore 8x^2-18x+9=0$

C 이차방정식의 두 근을 이용하여 미지수 구하기 68쪽

1 $a=6, b=-8$ 2 $a=15, b=9$
3 $a=-6, b=4$ 4 $a=0, b=-45$
5 $a=-4, b=-1$ 6 $a=12, b=-5$
7 $a=-4, b=2$ 8 $a=16, b=8$

1 이차방정식 $2x^2+ax+b=0$의 두 근이 1, -4이므로
$2(x-1)(x+4)=0$, $2x^2+6x-8=0$
$\therefore a=6, b=-8$
3 이차방정식 $2x^2-ax+b=0$의 두 근이 -2, -1이므로
$2(x+2)(x+1)=0$, $2x^2+6x+4=0$
$\therefore a=-6, b=4$
5 이차방정식 $3x^2-ax-b=0$의 두 근이 $-\frac{1}{3}$, -1이므로
$3\left(x+\frac{1}{3}\right)(x+1)=0$, $3x^2+4x+1=0$
$\therefore a=-4, b=-1$
7 이차방정식 $2x^2+ax+b=0$의 근이 중근 1이므로
$2(x-1)^2=0$, $2x^2-4x+2=0$
$\therefore a=-4, b=2$

D 한 근이 무리수일 때 다른 한 근 구하기 69쪽

1 $1-\sqrt{3}$ 2 $-1+\sqrt{2}$ 3 $2-\sqrt{5}$
4 $-3+\sqrt{7}$ 5 $1-\sqrt{2}$ 6 $2+\sqrt{3}$
7 $\frac{3}{2}-\frac{1}{2}\sqrt{7}$ 8 $\frac{4}{3}+\frac{1}{3}\sqrt{13}$

5 $\frac{1}{-1+\sqrt{2}}=\frac{-1-\sqrt{2}}{(-1+\sqrt{2})(-1-\sqrt{2})}$
$=\frac{-1-\sqrt{2}}{1-2}=1+\sqrt{2}$
따라서 다른 한 근은 $1-\sqrt{2}$이다.
6 $\frac{1}{2+\sqrt{3}}=\frac{2-\sqrt{3}}{(2+\sqrt{3})(2-\sqrt{3})}$
$=\frac{2-\sqrt{3}}{4-3}=2-\sqrt{3}$
따라서 다른 한 근은 $2+\sqrt{3}$이다.
7 $\frac{1}{3-\sqrt{7}}=\frac{3+\sqrt{7}}{(3-\sqrt{7})(3+\sqrt{7})}$
$=\frac{3+\sqrt{7}}{9-7}=\frac{3}{2}+\frac{1}{2}\sqrt{7}$
따라서 다른 한 근은 $\frac{3}{2}-\frac{1}{2}\sqrt{7}$이다.
8 $\frac{1}{4+\sqrt{13}}=\frac{4-\sqrt{13}}{(4+\sqrt{13})(4-\sqrt{13})}$
$=\frac{4-\sqrt{13}}{16-13}=\frac{4}{3}-\frac{1}{3}\sqrt{13}$
따라서 다른 한 근은 $\frac{4}{3}+\frac{1}{3}\sqrt{13}$이다.

거저먹는 시험 문제 70쪽

1 ⑤ 2 ② 3 $a=\frac{5}{2}$, $b=-3$
4 ① 5 $5+3\sqrt{2}$ 6 ②

1 두 근이 -2, 5이므로
$(x+2)(x-5)=0$, $x^2-3x-10=0$
따라서 상수항은 -10이다.

2 두 근이 $-\frac{2}{3}$, $\frac{1}{2}$이고 이차항의 계수가 6이므로
$6\left(x+\frac{2}{3}\right)\left(x-\frac{1}{2}\right)=0$, $6\left(x^2+\frac{1}{6}x-\frac{1}{3}\right)=0$
$\therefore 6x^2+x-2=0$

3 $2x^2-ax+b=0$의 두 근이 $-\frac{3}{4}$, 2이므로
$2\left(x+\frac{3}{4}\right)(x-2)=0$, $2x^2-\frac{5}{2}x-3=0$
$\therefore a=\frac{5}{2}$, $b=-3$

4 $3x^2+ax+b=0$이 중근 2를 가지므로
$3(x-2)^2=0$
$\therefore 3x^2-12x+12=0$
$\therefore a=-12$, $b=12$, $a+b=0$

6 $\frac{1}{3-2\sqrt{2}}=\frac{3+2\sqrt{2}}{(3-2\sqrt{2})(3+2\sqrt{2})}=3+2\sqrt{2}$
따라서 다른 한 근 $3-2\sqrt{2}$이다.

10 실생활에서 이차방정식 활용하기

A 식에 대한 활용 72쪽

1 칠각형 2 십각형 3 9
4 12 5 9팀 6 8장

1 n각형의 대각선의 개수가 $\frac{n(n-3)}{2}$이므로
$\frac{n(n-3)}{2}=14$, $n(n-3)=28$, $n^2-3n-28=0$
$(n+4)(n-7)=0$ $\therefore n=-4$ 또는 $n=7$
따라서 n은 3 이상의 자연수이므로 칠각형이다.

3 자연수 1부터 n까지의 합은 $\frac{n(n+1)}{2}$이므로
$\frac{n(n+1)}{2}=45$, $n(n+1)=90$, $n^2+n-90=0$
$(n-9)(n+10)=0$ $\therefore n=9$ 또는 $n=-10$
따라서 n은 자연수이므로 9이다.

5 축구 대회에 참가한 n개팀이 모두 한 번씩 경기를 하는 수가
$\frac{n(n-1)}{2}$이므로 $\frac{n(n-1)}{2}=36$
$n(n-1)=72$, $n^2-n-72=0$
$(n+8)(n-9)=0$ $\therefore n=-8$ 또는 $n=9$
따라서 n은 자연수이므로 참가 팀은 9팀이다.

B 수에 대한 활용 73쪽

1 $2x$, $2x$, 27 2 42 3 7
4 74, 35 5 15 6 8, 10

2 연속하는 세 자연수를 $x-1$, x, $x+1$이라 하면 가장 큰 수와 가장 작은 수의 합은 $2x$이다.
이 수의 5배에 56을 더한 값은 가운데 수의 제곱과 같으므로
$5\times 2x+56=x^2$, $x^2-10x-56=0$
$(x+4)(x-14)=0$ $\therefore x=-4$ 또는 $x=14$
따라서 세 자연수는 13, 14, 15이므로 세 자연수의 합은 42이다.

5 연속하는 두 홀수를 x, $x+2$라 하면 두 홀수의 제곱의 합은
$x^2+(x+2)^2=34$, $2x^2+4x-30=0$
$x^2+2x-15=0$, $(x-3)(x+5)=0$
$\therefore x=3$ 또는 $x=-5$
따라서 두 홀수는 3, 5이므로 두 홀수의 곱은 15이다.

C 나이, 날짜에 대한 활용 74쪽

1 $2(x-3)^2+2$, $2(x-3)^2+2$, 10살 2 8살
3 $x^2+(x+1)^2+(x+2)^2$, 8월 4일 4 9월 10일

1 $x^2=2(x-3)^2+2$, $x^2-12x+20=0$
$(x-2)(x-10)=0$
$\therefore x=2$ 또는 $x=10$
근영이가 2살이면 동생이 없으므로 10살이다.

2 재아의 나이를 x살이라 하면 혜원이의 나이는 $(x+4)$살이고 혜원이의 나이의 제곱이 재아의 나이의 제곱의 2배보다 16살이 더 많으므로 $(x+4)^2=2x^2+16$, $x^2-8x=0$
$x(x-8)=0$ $\therefore x=0$ 또는 $x=8$
따라서 재아의 나이는 8살이다.

4 추석 연휴가 9월 x일부터 시작되었다고 하면
$x^2+(x+1)^2+(x+2)^2=365$
$3x^2+6x-360=0$, $x^2+2x-120=0$
$(x-10)(x+12)=0$ $\therefore x=10$ 또는 $x=-12$
따라서 추석 연휴는 9월 10일부터이다.

D 쏘아 올린 물체에 대한 활용 75쪽

1 2초 2 4초 3 3초 4 2초

1 $60x-5x^2=100$, $x^2-12x+20=0$
$(x-2)(x-10)=0$
$\therefore\ x=2$ 또는 $x=10$
따라서 로켓이 처음으로 지면으로부터의 높이가 100m인 지점을 지나는 것은 2초 후이다.
3 $-x^2+2x+3=0$, $x^2-2x-3=0$
$(x+1)(x-3)=0$
$\therefore\ x=-1$ 또는 $x=3$
따라서 공이 지면에 떨어질 때까지 3초가 걸린다.

거저먹는 시험 문제 76쪽

1 ② 2 10, 11, 12 3 ②, ④ 4 41
5 ④ 6 ①

2 연속하는 세 자연수를 $x-1$, x, $x+1$이라 하면 가장 큰 수와 가장 작은 수의 합은 $2x$이다.
이 수의 4배에 33을 더한 값은 가운데 수의 제곱과 같으므로
$4\times2x+33=x^2$, $x^2-8x-33=0$
$(x+3)(x-11)=0$ $\therefore x=-3$ 또는 $x=11$
따라서 세 자연수는 10, 11, 12이다.
3 어떤 수를 x라 하면
$(x+4)^2=2(x+4)$, $x^2+6x+8=0$
$(x+2)(x+4)=0$ $\therefore x=-2$ 또는 $x=-4$
4 수학 교과서의 두 쪽수를 x, $x+1$이라 하면
$x(x+1)=420$, $x^2+x-420=0$
$(x-20)(x+21)=0$ $\therefore x=20$ 또는 $x=-21$
따라서 두 면의 쪽수는 20, 21쪽이므로 쪽수의 합은
$20+21=41$
5 수련회에 갔다가 5월 x일에 돌아온다고 하면
$(x-2)^2+(x-1)^2+x^2=149$, $x^2-2x-48=0$
$(x+6)(x-8)=0$ $\therefore\ x=-6$ 또는 $x=8$
따라서 수련회에서 돌아오는 날짜는 5월 8일이다.

11 도형에서 이차방정식 활용하기

A 사각형에 대한 활용 78쪽

1 $x-4$, $x-4$, 가로의 길이: 12m, 세로의 길이: 8m
2 14cm 3 4, 2, 4, 2, 4m 4 15cm

2 가로의 길이를 $x$cm라 하면 세로의 길이는 $(24-x)$cm이므로 직사각형의 넓이는
$x(24-x)=140$, $x^2-24x+140=0$
$(x-10)(x-14)=0$ $\therefore x=10$ 또는 $x=14$
가로의 길이가 세로의 길이보다 더 길기 때문에 가로의 길이는 14cm이다.
4 정사각형의 한 변의 길이를 $x$cm라 하면 가로의 길이는 $(x+10)$cm, 세로의 길이는 $(x+3)$cm이므로 넓이는
$(x+3)(x+10)=2x^2$
$x^2-13x-30=0$, $(x+2)(x-15)=0$
$\therefore x=-2$ 또는 $x=15$
따라서 처음 정사각형의 한 변의 길이는 15cm이다.

B 도형에 대한 활용 79쪽

1 $6-x$, $6-x$, x, $6-x$, 3cm 2 4cm
3 $8-x$, $8-x$, 5cm 4 3cm

2 $\overline{BF}=x$cm라 하면 $\overline{FC}=(10-x)$cm이다.
$\angle C=\angle CEF=45°$이므로 $\triangle EFC$도 직각이등변삼각형이다.
따라서 $\overline{EF}=(10-x)$cm이므로
$\square DBFE=\overline{BF}\times\overline{EF}=x(10-x)=24$
$x^2-10x+24=0$,$(x-4)(x-6)=0$
$\therefore x=4$ 또는 $x=6$
$\overline{BF}<\overline{FC}$이므로 $\overline{BF}=4$cm
4 큰 정사각형의 한 변의 길이를 x cm라 하면 작은 정사각형의 한 변의 길이는 $(12-x)$cm이므로
$x^2+(12-x)^2=90$, $x^2-12x+27=0$
$(x-3)(x-9)=0$ $\therefore x=3$ 또는 $x=9$
따라서 작은 정사각형의 한 변의 길이는 3cm이다.

C 도로의 폭에 대한 활용 80쪽

1 x, x, x, x, 216, 2m 2 1m
3 $2x$, $2x$, $2x$, $2x$, $\frac{7}{2}$m 4 $\frac{5}{2}$m

2 도로의 폭을 xm라 하면 도로를 제외한 땅의 가로의 길이는 $(30-x)$m, 세로의 길이는 $(20-x)$m, 도로를 제외한 땅의 넓이가 551m²이므로 $(30-x)(20-x)=551$
$600-50x+x^2-551=0$, $x^2-50x+49=0$
$(x-1)(x-49)=0$ $\therefore x=1$ 또는 $x=49$
따라서 도로의 폭은 1m이다.
4 도로의 폭을 xm라 하면
$(9+2x)(6+2x)-54=100$, $2x^2+15x-50=0$
$(x+10)(2x-5)=0$ $\therefore x=-10$ 또는 $x=\frac{5}{2}$
따라서 도로의 폭은 $\frac{5}{2}$m이다.

D 상자 만들기에 대한 활용 81쪽

1 $12-2x$, $12-2x$, 1cm　　2 14cm

3 $60-2x$, $60-2x$, 6cm　　4 20cm

2 가로의 길이가 x cm이면 세로의 길이는 $(x-4)$cm이다.
따라서 상자의 가로의 길이는 $(x-4)$cm, 세로의 길이는 $(x-8)$cm, 높이는 2cm이므로 상자의 부피는
$(x-4)\times(x-8)\times2=120$
$x^2-12x-28=0$, $(x+2)(x-14)=0$
$\therefore x=-2$ 또는 $x=14$
따라서 직사각형의 가로의 길이는 14cm이다.

4 접어 올린 길이를 $x$cm로 놓으면 색칠한 부분의 가로의 길이는 $(80-2x)$cm이므로 색칠한 부분의 넓이는
$x(80-2x)=800$
$x^2-40x+400=0$, $(x-20)^2=0$
$\therefore x=20$
따라서 접어 올린 길이는 20cm이다.

거저먹는 시험 문제 82쪽

1 ①　　2 ③　　3 5cm　　4 ③
5 20cm

1 가로의 길이가 $x$cm이면 세로의 길이는 $(20-x)$cm이므로
$x(20-x)=96$, $x^2-20x+96=0$
$(x-8)(x-12)=0$　　$\therefore x=8$ 또는 $x=12$
세로의 길이가 가로의 길이보다 길기 때문에 가로의 길이는 8cm이다.

2 $(8+x)^2\pi-64\pi=57\pi$
$x^2+16x-57=0$, $(x-3)(x+19)=0$
$\therefore x=3$ 또는 $x=-19$
따라서 $x=3$이다.

3 $\overline{BF}=x$ cm라 하면 $\overline{FC}=(12-x)$cm이다.
$\angle C=\angle CEF$이므로 $\triangle EFC$도 직각이등변삼각형이다.
따라서 $\overline{EF}=(12-x)$ cm이므로
$\square DBFE=\overline{BF}\times\overline{EF}=x(12-x)=35$
$12x-x^2-35=0$, $x^2-12x+35=0$
$(x-5)(x-7)=0$　　$\therefore x=5$ 또는 $x=7$
$\overline{BF}<\overline{FC}$이므로 $\overline{BF}=5$cm

4 도로의 폭을 xm라 하면
$15\times12-(15-x)(12-2x)=108$
$180-180+42x-2x^2-108=0$
$x^2-21x+54=0$, $(x-3)(x-18)=0$
$\therefore x=3$ 또는 $x=18$
따라서 $x<6$이므로 도로의 폭은 3m이다.

5 처음 직사각형 모양의 가로의 길이가 x cm이면 세로의 길이는 $(x-5)$cm이므로 상자의 가로의 길이는 $(x-8)$cm, 세로의 길이는 $(x-13)$cm, 높이는 4cm이다.
즉, 상자의 부피는
$4(x-8)(x-13)=336$
$(x-8)(x-13)=84$, $x^2-21x+20=0$
$(x-1)(x-20)=0$　　$\therefore x=1$ 또는 $x=20$
따라서 $x>8$이므로 가로의 길이는 20cm이다.

12 이차함수의 뜻

A 이차함수의 뜻 85쪽

1 ○　　2 ×　　3 ○　　4 ×
5 ○　　6 ○　　7 ×　　8 ×
9 ×　　10 ○

B 문장을 식으로 나타내고 이차함수 찾기 86쪽

1 $x(x+2)$, ○　　2 πx^2, ○　　3 $4x$, ×
4 $x(x+1)$, ○　　5 $60x$, ×　　6 $\frac{5}{3}\pi x^2$, ○
7 x^3, ×　　8 $\frac{x}{100}(100+x)$, ○

C 이차함수가 되기 위한 조건 87쪽

1 $a\neq0$　　2 $a\neq1$　　3 $a\neq-2$　　4 $a\neq1$
5 $a\neq4$　　6 $a\neq5$　　7 $a\neq\frac{1}{4}$　　8 $a\neq4$
9 $a\neq\frac{5}{3}$　　10 $a\neq-1$

D 이차함수의 함숫값 1 88쪽

1 -2　　2 19　　3 4　　4 7
5 -50　　6 3　　7 3　　8 9
9 -2　　10 -40

E 이차함수의 함숫값 2 89쪽

1 $a=-6$, $b=3$　　2 $a=-3$, $b=-6$
3 $a=3$, $b=39$　　4 $a=-1$, $b=8$
5 $a=1$, $b=25$　　6 $a=-1$, $b=-19$
7 $a=2$, $b=8$　　8 $a=-4$, $b=-1$

1 $f(x)=2x^2+ax+7$에서 $f(1)=3$이므로
$2+a+7=3 \quad \therefore a=-6$
따라서 $f(x)=2x^2-6x+7$이므로
$f(2)=8-12+7=b \quad \therefore b=3$
3 $f(x)=4x^2+ax-6$에서 $f(-2)=4$이므로
$16-2a-6=4 \quad \therefore a=3$
따라서 $f(x)=4x^2+3x-6$이므로
$f(3)=36+9-6=b \quad \therefore b=39$
5 $f(x)=5x^2+ax+2a+1$에서
$f(-1)=7$이므로 $5-a+2a+1=7 \quad \therefore a=1$
따라서 $f(x)=5x^2+x+3$이므로
$f(2)=20+2+3=b \quad \therefore b=25$
7 $f(x)=6x^2+ax+2a$에서 $f(1)=12$이므로
$6+a+2a=12 \quad \therefore a=2$
따라서 $f(x)=6x^2+2x+4$이므로
$f(-1)=6-2+4=b \quad \therefore b=8$

거저먹는 시험 문제 90쪽

1 ⑤	2 ③, ⑤	3 $a\neq3$	4 ②
5 ①	6 ①		

2 ① $y=2\pi x$
② $y=\frac{1}{2}\times x\times 8 \quad \therefore y=4x$
③ $y=x\times x \quad \therefore y=x^2$
④ $y=\frac{1}{2}\times(3x+x+1)\times 3 \quad \therefore y=6x+\frac{3}{2}$
⑤ $y=6x^2$
3 $y=a(x+5)^2-3(1-x)^2$에서
$y=a(x^2+10x+25)-3(1-2x+x^2)$
$=(a-3)x^2+(10a+6)x+25a-3$
따라서 이차함수가 되려면 $a-3\neq0$
$\therefore a\neq3$
5 $f(x)=5x^2+ax-3a$에서 $f(2)=10$이므로
$20+2a-3a=10 \quad \therefore a=10$
따라서 $f(x)=5x^2+10x-30$이므로
$f(-2)=20-20-30=b \quad \therefore b=-30$
$\therefore a+b=-20$
6 $f(x)=-4x^2+x-3$에서 $f(a)=-6$이므로
$-4a^2+a-3=-6$
$4a^2-a-3=0$
$(a-1)(4a+3)=0$
$\therefore a=1$ 또는 $a=-\frac{3}{4}$
따라서 자연수 a는 1이다.

13 이차함수 $y=ax^2$의 그래프

A 이차함수 $y=x^2$, $y=-x^2$의 그래프 92쪽

1 0, 0	2 y, $x=0$	3 감소	4 증가
5 1, 2	6 0, 0	7 y, $x=0$	8 증가
9 감소	10 3, 4		

B 이차함수 $y=ax^2$의 그래프 1 93쪽

1 ㄱ, ㄷ	2 ㄷ	3 ㄱ, ㄷ	4 ㄴ, ㄹ
5 ㄴ, ㄹ	6 ㉡	7 ㉢	8 ㉠
9 ㉣			

C 이차함수 $y=ax^2$의 그래프 2 94쪽

1 ×	2 ○	3 ○	4 ×
5 ×	6 ×	7 ○	8 ○
9 ○	10 ○		

D 이차함수 $y=ax^2$의 그래프 위의 점 1 95쪽

1 2	2 $-\frac{4}{3}$	3 $-\frac{5}{2}$	4 $\frac{1}{9}$
5 $\frac{1}{2}$		6 $a=-4$, $b=-16$	
7 $a=2$, $b=2$		8 $a=5$, $b=5$	
9 $a=1$, $b=4$		10 $a=-\frac{1}{2}$, $b=-\frac{9}{2}$	

6 $y=ax^2$에 점 $(1,\ -4)$를 대입하면 $a=-4$
따라서 $y=-4x^2$에 점 $(2,\ b)$를 대입하면 $b=-16$
8 $y=ax^2$에 점 $(-1,\ 5)$를 대입하면 $a=5$
따라서 $y=5x^2$에 점 $(1,\ b)$를 대입하면 $b=5$
10 $y=ax^2$에 점 $(2,\ -2)$를 대입하면 $a=-\frac{1}{2}$
따라서 $y=-\frac{1}{2}x^2$에 점 $(3,\ b)$를 대입하면 $b=-\frac{9}{2}$

E 이차함수 $y=ax^2$의 그래프 위의 점 2 96쪽

1 4	2 9	3 -16	4 $\frac{3}{16}$
5 $-\frac{1}{20}$	6 ±4	7 ±1	8 ±12
9 $\pm\frac{2}{3}$	10 $\pm\frac{1}{4}$		

1 $y=ax^2$으로 놓고 점 $(1,\ 1)$을 대입하면 $a=1$
따라서 $y=x^2$에 점 $(2,\ k)$를 대입하면 $k=4$

3 $y=ax^2$으로 놓고 점 $(1,\ -4)$를 대입하면 $a=-4$
따라서 $y=-4x^2$에 점 $(2,\ k)$를 대입하면 $k=-16$

5 $y=ax^2$으로 놓고 점 $(5,\ -5)$를 대입하면 $a=-\frac{1}{5}$
따라서 $y=-\frac{1}{5}x^2$에 점 $\left(-\frac{1}{2},\ k\right)$를 대입하면 $k=-\frac{1}{20}$

6 $y=ax^2$으로 놓고 점 $(-2,\ 1)$을 대입하면 $a=\frac{1}{4}$
따라서 $y=\frac{1}{4}x^2$에 점 $(k,\ 4)$를 대입하면
$k^2=16 \quad \therefore k=\pm 4$

7 $y=ax^2$으로 놓고 점 $(3,\ -81)$을 대입하면 $a=-9$
따라서 $y=-9x^2$에 점 $(k,\ -9)$를 대입하면
$k^2=1 \quad \therefore k=\pm 1$

10 $y=ax^2$으로 놓고 점 $(-5,\ 50)$을 대입하면 $a=2$
따라서 $y=2x^2$에 점 $\left(k,\ \frac{1}{8}\right)$을 대입하면
$k^2=\frac{1}{16} \quad \therefore k=\pm\frac{1}{4}$

거저먹는 시험 문제 97쪽

1 ㉠, ㉣, ㉡, ㉢, ㉥, ㉤ 2 ① 3 ③
4 ② 5 $y=2x^2$ 6 ⑤

1 $y=ax^2$에서 a의 절댓값이 작을수록 폭이 넓다.

2 $y=ax^2$에서 a의 절댓값이 $\frac{2}{3}$보다 크고 2보다 작은 범위에 있지 않는 그래프를 찾는다.

3 ③ 꼭짓점의 좌표는 $(0,\ 0)$이다.

4 $y=-4x^2$의 그래프와 x축에 대하여 서로 대칭인 그래프는 $y=4x^2$이므로 점 $(p,\ 5p+6)$을 대입하면
$5p+6=4p^2$, $4p^2-5p-6=0$
$(p-2)(4p+3)=0$
$\therefore p=2$ 또는 $p=-\frac{3}{4}$
따라서 양수 p는 2이다.

5 $y=ax^2$으로 놓고 점 $(-2,\ 8)$을 대입하면 $a=2$
따라서 이차함수의 그래프의 식은
$y=2x^2$

6 $y=ax^2$으로 놓고 점 $(-3,\ 1)$을 대입하면 $a=\frac{1}{9}$
따라서 $y=\frac{1}{9}x^2$에 점 $(k,\ 4)$를 대입하면 $k^2=36$
$k>0$이므로 $k=6$

14 이차함수 $y=ax^2+q$, $y=a(x-p)^2$의 그래프

A 이차함수 $y=ax^2+q$의 그래프 1 99쪽

1 0, 2　2 y, $x=0$　3 2　4 0, -1
5 y, $x=0$　6 -1　7 $y=3x^2+1$
8 $y=\frac{1}{4}x^2+2$　9 $y=10x^2-5$
10 $y=-2x^2+6$　11 $y=-\frac{2}{3}x^2-\frac{1}{5}$

B 이차함수 $y=ax^2+q$의 그래프 2 100쪽

1 $(0,\ -1)$, $x=0$　2 $(0,\ 3)$, $x=0$
3 $\left(0,\ -\frac{1}{2}\right)$, $x=0$　4 $(0,\ -5)$, $x=0$
5 $\left(0,\ -\frac{1}{7}\right)$, $x=0$　6 1　7 -1
8 1　9 2　10 3

1 $y=5x^2$의 그래프를 y축의 방향으로 -1만큼 평행이동한 그래프의 식은 $y=5x^2-1$
따라서 꼭짓점의 좌표는 $(0,\ -1)$, 축의 방정식은 $x=0$이다.

3 $y=4x^2$의 그래프를 y축의 방향으로 $-\frac{1}{2}$만큼 평행이동한 그래프의 식은 $y=4x^2-\frac{1}{2}$
따라서 꼭짓점의 좌표는 $\left(0,\ -\frac{1}{2}\right)$, 축의 방정식은 $x=0$이다.

5 $y=-\frac{2}{5}x^2$의 그래프를 y축의 방향으로 $-\frac{1}{7}$만큼 평행이동한 그래프의 식은 $y=-\frac{2}{5}x^2-\frac{1}{7}$
따라서 꼭짓점의 좌표는 $\left(0,\ -\frac{1}{7}\right)$, 축의 방정식은 $x=0$이다.

6 $y=ax^2$의 그래프를 y축의 방향으로 2만큼 평행이동하면 $y=ax^2+2$이므로 점 $(-1,\ 3)$을 대입하면 $a=1$

8 $y=ax^2$의 그래프를 y축의 방향으로 $-\frac{1}{2}$만큼 평행이동하면 $y=ax^2-\frac{1}{2}$이므로 점 $\left(2,\ \frac{7}{2}\right)$을 대입하면 $a=1$

C 이차함수 $y=a(x-p)^2$의 그래프 1 101쪽

1 3, 0　2 $x=3$　3 -3　4 -1, 0
5 $x=-1$　6 1　7 $y=2(x-1)^2$
8 $y=\frac{1}{3}(x+2)^2$　9 $y=-4(x-3)^2$
10 $y=\frac{2}{3}(x-5)^2$　11 $y=-\frac{3}{4}\left(x+\frac{1}{2}\right)^2$

D 이차함수 $y=a(x-p)^2$의 그래프 2 102쪽

1 $(-2,\ 0)$, $x=-2$ 2 $(1,\ 0)$, $x=1$
3 $\left(-\frac{1}{3},\ 0\right)$, $x=-\frac{1}{3}$ 4 $(4,\ 0)$, $x=4$
5 $\left(-\frac{1}{6},\ 0\right)$, $x=-\frac{1}{6}$ 6 1 7 3
8 -2 9 2 10 -6

1 $y=3x^2$의 그래프를 x축의 방향으로 -2만큼 평행이동하면 $y=3(x+2)^2$이므로 꼭짓점의 좌표는 $(-2,\ 0)$, 축의 방정식은 $x=-2$

3 $y=-5x^2$의 그래프를 x축의 방향으로 $-\frac{1}{3}$만큼 평행이동하면 $y=-5\left(x+\frac{1}{3}\right)^2$이므로 꼭짓점의 좌표는 $\left(-\frac{1}{3},\ 0\right)$, 축의 방정식은 $x=-\frac{1}{3}$

5 $y=-\frac{5}{6}x^2$의 그래프를 x축의 방향으로 $-\frac{1}{6}$만큼 평행이동하면 $y=-\frac{5}{6}\left(x+\frac{1}{6}\right)^2$이므로 꼭짓점의 좌표는 $\left(-\frac{1}{6},\ 0\right)$, 축의 방정식은 $x=-\frac{1}{6}$

6 $y=ax^2$의 그래프를 x축의 방향으로 1만큼 평행이동하면 $y=a(x-1)^2$이므로 점 $(-1,\ 4)$를 대입하면 $a=1$

8 $y=ax^2$의 그래프를 x축의 방향으로 $-\frac{1}{2}$만큼 평행이동하면 $y=a\left(x+\frac{1}{2}\right)^2$이므로 점 $\left(-\frac{5}{2},\ -8\right)$을 대입하면 $a=-2$

E 이차함수의 그래프를 보고 함수식 구하기 103쪽

1 $a=1$, $q=2$ 2 $a=\frac{1}{3}$, $q=3$
3 $a=-2$, $q=-3$ 4 $a=\frac{1}{8}$, $p=4$
5 $a=\frac{3}{2}$, $p=-2$ 6 $a=-\frac{1}{3}$, $p=3$

1 y축과 만나는 점의 좌표가 $(0,\ 2)$이므로 $q=2$
따라서 $y=ax^2+2$에 점 $(1,\ 3)$을 대입하면
$3=a+2$ $\therefore a=1$

2 y축과 만나는 점의 좌표가 $(0,\ 3)$이므로 $q=3$
따라서 $y=ax^2+3$에 점 $(3,\ 6)$을 대입하면
$6=9a+3$ $\therefore a=\frac{1}{3}$

3 y축과 만나는 점의 좌표가 $(0,\ -3)$이므로 $q=-3$
따라서 $y=ax^2-3$에 점 $(1,\ -5)$를 대입하면
$-5=a-3$ $\therefore a=-2$

4 x축과 만나는 점의 좌표가 $(4,\ 0)$이므로 $p=4$
따라서 $y=a(x-4)^2$에 점 $(0,\ 2)$를 대입하면
$2=16a$ $\therefore a=\frac{1}{8}$

5 x축과 만나는 점의 좌표가 $(-2,\ 0)$이므로 $p=-2$
따라서 $y=a(x+2)^2$에 점 $(0,\ 6)$을 대입하면
$6=4a$ $\therefore a=\frac{3}{2}$

6 x축과 만나는 점의 좌표가 $(3,\ 0)$이므로 $p=3$
따라서 $y=a(x-3)^2$에 점 $(0,\ -3)$을 대입하면
$-3=9a$ $\therefore a=-\frac{1}{3}$

F 이차함수 $y=ax^2+q$, $y=a(x-p)^2$의 그래프의 비교 104쪽

1 × 2 ○ 3 × 4 ○
5 × 6 ○ 7 ○ 8 ×
9 ○ 10 ×

1 꼭짓점은 y축 위에 있다.
3 그래프의 폭은 $y=-x^2+1$보다 좁다.
5 y축에 대하여 대칭이다.
8 $y=2x^2$의 그래프를 x축의 방향으로 -1만큼 평행이동한 그래프는 $y=2(x+1)^2$이다.
10 꼭짓점의 좌표는 $(1,\ 0)$이다.

거저먹는 시험 문제 105쪽

1 ③ 2 ② 3 ③ 4 -2
5 ⑤ 6 ①

1 $y=3x^2$의 그래프를 y축의 방향으로 -6만큼 평행이동하면 $y=3x^2-6$
이 그래프에 점 $(-1,\ k)$를 대입하면 $k=-3$

4 $y=ax^2$의 그래프를 x축의 방향으로 3만큼 평행이동하면 $y=a(x-3)^2$이므로 점 $(4,\ -2)$를 대입하면 $a=-2$

6 x축과 만나는 점의 좌표가 $(-4,\ 0)$이므로 $p=-4$
따라서 $y=a(x+4)^2$에 점 $(0,\ 8)$을 대입하면
$8=16a$ $\therefore a=\frac{1}{2}$
$\therefore a+p=\frac{1}{2}-4=-\frac{7}{2}$

15 이차함수 $y=a(x-p)^2+q$의 그래프

A 이차함수 $y=a(x-p)^2+q$의 그래프 1 107쪽

1 1, 2 2 $x=1$ 3 1, 2
4 $y=(x-1)^2+2$ 5 -2, -3 6 $x=-2$
7 -2, -3 8 $y=-(x+2)^2-3$

B 이차함수 $y=a(x-p)^2+q$의 그래프 2 108쪽

1 $y=2(x-1)^2+1$　　2 $y=-\frac{1}{3}(x+2)^2+1$
3 $y=-4(x+3)^2-4$　　4 $y=-\frac{1}{2}\left(x-\frac{3}{2}\right)^2-\frac{2}{3}$
5 $y=-8(x+3)^2+1$　　6 $y=-\frac{3}{4}(x-2)^2-3$
7 $y=7\left(x+\frac{3}{4}\right)^2-5$　　8 $y=-\frac{2}{7}(x-4)^2+3$

C 이차함수 $y=a(x-p)^2+q$의 그래프 3 109쪽

1 2　　2 -2　　3 1　　4 4
5 $\frac{1}{4}$　　6 1　　7 $\frac{1}{2}$　　8 $-\frac{1}{2}$

1 $y=a(x-1)^2-1$에 점 $(2, 1)$을 대입하면
$a-1=1$　　$\therefore a=2$
2 $y=a(x-2)^2+1$에 점 $(3, -1)$을 대입하면
$a+1=-1$　　$\therefore a=-2$
3 $y=a(x+2)^2-2$에 점 $(-4, 2)$를 대입하면
$4a-2=2$　　$\therefore a=1$
4 $y=a(x-3)^2-1$에 점 $(2, 3)$을 대입하면
$a-1=3$　　$\therefore a=4$
5 $y=a(x+3)^2+2$에 점 $(-1, 3)$을 대입하면
$4a+2=3$　　$\therefore a=\frac{1}{4}$
6 $y=a(x+4)^2-5$에 점 $(-1, 4)$를 대입하면
$9a-5=4$　　$\therefore a=1$
7 $y=a(x-4)^2-6$에 점 $(0, 2)$를 대입하면
$16a-6=2$　　$\therefore a=\frac{1}{2}$
8 $y=a(x-7)^2+3$에 점 $(5, 1)$을 대입하면
$4a+3=1$　　$\therefore a=-\frac{1}{2}$

D 이차함수 $y=a(x-p)^2+q$의 그래프의 평행이동 110쪽

1 $y=2x^2+5$　　2 $y=-\frac{1}{2}(x-6)^2+5$
3 $y=4(x+4)^2+2$　　4 $y=-\frac{3}{5}(x-6)^2$
5 $(-4, -9)$, $x=-4$　　6 $\left(\frac{5}{4}, 1\right)$, $x=\frac{5}{4}$
7 $(2, 7)$, $x=2$　　8 $(-3, -8)$, $x=-3$

1 $y=2(x-1)^2+3$의 그래프를 x축의 방향으로 -1만큼, y축의 방향으로 2만큼 평행이동하면
$y=2(x-1+1)^2+3+2$
$\therefore y=2x^2+5$
3 $y=4(x+2)^2-1$의 그래프를 x축의 방향으로 -2만큼, y축의 방향으로 3만큼 평행이동하면
$y=4(x+2+2)^2-1+3$
$\therefore y=4(x+4)^2+2$
5 $y=-(x+1)^2-10$의 그래프를 x축의 방향으로 -3만큼, y축의 방향으로 1만큼 평행이동하면
$y=-(x+1+3)^2-10+1$
$\therefore y=-(x+4)^2-9$
따라서 꼭짓점의 좌표는 $(-4, -9)$, 축의 방정식은 $x=-4$이다.
7 $y=-3(x+1)^2+5$의 그래프를 x축의 방향으로 3만큼, y축의 방향으로 2만큼 평행이동하면
$y=-3(x+1-3)^2+5+2$
$\therefore y=-3(x-2)^2+7$
따라서 꼭짓점의 좌표는 $(2, 7)$, 축의 방정식은 $x=2$이다.

거저먹는 시험 문제 111쪽

1 ⑤　　2 ③
3 꼭짓점의 좌표 : $(2, 7)$, 축의 방정식 : $x=2$
4 ④　　5 -2　　6 ②

2 $y=\frac{1}{3}x^2$의 그래프를 x축의 방향으로 5만큼, y축의 방향으로 8만큼 평행이동한 그래프가 $y=\frac{1}{3}(x-5)^2+8$이므로
$p=5$, $q=8$　　$\therefore p-q=-3$
4 $y=-2x^2$의 그래프를 x축의 방향으로 3만큼, y축의 방향으로 a만큼 평행이동하면 $y=-2(x-3)^2+a$이므로 점 $(4, 5)$를 대입하면 $5=-2+a$　　$\therefore a=7$
따라서 $y=-2(x-3)^2+7$에 점 $(0, b)$를 대입하면
$b=-11$
$\therefore a+b=-4$
5 $y=a(x+4)^2-3$의 그래프를 x축의 방향으로 2만큼, y축의 방향으로 1만큼 평행이동하면
$y=a(x+4-2)^2-3+1$　　$\therefore y=a(x+2)^2-2$
이 그래프와 $y=-2(x+b)^2+c$의 그래프가 일치하므로
$a=-2$, $b=2$, $c=-2$
$\therefore a+b+c=-2$
6 $y=(x-2)^2+3$의 그래프를 x축의 방향으로 -6만큼, y축의 방향으로 k만큼 평행이동한 그래프는
$y=(x-2+6)^2+3+k$이므로 점 $(-3, 5)$를 대입하면
$1+3+k=5$　　$\therefore k=1$

16 이차함수 $y=a(x-p)^2+q$의 그래프의 활용

A 이차함수 $y=a(x-p)^2+q$의 그래프에서 증가 또는 감소하는 범위 113쪽

1 증가　2 감소　3 감소　4 증가
5 $>$　6 $<$　7 $>$　8 $<$

B 이차함수 $y=a(x-p)^2+q$의 그래프의 성질 114쪽

1 ×　2 ×　3 ○　4 ×
5 ○　6 ×　7 ○　8 ×
9 ×　10 ○

C 이차함수의 식 구하기 1 115쪽

1 $y=(x+2)^2+3$　2 $y=-\frac{1}{2}(x+2)^2-2$
3 $y=\frac{1}{4}(x-4)^2+1$　4 $y=-\frac{1}{3}(x+6)^2+1$
5 $y=\frac{2}{3}(x+3)^2-8$　6 $y=-2(x-1)^2-1$

1 꼭짓점의 좌표가 $(-2,\ 3)$이므로 그래프의 식은
$y=a(x+2)^2+3$이고 점 $(0,\ 7)$을 대입하면
$7=4a+3$　$\therefore a=1$
따라서 이차함수의 식은 $y=(x+2)^2+3$

3 꼭짓점의 좌표가 $(4,\ 1)$이므로 그래프의 식은
$y=a(x-4)^2+1$이고 점 $(0,\ 5)$를 대입하면
$5=16a+1$　$\therefore a=\frac{1}{4}$
따라서 이차함수의 식은 $y=\frac{1}{4}(x-4)^2+1$

5 꼭짓점의 좌표가 $(-3,\ -8)$이므로 그래프의 식은
$y=a(x+3)^2-8$이고 점 $(0,\ -2)$를 대입하면
$-2=9a-8$　$\therefore a=\frac{2}{3}$
따라서 이차함수의 식은 $y=\frac{2}{3}(x+3)^2-8$

D 이차함수의 식 구하기 2 116쪽

1 $y=4(x-2)^2-1$　2 $y=-(x+3)^2+2$
3 $y=(x-1)^2-4$　4 $y=10(x-6)^2-3$
5 $3,\ 1,\ -2$　6 $-2,\ 2,\ 14$
7 $-3,\ -1,\ 4$　8 $\frac{1}{5},\ 3,\ \frac{1}{5}$

1 꼭짓점의 좌표가 $(2,\ -1)$이므로 그래프의 식은
$y=a(x-2)^2-1$이고 점 $(1,\ 3)$을 대입하면
$a-1=3$　$\therefore a=4$
따라서 이차함수의 식은 $y=4(x-2)^2-1$

2 꼭짓점의 좌표가 $(-3,\ 2)$이므로 그래프의 식은
$y=a(x+3)^2+2$이고 점 $(-1,\ -2)$를 대입하면
$4a+2=-2$　$\therefore a=-1$
따라서 이차함수의 식은 $y=-(x+3)^2+2$

3 꼭짓점의 좌표가 $(1,\ -4)$이므로 그래프의 식은
$y=a(x-1)^2-4$이고 점 $(4,\ 5)$를 대입하면
$9a-4=5$　$\therefore a=1$
따라서 이차함수의 식은 $y=(x-1)^2-4$

4 꼭짓점의 좌표가 $(6,\ -3)$이므로 그래프의 식은
$y=a(x-6)^2-3$이고 점 $(5,\ 7)$을 대입하면
$a-3=7$　$\therefore a=10$
따라서 이차함수의 식은 $y=10(x-6)^2-3$

5 축의 방정식이 $x=1$이므로 꼭짓점의 x좌표가 1이다.
따라서 $p=1$이고 $y=a(x-1)^2+q$에 두 점
$(2,\ 1),\ (-1,\ 10)$을 대입하면
$a+q=1,\ 4a+q=10$
두 식을 연립하여 풀면 $a=3,\ q=-2$

6 축의 방정식이 $x=2$이므로 꼭짓점의 x좌표가 2이다.
따라서 $p=2$이고 $y=a(x-2)^2+q$에 두 점
$(-1,\ -4),\ (0,\ 6)$을 대입하면
$9a+q=-4,\ 4a+q=6$
두 식을 연립하여 풀면 $a=-2,\ q=14$

7 축의 방정식이 $x=-1$이므로 꼭짓점의 x좌표가 -1이다.
따라서 $p=-1$이고 $y=a(x+1)^2+q$에 두 점
$(-2,\ 1),\ (1,\ -8)$을 대입하면
$a+q=1,\ 4a+q=-8$
두 식을 연립하여 풀면 $a=-3,\ q=4$

8 축의 방정식이 $x=3$이므로 꼭짓점의 x좌표가 3이다.
따라서 $p=3$이고 $y=a(x-3)^2+q$에 두 점
$(0,\ 2),\ (1,\ 1)$을 대입하면
$9a+q=2,\ 4a+q=1$
두 식을 연립하여 풀면 $a=\frac{1}{5},\ q=\frac{1}{5}$

E 이차함수 $y=a(x-p)^2+q$의 그래프에서 $a,\ p,\ q$의 부호 117쪽

1 $>,\ >,\ >$　2 $<,\ >,\ <$　3 $>,\ <,\ >$
4 $<,\ <,\ <$　5 $>,\ <,\ <$　6 $<,\ <,\ >$

거저먹는 시험 문제 118쪽

1 ② 2 ①, ④ 3 $y=-2(x-2)^2+8$
4 1 5 ③ 6 ②

1 $y=a(x-p)^2+q$에서 $a<0$일 때, $x>p$인 범위에서 x의 값이 증가하면 y의 값은 감소한다.
3 꼭짓점의 좌표가 (2, 8)이므로 그래프의 식은
$y=a(x-2)^2+8$이고 점 (0, 0)을 대입하면
$0=4a+8$ $\therefore a=-2$
따라서 이차함수의 식은 $y=-2(x-2)^2+8$
4 $y=a(x-p)^2+q$의 그래프의 꼭짓점의 좌표가 $(p,\ q)$이므로
$p=-4,\ q=2$ $\therefore y=a(x+4)^2+2$
이 그래프에 점 $(-3,\ 5)$를 대입하면 $5=a+2$ $\therefore a=3$
$\therefore a+p+q=3-4+2=1$
6 $y=a(x-p)^2+q$의 그래프가 $a<0,\ p<0,\ q>0$이면 위로 볼록하고 꼭짓점은 제2사분면에 있다.

17 이차함수 $y=ax^2+bx+c$의 그래프의 꼭짓점의 좌표

A 이차함수 $y=ax^2+bx+c$를 $y=a(x-p)^2+q$ 꼴로 변형하기 1 120쪽

1 $y=(x+1)^2+2$ 2 $y=(x+2)^2-5$
3 $y=-(x-3)^2+1$ 4 $y=-(x-6)^2+16$
5 $y=2(x+1)^2-1$ 6 $y=-3(x+3)^2+13$
7 $y=4(x+2)^2-9$ 8 $y=2(x-4)^2-17$

1 $y=x^2+2x+3$
$=(x^2+2x+1)+2$
$=(x+1)^2+2$
2 $y=x^2+4x-1$
$=(x^2+4x+4)-5$
$=(x+2)^2-5$
3 $y=-x^2+6x-8$
$=-(x^2-6x+9-9)-8$
$=-(x-3)^2+1$
4 $y=-x^2+12x-20$
$=-(x^2-12x+36-36)-20$
$=-(x-6)^2+16$
5 $y=2x^2+4x+1$
$=2(x^2+2x+1-1)+1$
$=2(x+1)^2-1$
6 $y=-3x^2-18x-14$
$=-3(x^2+6x+9-9)-14$
$=-3(x+3)^2+13$
7 $y=4x^2+16x+7$
$=4(x^2+4x+4-4)+7$
$=4(x+2)^2-9$
8 $y=2x^2-16x+15$
$=2(x^2-8x+16-16)+15$
$=2(x-4)^2-17$

B 이차함수 $y=ax^2+bx+c$를 $y=a(x-p)^2+q$ 꼴로 변형하기 2 121쪽

1 $y=\frac{1}{2}(x-1)^2+\frac{1}{2}$ 2 $y=\frac{1}{3}(x-3)^2-4$
3 $y=-\frac{1}{4}(x-2)^2+4$ 4 $y=-\frac{1}{5}(x-5)^2+3$
5 $y=-\frac{1}{2}(x-3)^2+\frac{5}{2}$ 6 $y=-\frac{1}{6}(x+6)^2+2$
7 $y=\frac{1}{4}(x-4)^2+3$ 8 $y=-\frac{1}{3}(x-9)^2+12$

1 $y=\frac{1}{2}x^2-x+1$
$=\frac{1}{2}(x^2-2x+1-1)+1$
$=\frac{1}{2}(x-1)^2+\frac{1}{2}$
2 $y=\frac{1}{3}x^2-2x-1$
$=\frac{1}{3}(x^2-6x+9-9)-1$
$=\frac{1}{3}(x-3)^2-4$
3 $y=-\frac{1}{4}x^2+x+3$
$=-\frac{1}{4}(x^2-4x+4-4)+3$
$=-\frac{1}{4}(x-2)^2+4$
4 $y=-\frac{1}{5}x^2+2x-2$
$=-\frac{1}{5}(x^2-10x+25-25)-2$
$=-\frac{1}{5}(x-5)^2+3$
5 $y=-\frac{1}{2}x^2+3x-2$
$=-\frac{1}{2}(x^2-6x+9-9)-2$
$=-\frac{1}{2}(x-3)^2+\frac{5}{2}$
6 $y=-\frac{1}{6}x^2-2x-4$
$=-\frac{1}{6}(x^2+12x+36-36)-4$

$=-\frac{1}{6}(x+6)^2+2$

7 $y=\frac{1}{4}x^2-2x+7$

$=\frac{1}{4}(x^2-8x+16-16)+7$

$=\frac{1}{4}(x-4)^2+3$

8 $y=-\frac{1}{3}x^2+6x-15$

$=-\frac{1}{3}(x^2-18x+81-81)-15$

$=-\frac{1}{3}(x-9)^2+12$

C 이차함수 $y=ax^2+bx+c$를 $y=a(x-p)^2+q$ 꼴로 변형하기 3 122쪽

1 $y=-2\left(x-\frac{3}{2}\right)^2-\frac{1}{2}$ 2 $y=2\left(x-\frac{5}{2}\right)^2-\frac{11}{2}$

3 $y=-3\left(x-\frac{3}{2}\right)^2-\frac{5}{4}$ 4 $y=5\left(x+\frac{1}{2}\right)^2+\frac{3}{4}$

5 $y=3\left(x+\frac{1}{6}\right)^2+\frac{11}{12}$ 6 $y=-5\left(x-\frac{1}{5}\right)^2+\frac{6}{5}$

7 $y=2\left(x-\frac{3}{4}\right)^2+\frac{7}{8}$ 8 $y=-4\left(x-\frac{1}{4}\right)^2-\frac{11}{4}$

1 $y=-2x^2+6x-5=-2(x^2-3x)-5$에서 x^2-3x가 완전제곱식이 되기 위해서는 $(-3\div2)^2$을 더하고 빼준다.

$\therefore y=-2\left(x^2-3x+\frac{9}{4}-\frac{9}{4}\right)-5$

$=-2\left(x-\frac{3}{2}\right)^2-\frac{1}{2}$

2 $y=2x^2-10x+7=2(x^2-5x)+7$에서 x^2-5x가 완전제곱식이 되기 위해서는 $(-5\div2)^2$을 더하고 빼준다.

$\therefore y=2\left(x^2-5x+\frac{25}{4}-\frac{25}{4}\right)+7$

$=2\left(x-\frac{5}{2}\right)^2-\frac{11}{2}$

3 $y=-3x^2+9x-8=-3(x^2-3x)-8$에서 x^2-3x가 완전제곱식이 되기 위해서는 $(-3\div2)^2$을 더하고 빼준다.

$\therefore y=-3\left(x^2-3x+\frac{9}{4}-\frac{9}{4}\right)-8$

$=-3\left(x-\frac{3}{2}\right)^2-\frac{5}{4}$

4 $y=5x^2+5x+2=5(x^2+x)+2$에서 x^2+x가 완전제곱식이 되기 위해서는 $(1\div2)^2$을 더하고 빼준다.

$\therefore y=5\left(x^2+x+\frac{1}{4}-\frac{1}{4}\right)+2$

$=5\left(x+\frac{1}{2}\right)^2+\frac{3}{4}$

5 $y=3x^2+x+1=3\left(x^2+\frac{1}{3}x\right)+1$에서 $x^2+\frac{1}{3}x$가 완전제곱식이 되기 위해서는 $\left(\frac{1}{3}\div2\right)^2$을 더하고 빼준다.

$\therefore y=3\left(x^2+\frac{1}{3}x+\frac{1}{36}-\frac{1}{36}\right)+1$

$=3\left(x+\frac{1}{6}\right)^2+\frac{11}{12}$

6 $y=-5x^2+2x+1=-5\left(x^2-\frac{2}{5}x\right)+1$에서

$x^2-\frac{2}{5}x$가 완전제곱식이 되기 위해서는 $\left(-\frac{2}{5}\div2\right)^2$을 더하고 빼준다.

$\therefore y=-5\left(x^2-\frac{2}{5}x+\frac{1}{25}-\frac{1}{25}\right)+1$

$=-5\left(x-\frac{1}{5}\right)^2+\frac{6}{5}$

7 $y=2x^2-3x+2=2\left(x^2-\frac{3}{2}x\right)+2$에서

$x^2-\frac{3}{2}x$가 완전제곱식이 되기 위해서는 $\left(-\frac{3}{2}\div2\right)^2$을 더하고 빼준다.

$\therefore y=2\left(x^2-\frac{3}{2}x+\frac{9}{16}-\frac{9}{16}\right)+2$

$=2\left(x-\frac{3}{4}\right)^2+\frac{7}{8}$

8 $y=-4x^2+2x-3=-4\left(x^2-\frac{1}{2}x\right)-3$에서

$x^2-\frac{1}{2}x$가 완전제곱식이 되기 위해서는 $\left(-\frac{1}{2}\div2\right)^2$을 더하고 빼준다.

$\therefore y=-4\left(x^2-\frac{1}{2}x+\frac{1}{16}-\frac{1}{16}\right)-3$

$=-4\left(x-\frac{1}{4}\right)^2-\frac{11}{4}$

D 이차함수 $y=ax^2+bx+c$의 꼭짓점의 좌표 123쪽

1 $(1,\ -8)$ 2 $(2,\ -9)$

3 $\left(-\frac{1}{2},\ \frac{3}{4}\right)$ 4 $\left(\frac{1}{3},\ \frac{13}{3}\right)$

5 $a=-2,\ b=3$ 6 $a=3,\ b=13$

7 $a=-1,\ b=0$ 8 $a=\frac{1}{2},\ b=1$

2 $y=2x^2+ax-1$이 점 $(3,\ -7)$을 지나므로 대입하면

$-7=18+3a-1$ $\therefore a=-8$

$\therefore y=2x^2-8x-1$

$=2(x^2-4x+4-4)-1$

$=2(x-2)^2-9$

따라서 꼭짓점의 좌표는 $(2,\ -9)$이다.

4 $y=-3x^2+ax+4$가 점 $(-2,\ -12)$를 지나므로 대입하면

$-12=-12-2a+4$ $\therefore a=2$

$\therefore y=-3x^2+2x+4$

$=-3\left(x^2-\frac{2}{3}x+\frac{1}{9}-\frac{1}{9}\right)+4$

$=-3\left(x-\frac{1}{3}\right)^2+\frac{13}{3}$

따라서 꼭짓점의 좌표는 $\left(\frac{1}{3}, \frac{13}{3}\right)$이다.

5 $y=x^2+4x+b=x^2+4x+4-4+b$
$=(x+2)^2-4+b$
따라서 꼭짓점의 좌표가 $(-2, -4+b)$이므로
$-2=a, -4+b=-1$
$\therefore a=-2, b=3$

6 $y=x^2-6x+b=x^2-6x+9-9+b$
$=(x-3)^2-9+b$
따라서 꼭짓점의 좌표가 $(3, -9+b)$이므로
$3=a, -9+b=4$
$\therefore a=3, b=13$

7 $y=-2x^2+4x+b$
$=-2(x^2-2x+1-1)+b$
$=-2(x-1)^2+2+b$
따라서 꼭짓점의 좌표가 $(1, 2+b)$이므로
$1=-a, 2+b=2$
$\therefore a=-1, b=0$

8 $y=5x^2-2x+b$
$=5\left(x^2-\frac{2}{5}x+\frac{1}{25}-\frac{1}{25}\right)+b$
$=5\left(x-\frac{1}{5}\right)^2-\frac{1}{5}+b$
따라서 꼭짓점의 좌표가 $\left(\frac{1}{5}, -\frac{1}{5}+b\right)$이므로
$\frac{2}{5}a=\frac{1}{5}, -\frac{1}{5}+b=\frac{4}{5}$
$\therefore a=\frac{1}{2}, b=1$

E 이차함수 $y=ax^2+bx+c$의 축의 방정식 124쪽

1 $x=2$　2 $x=-3$　3 $x=-\frac{2}{5}$　4 $x=\frac{1}{4}$
5 -4　6 12　7 -1　8 $-\frac{3}{5}$

1 $y=-2x^2+8x-3$
$=-2(x^2-4x+4-4)-3$
$=-2(x-2)^2+5$
따라서 축의 방정식은 $x=2$이다.

5 $y=-2x^2+px+3$
$=-2\left(x^2-\frac{p}{2}x+\frac{p^2}{16}-\frac{p^2}{16}\right)+3$
$=-2\left(x-\frac{p}{4}\right)^2+\frac{p^2}{8}+3$
의 그래프의 축의 방정식이 $x=\frac{p}{4}=-1$이므로 $p=-4$이다.

7 $y=\frac{1}{4}x^2-px+5$
$=\frac{1}{4}(x^2-4px+4p^2-4p^2)+5$
$=\frac{1}{4}(x-2p)^2-p^2+5$
의 그래프의 축의 방정식이 $x=2p=-2$이므로 $p=-1$이다.

거저먹는 시험 문제 125쪽

1 ②　2 $\frac{8}{5}$　3 ③　4 ③
5 $x=\frac{3}{4}$　6 ⑤

1 $y=-2x^2-8x-5$
$=-2(x^2+4x+4-4)-5$
$=-2(x+2)^2+3$
$\therefore a+p+q=-2-2+3=-1$

2 $y=5x^2+4x$
$=5\left(x^2+\frac{4}{5}x+\frac{4}{25}-\frac{4}{25}\right)$
$=5\left(x+\frac{2}{5}\right)^2-\frac{4}{5}$
$\therefore a=5, p=-\frac{2}{5}, q=-\frac{4}{5}$
$\therefore apq=5\times\left(-\frac{2}{5}\right)\times\left(-\frac{4}{5}\right)=\frac{8}{5}$

4 $y=-x^2+6x+a$
$=-(x^2-6x+9-9)+a$
$=-(x-3)^2+9+a$
따라서 꼭짓점의 좌표는 $(3, 9+a)$이다.
$y=\frac{1}{2}x^2-bx+\frac{3}{2}$
$=\frac{1}{2}(x^2-2bx+b^2-b^2)+\frac{3}{2}$
$=\frac{1}{2}(x-b)^2-\frac{1}{2}b^2+\frac{3}{2}$
따라서 꼭짓점의 좌표는 $\left(b, -\frac{1}{2}b^2+\frac{3}{2}\right)$이다.
두 꼭짓점의 좌표가 일치하므로
$b=3, 9+a=-\frac{1}{2}b^2+\frac{3}{2}=-\frac{9}{2}+\frac{3}{2}$　$\therefore a=-12$
$\therefore a+b=-12+3=-9$

5 $y=2x^2-3x+1$
$=2\left(x^2-\frac{3}{2}x+\frac{9}{16}-\frac{9}{16}\right)+1$
$=2\left(x-\frac{3}{4}\right)^2-\frac{1}{8}$
따라서 그래프의 축의 방정식이 $x=\frac{3}{4}$이다.

6 $y=-\frac{1}{6}x^2+px+2$
$=-\frac{1}{6}(x^2-6px+9p^2-9p^2)+2$
$=-\frac{1}{6}(x-3p)^2+\frac{3}{2}p^2+2$
따라서 그래프의 축의 방정식이 $x=3p=-9$이므로 $p=-3$이다.

18 이차함수 $y=ax^2+bx+c$의 그래프의 x축, y축과의 교점

A 이차함수 $y=ax^2+bx+c$의 그래프의 증가 또는 감소하는 범위 127쪽

1 $x>1$　2 $x>-\frac{5}{2}$　3 $x<\frac{2}{3}$　4 $x<\frac{1}{5}$
5 $x>1$　6 $x<3$　7 $x>-6$　8 $x<-10$

B 이차함수 $y=ax^2+bx+c$의 그래프의 평행이동 128쪽

1 $(3,\ -1)$　2 $(1,\ -4)$　3 $(8,\ 5)$
4 $\left(\frac{9}{2},\ -5\right)$　5 $\left(\frac{4}{3},\ -\frac{1}{3}\right)$　6 $\left(\frac{7}{4},\ -\frac{1}{8}\right)$
7 $\left(-2,\ \frac{1}{2}\right)$　8 $(-2,\ 6)$

1 $y=x^2-2x-1=(x^2-2x+1-1)-1=(x-1)^2-2$
따라서 꼭짓점의 좌표 $(1, -2)$를 x축의 방향으로 2만큼, y축의 방향으로 1만큼 평행이동한 꼭짓점의 좌표는 $(3, -1)$이다.

3 $y=-3x^2+18x-20$
$=-3(x^2-6x+9-9)-20$
$=-3(x-3)^2+7$
따라서 꼭짓점의 좌표 $(3,\ 7)$을 x축의 방향으로 5만큼, y축의 방향으로 -2만큼 평행이동한 꼭짓점의 좌표는 $(8,\ 5)$이다.

5 $y=3x^2-2x+1$
$=3\left(x^2-\frac{2}{3}x+\frac{1}{9}-\frac{1}{9}\right)+1$
$=3\left(x-\frac{1}{3}\right)^2+\frac{2}{3}$
따라서 꼭짓점의 좌표 $\left(\frac{1}{3},\ \frac{2}{3}\right)$를 x축의 방향으로 1만큼, y축의 방향으로 -1만큼 평행이동한 꼭짓점의 좌표는 $\left(\frac{4}{3},\ -\frac{1}{3}\right)$이다.

7 $y=\frac{1}{10}x^2+x+2$
$=\frac{1}{10}(x^2+10x+25-25)+2$
$=\frac{1}{10}(x+5)^2-\frac{1}{2}$
따라서 꼭짓점의 좌표 $\left(-5,\ -\frac{1}{2}\right)$을 x축의 방향으로 3만큼, y축의 방향으로 1만큼 평행이동한 꼭짓점의 좌표는 $\left(-2,\ \frac{1}{2}\right)$

C 이차함수의 그래프가 y축과 만나는 점의 좌표 129쪽

1 1　2 -3　3 -9　4 12
5 7　6 -16　7 5　8 1

1 $y=2x^2+3x+1$의 그래프가 y축과 만나는 점의 y좌표는 $x=0$을 대입하면 $y=1$이다.
3 $y=-4x^2+5x-9$의 그래프가 y축과 만나는 점의 y좌표는 $x=0$을 대입하면 $y=-9$이다.
5 $y=2(x-1)^2+5$의 그래프가 y축과 만나는 점의 y좌표는 $x=0$을 대입하면 $y=7$이다.
7 $y=4(x-2)^2-11$의 그래프가 y축과 만나는 점의 y좌표는 $x=0$을 대입하면 $y=5$이다.

D 이차함수의 그래프가 x축과 만나는 점의 좌표 130쪽

1 $-2, 6$　2 $-3, -4$　3 $2, 5$　4 $3, -6$
5 $-1, -\frac{2}{3}$　6 $2, \frac{3}{2}$　7 $-2, \frac{1}{6}$　8 $-3, \frac{3}{5}$

1 $y=x^2-4x-12$의 그래프가 x축과 만나는 점의 x좌표는 $y=0$을 대입하면 $x^2-4x-12=0$
$(x+2)(x-6)=0$　$\therefore x=-2$ 또는 $x=6$
3 $y=x^2-7x+10$의 그래프가 x축과 만나는 점의 x좌표는 $y=0$을 대입하면 $x^2-7x+10=0$
$(x-2)(x-5)=0$　$\therefore x=2$ 또는 $x=5$
5 $y=3x^2+5x+2$의 그래프가 x축과 만나는 점의 x좌표는 $y=0$을 대입하면 $3x^2+5x+2=0$
$(x+1)(3x+2)=0$　$\therefore x=-1$ 또는 $x=-\frac{2}{3}$
7 $y=6x^2+11x-2$의 그래프가 x축과 만나는 점의 x좌표는 $y=0$을 대입하면 $6x^2+11x-2=0$
$(x+2)(6x-1)=0$　$\therefore x=-2$ 또는 $x=\frac{1}{6}$

E 이차함수의 그래프가 x축과 만나는 두 점 사이의 거리의 활용 131쪽

1 -5　2 4　3 5　4 -6
5 15　6 12

1 $y=x^2-4x+k=(x-2)^2-4+k$의 그래프의 축의 방정식이 $x=2$이고 $\overline{AB}=6$이므로 그래프의 축에서 두 점 A, B까지의 거리는 3이다.
따라서 $A(-1, 0)$, $B(5,\ 0)$이다.
점 $(-1, 0)$을 $y=x^2-4x+k$에 대입하면 $k=-5$
3 $y=x^2-6x+k=(x-3)^2-9+k$의 그래프의 축의 방정식이 $x=3$이고 $\overline{AB}=4$이므로 그래프의 축에서 두 점 A, B 까지의 거리는 2이다.
따라서 $A(1,\ 0)$, $B(5,\ 0)$이므로
점 $(1,\ 0)$을 $y=x^2-6x+k$에 대입하면 $k=5$
5 $y=x^2-8x+k=(x-4)^2-16+k$의 그래프의 축의 방정식이 $x=4$이고 $\overline{AB}=2$이므로 그래프의 축에서 두 점 A, B

까지의 거리는 1이다.

따라서 A(3, 0), B(5, 0)이다.

점 (3, 0)을 $y=x^2-8x+k$에 대입하면 $k=15$

거저먹는 시험 문제 132쪽

1 ① 2 (−1, 11) 3 ② 4 15

5 ③ 6 ②

3 $y=-x^2+8x-11$
$=-(x^2-8x+16-16)-11$
$=-(x-4)^2+5$
따라서 꼭짓점의 좌표는 (4, 5)
$y=-x^2-2x+5$
$=-(x^2+2x+1-1)+5$
$=-(x+1)^2+6$
따라서 꼭짓점의 좌표는 (−1, 6)
점 (4, 5)를 x축의 방향으로 a만큼, y축의 방향으로 b만큼 평행이동하면 (−1, 6)이 되므로
$4+a=-1, 5+b=6$
$\therefore a=-5, b=1$ $\therefore a+b=-4$

4 $y=x^2+3x-54$의 그래프가 x축과 만나는 점의 좌표는
$y=0$을 대입하면 $x^2+3x-54=0$
$(x-6)(x+9)=0$ $\therefore x=6$ 또는 $x=-9$
따라서 두 점 A, B 사이의 거리는 15이다.

5 $p=-\frac{3}{2}$, $q=\frac{1}{2}$, $r=-3$
$\therefore p+q+r=-4$

6 $y=-x^2+ax-15$의 그래프가 점 (2, −3)을 지나므로
$-3=-4+2a-15$ $\therefore a=8$
$y=-x^2+8x-15$의 그래프가 x축과 만나는 점의 좌표는
$y=0$을 대입하면 $x^2-8x+15=0$
$(x-3)(x-5)=0$ $\therefore x=3$ 또는 $x=5$
따라서 $\overline{AB}=2$이다.

19 이차함수 $y=ax^2+bx+c$의 그래프 그리기

A 이차함수 $y=ax^2+bx+c$의 그래프 그리기 134쪽

1
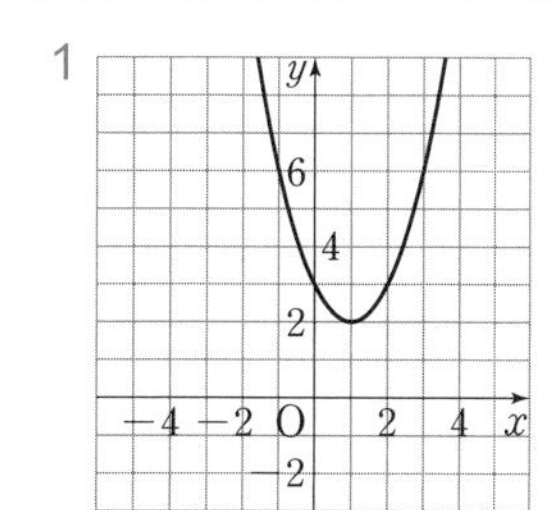

2
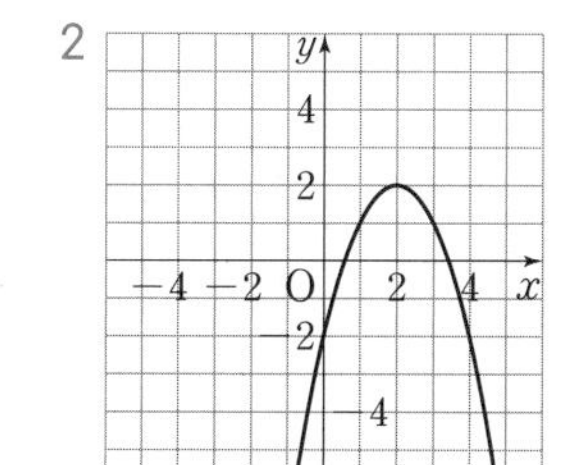

3
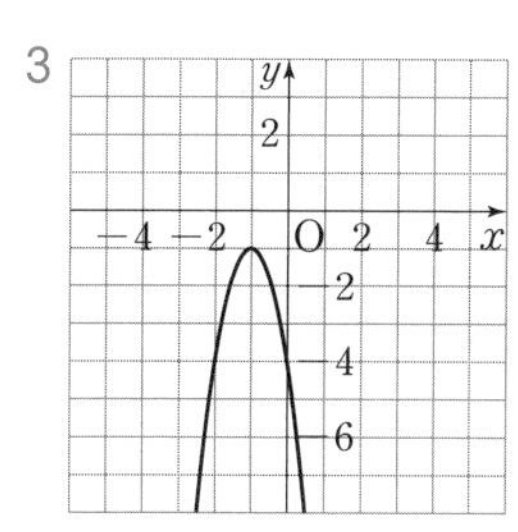

4
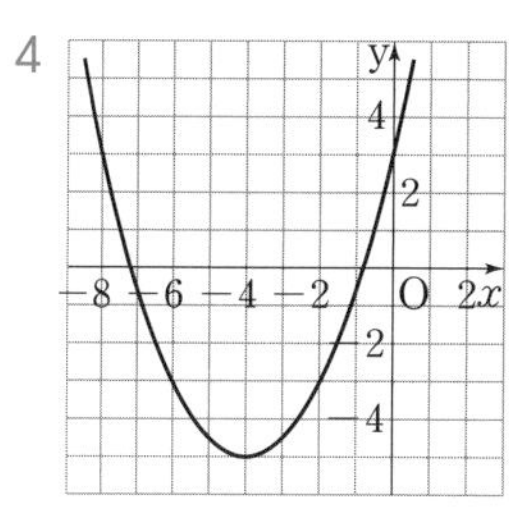

5
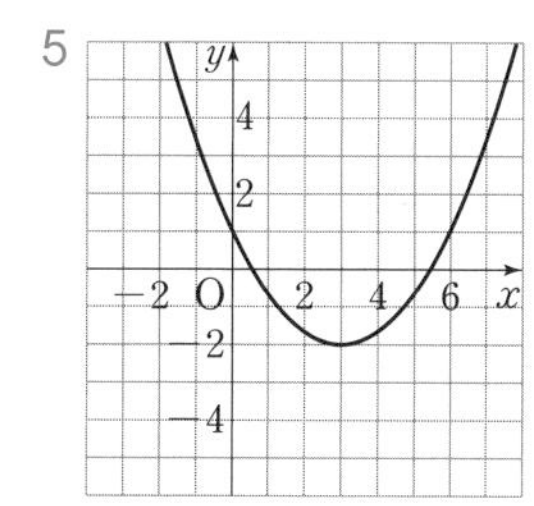

6
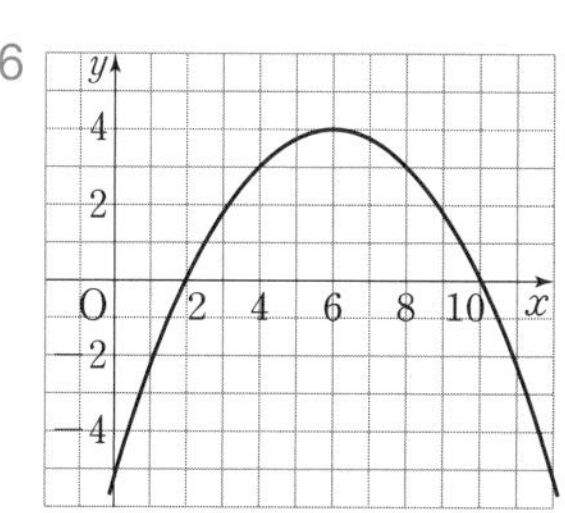

B 이차함수 $y=ax^2+bx+c$의 그래프의 성질 135쪽

1 ○ 2 × 3 × 4 ○
5 ○ 6 ○ 7 × 8 ○
9 × 10 ○

C 이차함수 $y=ax^2+bx+c$의 그래프에서 삼각형의 넓이 136쪽

1 15 2 3 3 12 4 8
5 27 6 16

1 $y=x^2+x-6$의 그래프가 x축과 만나는 점의 좌표는
$y=0$을 대입하면 $x^2+x-6=0$에서
$(x+3)(x-2)=0$ $\therefore x=-3$ 또는 $x=2$
$\therefore$ A(−3, 0), B(2, 0)
y축과 만나는 점의 좌표는 $x=0$을 대입하면
$y=-6$ $\therefore$ C(0, −6)
$\therefore \triangle ACB=\frac{1}{2}\times5\times6=15$

2 $y=-x^2-4x-3$의 그래프가 x축과 만나는 점의 좌표는
$y=0$을 대입하면 $x^2+4x+3=0$에서
$(x+3)(x+1)=0$ $\therefore x=-3$ 또는 $x=-1$
$\therefore$ A(−3, 0), B(−1, 0)
y축과 만나는 점의 좌표는 $x=0$을 대입하면
$y=-3$ $\therefore$ C(0, −3)
$\therefore \triangle ACB=\frac{1}{2}\times2\times3=3$

3 $y=\frac{1}{2}x^2-x-4$의 그래프가 x축과 만나는 점의 좌표는
$y=0$을 대입하면 $\frac{1}{2}x^2-x-4=0$
$x^2-2x-8=0$, $(x+2)(x-4)=0$

$\therefore x=-2$ 또는 $x=4$

$\therefore A(-2,\ 0), B(4,\ 0)$

y축과 만나는 점의 좌표는 $x=0$을 대입하면

$y=-4 \qquad \therefore C(0,\ -4)$

$\therefore \triangle ACB=\frac{1}{2}\times 6\times 4=12$

4 $y=-x^2+6x-5$의 그래프가 x축과 만나는 점의 좌표는

$y=0$을 대입하면 $-x^2+6x-5=0$

$x^2-6x+5=0,\ (x-1)(x-5)=0$

$\therefore x=1$ 또는 $x=5$

$\therefore A(1,\ 0), B(5,\ 0)$

$y=-x^2+6x-5$

$=-(x^2-6x+9-9)-5$

$=-(x-3)^2+4$

따라서 꼭짓점의 좌표는 $C(3,\ 4)$

$\therefore \triangle ABC=\frac{1}{2}\times 4\times 4=8$

5 $y=x^2-4x-5$의 그래프가 x축과 만나는 점의 좌표는

$y=0$을 대입하면 $x^2-4x-5=0$

$(x+1)(x-5)=0$

$\therefore x=-1$ 또는 $x=5$

$\therefore A(-1, 0), B(5, 0)$

$y=x^2-4x-5$

$=(x^2-4x+4-4)-5$

$=(x-2)^2-9$

따라서 꼭짓점의 좌표는 $C(2,\ -9)$

$\therefore \triangle ACB=\frac{1}{2}\times 6\times 9=27$

6 $y=-\frac{1}{4}x^2+x+3$의 그래프가 x축과 만나는 점의 좌표는

$y=0$을 대입하면 $-\frac{1}{4}x^2+x+3=0$

$x^2-4x-12=0,\ (x+2)(x-6)=0$

$\therefore x=-2$ 또는 $x=6$

$\therefore A(-2,\ 0), B(6,\ 0)$

$y=-\frac{1}{4}x^2+x+3$

$=-\frac{1}{4}(x^2-4x+4-4)+3$

$=-\frac{1}{4}(x-2)^2+4$

따라서 꼭짓점의 좌표는 $C(2,\ 4)$

$\therefore \triangle ABC=\frac{1}{2}\times 8\times 4=16$

D 이차함수 $y=ax^2+bx+c$의 그래프에서 a, b, c의 부호

137쪽

1 $a<0, b>0, c<0$
2 $a>0, b<0, c<0$
3 $a<0, b>0, c>0$
4 $a>0, b>0, c>0$
5 $a<0, b<0, c<0$
6 $a>0, b>0, c<0$

1 그래프의 모양이 위로 볼록하므로 $a<0$
그래프가 y축과 만나는 점의 y좌표가 음수이므로 $c<0$
그래프의 축이 y축의 오른쪽에 있으므로 a, b가 다른 부호이다.
$\therefore b>0$

2 그래프의 모양이 아래로 볼록하므로 $a>0$
그래프가 y축과 만나는 점의 y좌표가 음수이므로 $c<0$
그래프의 축이 y축의 오른쪽에 있으므로 a, b가 다른 부호이다.
$\therefore b<0$

3 그래프의 모양이 위로 볼록하므로 $a<0$
그래프가 y축과 만나는 점의 y좌표가 양수이므로 $c>0$
그래프의 축이 y축의 오른쪽에 있으므로 a, b가 다른 부호이다.
$\therefore b>0$

4 그래프의 모양이 아래로 볼록하므로 $a>0$
그래프가 y축과 만나는 점의 y좌표가 양수이므로 $c>0$
그래프의 축이 y축의 왼쪽에 있으므로 a, b가 같은 부호이다.
$\therefore b>0$

5 그래프의 모양이 위로 볼록하므로 $a<0$
그래프가 y축과 만나는 점의 y좌표가 음수이므로 $c<0$
그래프의 축이 y축의 왼쪽에 있으므로 a, b가 같은 부호이다.
$\therefore b<0$

6 그래프의 모양이 아래로 볼록하므로 $a>0$
그래프가 y축과 만나는 점의 y좌표가 음수이므로 $c<0$
그래프의 축이 y축의 왼쪽에 있으므로 a, b가 같은 부호이다.
$\therefore b>0$

거저먹는 시험 문제

138쪽

1 ① 2 ② 3 ④ 4 35
5 ③ 6 제3사분면

1 $y=x^2-4x+1=(x^2-4x+4-4)+1$
$=(x-2)^2-3$
따라서 꼭짓점의 좌표가 $(2,\ -3)$인 그래프이다.

2 $y=-\frac{1}{5}x^2+2x-3$

$=-\frac{1}{5}(x^2-10x+25-25)-3$

$=-\frac{1}{5}(x-5)^2+2$

따라서 꼭짓점의 좌표는 (5, 2)

$x=0$일 때 $y=-3$이므로 그래프는 오른쪽 그림과 같다.

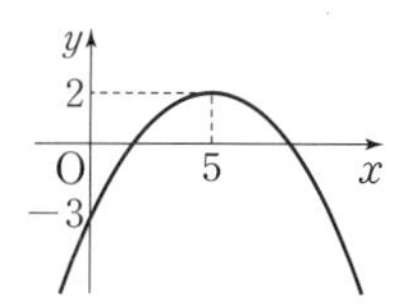

따라서 제2사분면을 지나지 않는다.

3 $y=3x^2-6x-24$
$=3(x^2-2x+1-1)-24$
$=3(x-1)^2-27$

따라서 꼭짓점의 좌표는 $(1,\ -27)$이고 축의 방정식은 $x=1$이다.

$x=0$일 때 $y=-24$이므로 y축과의 교점의 좌표는 $(0,\ -24)$이다.

$y=0$일 때 $3x^2-6x-24=0$에서 $x^2-2x-8=0$,
$(x+2)(x-4)=0$

따라서 x축과의 교점의 좌표는 $(-2,\ 0)$, $(4,\ 0)$이다.

4 $y=x^2-3x-10$의 그래프가 x축과 만나는 점의 좌표는 $y=0$을 대입하면 $x^2-3x-10=0$

$(x+2)(x-5)=0$ $\quad\therefore x=-2$ 또는 $x=5$

$\therefore$ A$(-2,\ 0)$, B$(5,\ 0)$

y축과 만나는 점의 좌표는 $x=0$을 대입하면

$y=-10$ $\quad\therefore$ C$(0,\ -10)$

$\therefore \triangle ACB=\frac{1}{2}\times7\times10=35$

5 그래프의 모양이 위로 볼록하므로 $a<0$

그래프가 y축과 만나는 점의 y좌표가 음수이므로 $c<0$

그래프의 축이 y축의 오른쪽에 있으므로 a, b가 다른 부호이다.

$\therefore b>0$

6 $y=ax^2+bx+c$에서 $a>0$, $b<0$, $c>0$이므로 그래프의 모양은 아래로 볼록하고, y축과 만나는 점의 y좌표가 양수이고, a, b가 다른 부호이므로 그래프의 축이 y축의 오른쪽에 있다. 따라서 항상 제3사분면을 지나지 않는다.

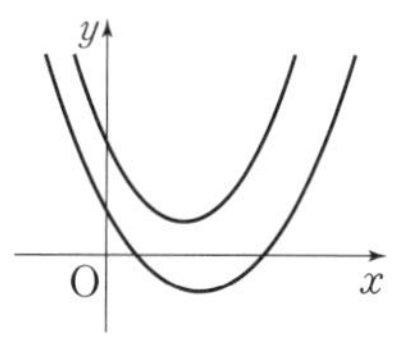

20 이차함수의 식 구하기

A 꼭짓점과 다른 한 점을 알 때 이차함수의 식 구하기

140쪽

1 $y=2(x-1)^2+3$ 2 $y=-4(x+2)^2+2$
3 $y=-3(x-7)^2+2$ 4 $y=2(x+2)^2-5$
5 $y=-\frac{1}{2}(x-2)^2+7$ 6 $y=\frac{1}{3}(x-1)^2-3$

1 꼭짓점의 좌표가 $(1,\ 3)$이므로 $y=a(x-1)^2+3$으로 놓고 다른 한 점 $(2,\ 5)$를 대입하면 $5=a(2-1)^2+3$에서 $a=2$

따라서 이차함수의 식은 $y=2(x-1)^2+3$

3 꼭짓점의 좌표가 $(7,\ 2)$이므로 $y=a(x-7)^2+2$로 놓고 다른 한 점 $(5,\ -10)$을 대입하면 $-10=a(5-7)^2+2$에서 $a=-3$

따라서 이차함수의 식은 $y=-3(x-7)^2+2$

5 꼭짓점의 좌표가 $(2,\ 7)$이므로 $y=a(x-2)^2+7$로 놓고 다른 한 점 $(6,\ -1)$을 대입하면 $-1=a(6-2)^2+7$에서 $a=-\frac{1}{2}$

따라서 이차함수의 식은 $y=-\frac{1}{2}(x-2)^2+7$

B 축의 방정식과 두 점을 알 때 이차함수의 식 구하기

141쪽

1 $y=-3(x-1)^2+9$ 2 $y=-(x+2)^2+8$
3 $y=(x-3)^2-12$ 4 $y=-\frac{1}{2}(x+1)^2+\frac{3}{2}$
5 $y=2(x-2)^2-5$ 6 $y=-(x-4)^2+10$

1 축의 방정식이 $x=1$이므로 $y=a(x-1)^2+q$로 놓고 두 점 $(0,\ 6)$, $(3,\ -3)$을 대입하면

$a+q=6$, $4a+q=-3$

위의 두 식을 연립하여 풀면 $a=-3$, $q=9$

따라서 이차함수의 식은 $y=-3(x-1)^2+9$

3 축의 방정식이 $x=3$이므로 $y=a(x-3)^2+q$로 놓고 두 점 $(0,\ -3)$, $(-1,\ 4)$를 대입하면

$9a+q=-3$, $16a+q=4$

위의 두 식을 연립하여 풀면 $a=1$, $q=-12$

따라서 이차함수의 식은 $y=(x-3)^2-12$

5 축의 방정식이 $x=2$이므로 $y=a(x-2)^2+q$로 놓고 두 점 $(0,\ 3)$, $(3,\ -3)$을 대입하면

$4a+q=3$, $a+q=-3$

위의 두 식을 연립하여 풀면 $a=2$, $q=-5$

따라서 이차함수의 식은 $y=2(x-2)^2-5$

C x축과의 두 교점과 다른 한 점을 알 때 이차함수의 식 구하기

142쪽

1 $y=-2x^2-8x+10$ 2 $y=3x^2+21x+36$
3 $y=-4x^2+32x-48$ 4 $y=x^2-x-6$
5 $y=-\frac{1}{2}x^2-2x-\frac{3}{2}$ 6 $y=2x^2-2$

1 x축과 만나는 점의 좌표가 $(1,\ 0)$, $(-5,\ 0)$이므로 $y=a(x-1)(x+5)$로 놓고 점 $(-1,\ 16)$을 대입하면

$16=a\times(-2)\times4$

$\therefore a=-2$

따라서 이차함수의 식은

$y=-2(x-1)(x+5)$

$\therefore y=-2x^2-8x+10$

3 x축과 만나는 점의 좌표가 $(2,\ 0)$, $(6,\ 0)$이므로 $y=a(x-2)(x-6)$으로 놓고 점 $(3,\ 12)$를 대입하면

$12=a\times1\times(-3)\qquad \therefore a=-4$

따라서 이차함수의 식은

$y=-4(x-2)(x-6)$

$\therefore y=-4x^2+32x-48$

5 x축과 만나는 점의 좌표가 $(-3,\ 0)$, $(-1,\ 0)$이므로 $y=a(x+1)(x+3)$으로 놓고 점 $(1,\ -4)$를 대입하면

$-4=a\times2\times4\qquad \therefore a=-\frac{1}{2}$

따라서 이차함수의 식은

$y=-\frac{1}{2}(x+1)(x+3)$

$\therefore y=-\frac{1}{2}x^2-2x-\frac{3}{2}$

D y축과의 교점과 두 점을 알 때 이차함수의 식 구하기

143쪽

1 $y=x^2-5x+3$　2 $y=-x^2+3x+1$

3 $y=-3x^2+4x+5$　4 $y=x^2-9x+10$

5 $y=4x^2-3x-4$　6 $y=-4x^2+3x-2$

1 y축과의 교점의 y좌표가 3이므로 $y=ax^2+bx+3$에 두 점 $(-1,\ 9)$, $(2,\ -3)$을 대입하면

$a-b=6,\ 4a+2b=-6$

위의 두 식을 연립하여 풀면 $a=1,\ b=-5$

따라서 이차함수의 식은 $y=x^2-5x+3$

3 y축과의 교점의 y좌표가 5이므로 $y=ax^2+bx+5$에 두 점 $(3,\ -10)$, $(-2,\ -15)$를 대입하면

$9a+3b=-15,\ 4a-2b=-20$

위의 두 식을 연립하여 풀면 $a=-3,\ b=4$

따라서 이차함수의 식은 $y=-3x^2+4x+5$

5 y축과의 교점의 y좌표가 -4이므로 $y=ax^2+bx-4$에 두 점 $(1,\ -3)$, $(-1,\ 3)$을 대입하면

$a+b=1,\ a-b=7$

위의 두 식을 연립하여 풀면 $a=4,\ b=-3$

따라서 이차함수의 식은 $y=4x^2-3x-4$

거저먹는 시험 문제

144쪽

1 ③　2 ③　3 $(2, 4)$　4 ①

5 ②　6 3

1 꼭짓점의 좌표가 $(2,\ -3)$이므로 $y=a(x-2)^2-3$으로 놓는다.

y축과의 교점의 y좌표가 5이므로 점 $(0,\ 5)$를 대입하면

$5=4a-3\qquad \therefore a=2$

따라서 이차함수의 식은

$y=2(x-2)^2-3=2x^2-8x+5$

$\therefore a=2,\ b=-8,\ c=5$

$\therefore a+b+c=-1$

2 꼭짓점의 좌표가 $(1,\ 5)$이므로 $y=a(x-1)^2+5$로 놓고 점 $(2, 0)$을 대입하면

$0=a+5\qquad \therefore a=-5$

따라서 이차함수의 식은 $y=-5(x-1)^2+5$

이 식에 $x=0$을 대입하면 y축과의 교점의 y좌표는 0이다.

3 $y=-3x^2$의 그래프와 평행이동하여 완전히 포개지고 축의 방정식이 $x=2$이므로 $y=-3(x-2)^2+q$로 놓을 수 있다.

이때 점 $(0,\ -8)$을 대입하면 $-8=-12+q$

$\therefore q=4$

따라서 이차함수의 식은 $y=-3(x-2)^2+4$이므로 꼭짓점의 좌표는 $(2,\ 4)$이다.

4 x축과 만나는 점의 좌표가 $(-3,\ 0)$, $(1,\ 0)$이므로 $y=a(x-1)(x+3)$으로 놓고 점 $(0,\ 6)$을 대입하면

$6=a\times(-1)\times3\qquad \therefore a=-2$

따라서 이차함수의 식은

$y=-2(x-1)(x+3)$

$=-2x^2-4x+6$

$=-2(x^2+2x+1-1)+6$

$=-2(x+1)^2+8$

따라서 꼭짓점의 좌표는 $(-1,\ 8)$이다.

5 x축과 만나는 점의 좌표가 $(-5,\ 0)$, $(1,\ 0)$이므로 $y=a(x-1)(x+5)$로 놓고 점 $(3, 8)$을 대입하면

$8=a\times2\times8\qquad \therefore a=\frac{1}{2}$

따라서 이차함수의 식은

$y=\frac{1}{2}(x-1)(x+5)$

$=\frac{1}{2}x^2+2x-\frac{5}{2}$

$=\frac{1}{2}(x^2+4x+4-4)-\frac{5}{2}$

$=\frac{1}{2}(x+2)^2-\frac{9}{2}$

따라서 꼭짓점의 좌표는 $\left(-2,\ -\frac{9}{2}\right)$이다.

6 이차함수의 그래프 $y=ax^2+bx+c$가 점 $(0,\ 3)$을 지나므로 $c=3$

따라서 $y=ax^2+bx+3$에 두 점 $(-2,\ 5)$, $(1,\ 5)$를 대입하면

$4a-2b=2,\ a+b=2$

위의 두 식을 연립하여 풀면 $a=1,\ b=1$

$\therefore a-b+c=1-1+3=3$

《바쁜 중3을 위한 빠른 중학연산》을 효과적으로 보는 방법

〈바빠 중학연산〉 시리즈는 중학 수학 3-1 과정 중 연산 영역을 두 권으로 구성, 시중 교재 중 가장 많은 연산 문제를 훈련할 수 있습니다. 따라서 수학의 기초가 부족한 친구라도, 영역별 집중 훈련을 통해 연산의 속도와 정확성을 높일 수 있습니다.

1권 - 3학년 1학기 과정
〈제곱근과 실수, 다항식의 곱셈, 인수분해 영역〉

2권 - 3학년 1학기 과정
〈이차방정식, 이차함수 영역〉

1. 취약한 영역만 보강하려면? — 두 권 중 한 권만 선택하세요!

중3 과정 중에서도 제곱근이나 인수분해가 어렵다면 1권 〈제곱근과 실수, 다항식의 곱셈, 인수분해 영역〉을, 이차방정식이나 이차함수가 어렵다면 2권 〈이차방정식, 이차함수 영역〉을 선택하여 정리해 보세요. 중3뿐 아니라 고1이라도 자신이 취약한 영역을 집중적으로 공부하여 학습 결손을 빠르게 보충하세요.

2. 중3이지만 연산이 약하거나, 중3 수학을 준비하는 중2라면?

중학 수학 3-1 진도에 맞게 1권 〈제곱근과 실수, 다항식의 곱셈, 인수분해 영역〉 → 2권 〈이차방정식, 이차함수 영역〉 순서로 공부하세요. 기본 문제부터 풀 수 있어서, 중학 수학의 기초를 탄탄히 다질 수 있습니다.

3. 학원이나 공부방 선생님이라면?

이 책은 **선생님의 수고로움을 덜어주는 책**입니다.

1) 계산력이 더 필요한 학생들에게 30~40분 일찍 와서 이 책을 풀게 하세요. 선생님이 애써 설명하지 않아도 책만 있으면 학생들은 충분히 풀 수 있으니까요.
2) 가벼운 선행 학습과 학습 결손을 보강하기 위한 방학용 초단기 교재로 적합합니다.

1권은 26단계, 2권은 20단계로 구성되어 있고, 단계마다 1시간 안에 풀 수 있습니다.

바쁘니까 '바빠 중학연산'이다~

바쁜 중3을 위한 빠른 중학연산 ❷권

'바빠 중학 수학' 친구들을 응원합니다!

바빠 중학 수학 게시판에 공부 후기를 올려주신 분에게

작은 선물을 드립니다.

www.easysedu.co.kr

이지스에듀

2학기, 제일 먼저 풀어야 할 문제집!

'바쁜 중3을 위한 빠른 중학도형'

3학년 2학기 과정 | 삼각비, 원의 성질, 통계

2학기 기본 문제를
한 권으로!

중학교 3학년 2학기는 '바빠 중학도형' 이다!

2학기, 제일 먼저 풀어야 할 문제집!
도형부터 통계까지 기본 문제를 한 권에 모아, 기초가 탄탄해진다!

대치동 명강사의 노하우가 쏙쏙 '바빠 꿀팁'
책에는 없던, 말로만 듣던 꿀팁을 그대로 담았다. 더욱 쉽게 이해된다!

'앗! 실수' 코너로 실수 문제 잡기!
중학생 70%가 틀린 문제를 짚어 주어, 실수를 확~ 줄여 준다!

내신 대비 '거저먹는 시험 문제' 수록
이 문제들만 풀어도 3학년 2학기 학교 시험은 문제없다!

선생님들도 박수 치며 좋아하는 책!
자습용이나 학원 선생님들이 숙제로 내주기 딱 좋은 책이다.

중학수학 *빠르게 완성* 프로젝트

바빠 중학수학 시리즈

기초 완성용 가장 먼저 풀어야 할 **'허세 없는 기본 문제집'**

바빠 중학연산(전 6권)

중1~중3 | 1학기 각 2권

바빠 중학도형(전 3권)

중1~중3 | 2학기 각 1권

총정리용 고등수학으로 연결되는 것만 빠르게 끝내는 **'총정리 문제집'**

바빠 중학수학 총정리

중학 3개년 **전 영역** 총정리

바빠 중학도형 총정리

중학 3개년 **도형 영역** 총정리

바쁜 예비 고1이라면
고등수학에서
필요한 것만
빠르게 끝내자~!

가격 12,000원

ISBN 979-11-6303-113-0
ISBN 979-11-87370-62-8 (세트)